JN085724

生 化 学

第 4 版

関　周司 編著

池田正五

斎藤健司

村岡知子

矢尾謙三郎 共著

三共出版

第4版　まえがき

　本書初版は，1997年に出版された旧著『生化学の基礎』を書き直し，2003年に誕生しました。本書が誕生してから今日に至るまで，幸いにも多くの大学や専門学校で，教科書や参考書としてご採用いただいております。それぞれの学問分野のベースになる生化学を学ぶための，最適な内容と分量の教科書として，皆様から支持されてきました。

　このたび，厚生労働省の「日本人の食事摂取基準」が改訂され，2020年版が出されたのに合わせて，第4版を刊行いたしました。今回の改訂においても，内容を大幅に変えることなく，最新の知見を取り入れつつ，コンパクトにまとめることに留意しました。改訂するにあたり，できる限り新しい研究成果を反映させ，用語やデータ等についても最新のものに修正したつもりですが，いまだ見逃している箇所があると思います。皆様にご指摘いただいて，本書をより良いものにしていきたいと思っています。

　本書は，管理栄養士養成課程や看護師養成課程などコメディカル，メディカルの学生や理工系の学生の皆さんが，基礎専門科目である生化学を俯瞰するのに最適な教科書になっています。学生の皆さんの理解の手助けになればと願っております。

　最後に，本書の改訂にあたり多大な労をとられた三共出版株式会社の秀島功氏，岡部勝氏にこの場を借りて厚くお礼申し上げます。

　　令和2年　早春

斎藤　健司

第3版　まえがき

　本書第2版が刊行されてからはや5年が経過した。このたび，日本人の食事摂取基準が改訂され2015年版が出されたのに合わせて，本書の内容を大幅に変えることなく，本書の内容と関連する領域で得られた新しい知見も取り入れ，付表の食事摂取基準も2015版として，改訂第3版を刊行した。

　本改訂第3版が，管理栄養士養成課程では勿論のこと，看護師養成課程などコメディカル，メディカルの重要な基礎専門科目である生化学の学習・教育に役立つことを願っている。

　できるだけ注意したつもりであるが，不備な点もあると思うので，本書を利用していただく指導者の方々，学生諸君らのご指摘，ご指導，ご助言をいただき，よりよい教科書にしたいと考えている。

　本改訂第3版を刊行するにあたり，三共出版株式会社　秀島　功氏，岡部　勝氏に多大な激励と協力をいただいた。心からお礼を申し上げる次第である。

　　平成27年　早春

関　　周司

第2版 まえがき

　本書が世に出てから6年余りが経過した。その間，増刷時に少しずつ改正してきたが，この度，日本人の食事摂取基準が2010年版に改訂されたのに合わせて，本書の内容を大幅に変えることなく関連する領域で得られた新しい知見を取り入れた。利用者の理解を助けるために図表を若干追加・修正し，付表の食事摂取基準も2010年版に更新して，第2版を刊行した。紙色も当初の優しい薄クリーム色から，読みやすい白色に変え，強調文字・文章も青ゴチックとして目に付きやすくした。

　この間に我が国では高齢化がさらに進み，栄養と関わりの深い「生活習慣病」の予防がますます重要な課題となってきている。また，医学医療は急速に進歩し，複雑化・専門化しており，得られた成果を生かして，疾病予防，医療の向上を図り，福祉を充実するには，それぞれの専門家が有機的に連携して予防，医療，介護を実施することが求められている。例えば，病院，介護施設，保健所などで，医師，看護師，管理栄養士，薬剤師，臨症検査技師，理学療法士など医療従事者は，お互い対等で有機的に連携することで患者中心の医療（チーム医療）を実施することが求められている。チーム医療の一つ，栄養サポートチーム（NST）では，管理栄養士はその主要な役割を果たさなければならない。生化学は，栄養士，管理栄養士のみならず，チーム医療を担う専門家が共通に学ぶ専門基礎知識であり，共通の基盤に立って連携の実を上げるには必須の基礎科目である。本書は，初版の"まえがき"に記したように，限られた紙面の範囲内ではあるが，病気の生化学や臨床検査値など努めて医療にも目を向けた記述をしている。

　本書，第2版が栄養士・管理栄養士養成課程では勿論のこと，看護師養成課程などコメディカル，メディカルの重要な基礎専門科目である生化学の学習・教育に役立つことを願っている。

　できるだけ注意したつもりであるが，不備な点もあると思うので，本書を利用していただく指導者の方々，学生諸君のご指摘，ご指導，ご助言をいただき，よりよい教科書にしたいと考えている。

　第2版を刊行するにあたり，三共出版株式会社　代表取締役　秀島　功氏，岡部勝氏および前常務取締役　故石山慎二氏に多大な激励と協力をいただいた。心からお礼を申し上げる次第である。

　　平成22年　早春

関　周司

初版　まえがき

　生化学は生命現象を化学の側面から学ぶ学問である。この方面は近年最も進歩の早い学問領域であり長足の進歩をとげている。今日では，タンパク質，核酸などの生体高分子の化学が生化学の主要な領域を占めるに至っており，この分野は分子生物学として独自の領域として発展している。生命は一体として存在するもので，化学的側面といっても，生体の構造と無縁ではない。生体そのものが生化学で扱うタンパク質，脂質，無機質などで構成されており，生体で行われる化学反応は区画された構造のなかで行われている。このことは「構造と機能の相関」という言葉で表現されているように，生化学の理解には，解剖，生理，病理などの理解が役立ち，逆にこれらの理解には生化学の理解が役立つ。生化学と栄養学とはもっと直接的関係がある。ヒトは従属栄養生物で，動植物により形成された栄養素を利用して生命を維持しているが，これを可能にしているのは，ヒトがその他の動物や植物などと生化学的に共通の基盤を持っているからである。生化学と栄養学は観点こそ異なるが，内容的には密接に関連している。管理栄養士国家試験出題基準改訂検討会は，その報告書（平成 14 年 8 月 29 日）で，「生化学は，管理栄養士にとって最も重視すべき基礎科学であり，これを"人体の構造と機能及び疾病の成り立ち"の出題範囲に入れる。」との趣旨を述べている。このことは，管理栄養士に必須の人体の理解においての生化学の重要性をよく表している。

　本書は，旧著『生化学の基礎』（関，池田，村岡，小村共著）をこの度の栄養士法改正に合わせて全面的に書き直したものである。とくに，管理栄養士養成課程の教育で求められている「健康状態・栄養状態の評価判定」のための生化学的基礎を与えるために，「臓器の生化学」および「病気の生化学」の章を新たに加えた。さらに，生化学への導入を容易にするため，旧著の付録を充実させ新たな章「生化学のための基礎化学」をもうけ，遺伝子発現の調節に最近の進歩を加えた。

　本書の著者はみな，医学部での教育・研究の経験があり，栄養学科や看護学科で，生化学および栄養学を長年教育・研究してきている。本書では，これまでの教育経験を生かして，生化学を，論理的展開を大切にし，わかりやすく，詳しすぎず，簡略にすぎず要点を外さないように，ヒトの総合的理解に役立つように記述したつもりである。栄養学科や看護学科において生化学は，他の教科とヒトを中心命題として有機的に関連しているので，他の教科の生化学的理解を助けることができるように心がけるとともに，他の教科との重複は必要最小限になるように心がけた。

　この新著が管理栄養士養成課程では勿論のこと，看護師養成課程などコメディカル，メディカルの重要な基礎科学である生化学の学習・教育に役立つことを願っている。

できるだけ注意したつもりであるが，不備な点もあると思うので，本書を利用していただく指導者の方々，学生諸君らのご指摘，ご指導，ご助言をいただき，よりよい教科書にしたいと考えている。

　本書を刊行するにあたり，三共出版株式会社　代表取締役　萩原幸子氏および常務取締役　石山慎二氏に激励と多大の協力をいただいた。心からお礼を申し上げる次第である。
　　平成 15 年　立夏

著者一同

目　　　次

4章　消化と吸収

5章　物質およびエネルギーの代謝

6 章　水と無機質

7 章　ホルモンの生化学

8 章　臓器の生化学

9 章　免疫の生化学

10 章　病気の生化学

11 章　生化学のための基礎的化学

1章　生体の構成

　すべての生物の生命体としての基本単位は細胞（cell）である。大腸菌やアメーバのような単細胞生物もあるが，ヒトのような多細胞生物は，複雑に分化した無数の細胞と細胞が産生した細胞間物質とで有機的に構成されている。人体を例に考えると，細胞が集まって上皮組織，間質組織，筋組織，神経組織のような組織（tissue）が構成される。組織が集まり心臓，肝臓，腎臓などのような器官（organ）が構成され，器官が集まり循環器系，消化器系，泌尿器系，呼吸器系，神経感覚器系，筋肉骨格系，内分泌系，生殖器系の8つの器官系（organ system）が構成され，これら器官系から個体が構成されている（図1-1）。

　生体の分子構成は表1-1のように，水55〜65％，タンパク質17％，脂質16％，

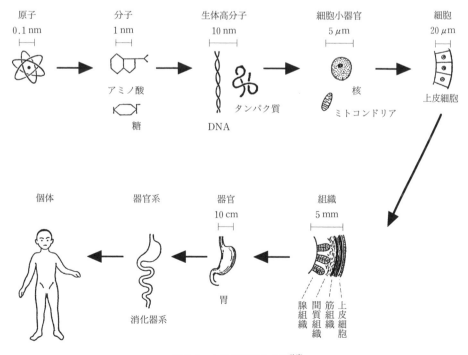

図1-1　人体の成り立ち[8] 改変

表 1-1　人体の分子構成

		男 (%)	女 (%)
水分	細胞内液	40	35
	細胞外液	20	20
脂　質		16	25
タンパク質		18	15
無機質		5	4
糖質，核酸その他		1	1

無機質 5 ％，核酸，糖質，アミノ酸，ビタミンその他から成り立っている。これら分子の量比は年齢や性別などによって多少異なる。生体を構成している元素（生元素）で最も多いものは酸素（O）で，炭素（C），水素（H），窒素（N）がこれに次いで多い（表 6-3 参照）。これらは主として水や有機物に由来し，生体を構成している元素の 96 ％がこれら 4 つの元素で占められている。生体に小量（体重の 2〜0.1 ％）含まれている元素としては Ca, P, K, S, Na, Cl, Mg がある。微量（体重の 0.1 ％以下）にある元素としては Fe, Zn, Cu, Mn, I, Co, Mo などがある。このように生体を構成する元素は，自然界にある 90 余種類の元素のなか 20 余種類に過ぎない。

　上記の元素構成および分子構成は，人体だけでなく，ほとんどの生物にほぼ共通である。各生物体に固有でその個体を特徴づけている生体高分子（タンパク質，核酸など）もその構成単位は生物間に共通性が認められる。人体には 35,000 種類に及ぶタンパク質があることが知られている。地球上に現存する生物は 1,500,000 種以上あると考えられており，それぞれが固有のタンパク質を持っているので，すべての現存生物種全体では 10^{10}〜10^{12} 種以上の異なるタンパク質と約 10^{10} 種類の核酸を含んでいると考えられる。このように生物体にはきわめて多様な有機分子が存在するが，しかしこれら生体高分子の構成単位は多くの生物に共通で，加水分解すると大部分のタンパク質は約 20 種類のアミノ酸，核酸は 8 種類のヌクレオチド，多糖類は数十種の単糖類から構成されていることがわかる。生体高分子の多様性は，このように単純な構成単位が重合する際の組合せと配列の違いによってもたらされている。

　このように生体は，比較的単純な素材が脱水重合した生体高分子が基本になっていることがわかる。この生体高分子の構築単位が種をこえてすべての生物に共通であることから，生物は共通の祖先を持つことが推測される。ヒトのような従属栄養生物が，他の動植物を食べ物として摂取し利用しうるのも，生命が共通の構築単位で構成されているからである。摂取した栄養素を消化酵素で共通の構築単位にまで分解したのち吸収して，さらに分解して生活活動に必要なエネルギーを得たり，独自の遺伝情報に基づいて遺伝子やタンパク質を合成して生体を構成し，また子孫をもうけているのである。これらの過程で，エネルギーの一部は再利用できないかたちにかわるが，これを絶えず供給しているのが太陽である。植物やラン色細菌（シアノバクテリア）のような独立栄養生物が光合成により光のエネルギーを化学結合のエネルギーに転換したものを私達は直接または間接に利用しているのである。

1-1　細胞の構造

　人体は約37兆個の細胞から構成されている。これらの細胞の多くは，神経細胞，筋細胞，肝細胞，白血球等々のように機能分化しており，それぞれに特徴的な構造と機能をそなえている（図1-2）。ここでは細胞一般に共通な構造と機能について考える。細胞の大きさは，直径約5〜8 μm のリンパ球から約200 μm の卵細胞まで様々である。平均的な大きさは直径約20〜30 μm である。細胞に共通する1つの特徴は，細胞膜（形質膜）によって取り囲まれていることである。この膜によって細胞の内部環境を保ち，必要な栄養素を細胞内に取り込み，不必要になったものは細胞外に排泄する。このように細胞膜は，自己を確立し内外の物質交流の場になっているほかに，情報の授受の役割も果たしている。細胞は，無生物的には到底なしえないような多数の化学反応を，同時に効率よく行っている。異なった反応を同時に行うことができるように反応の場が膜系によって区画され，細胞核や多数の細胞小器官（ミトコンドリア，小胞体，ゴルジ体，リソソーム，ペルオキシソームなど）を形成している（図1-3）。さらに細胞には細胞骨格と総称される数種の細繊維があり，形を保つ役割や，細胞の運動，細胞内液の流動，細胞分裂などに関与している。

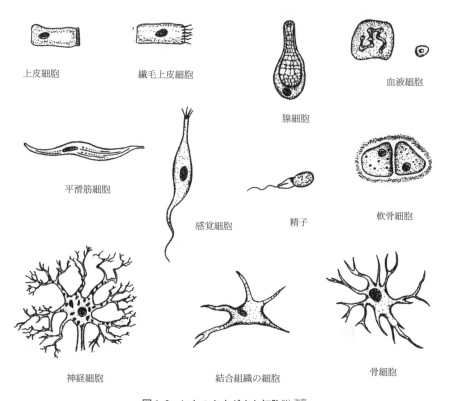

上皮細胞　　　　繊毛上皮細胞　　　　　　　腺細胞　　　　　　　　　血液細胞

平滑筋細胞　　　　感覚細胞　　　精子　　　軟骨細胞

神経細胞　　　　　　結合組織の細胞　　　　　骨細胞

図1-2　ヒトのさまざまな細胞[21] 改変

4

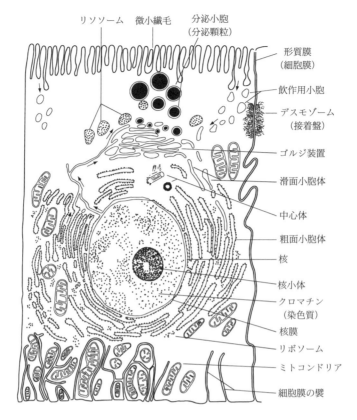

リソソーム　微小繊毛　分泌小胞
（分泌顆粒）

形質膜
（細胞膜）

飲作用小胞

デスモゾーム
（接着盤）

ゴルジ装置

滑面小胞体

中心体

粗面小胞体

核

核小体

クロマチン
（染色質）

核膜

リボソーム

ミトコンドリア

細胞膜の襞

図 1-3　細胞の構造[3] 改変
（小腸粘膜の電子顕微鏡像をモデルとにして模式的に描かれている）

1-2　細胞分画法

　細胞の構造は，光学顕微鏡，位相差顕微鏡，電子顕微鏡などで調べることができるが，細胞の構造と機能の相関を調べる有力な方法に細胞分画法（cell fractionation）がある。それには，細胞や組織を体内の浸透圧と等しい溶液の中ですりつぶすなどの手段で破砕して細胞均質液（ホモジネート）を得る。このホモジネートを遠心分離機を用いて遠心し，細胞成分（核，ミトコンドリアなど）の大きさと密度の違いを利用して分画する（図 1-4）。細胞分画法で，核，ミトコンドリア，ミクロソーム（すりつぶすことによって小胞体が壊れてできた小胞），上清（可溶性成分）が分離でき，ショ糖密度勾配遠心法などの応用でリソソーム，ペルオキシソーム，細胞（形質）膜，粗面小胞体，滑面小胞体，ゴルジ体などを分離精製できる。

1-3　細胞成分の構造と機能

　細胞は細胞膜（cell membrane），核（nucleus），細胞質（cytoplasm）の3つから構成されている。細胞質にはミトコンドリア（mitochondoria），小胞体（endoplasmic

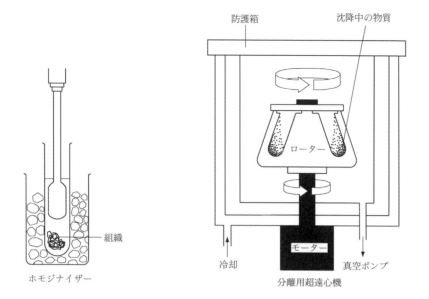

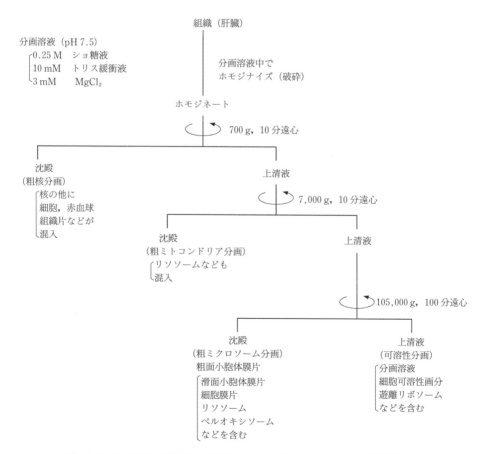

（核，ミトコンドリア，小胞体膜，リソソーム，ペルオキシソーム，ゴルジ装置などをさらに精製するには，これら成分の密度の差に基づく密度勾配遠心法などを利用する。）

図1-4　ホモジナイザー，分離用超遠心機と細胞分画法

reticulum），リボソーム（ribosome），リソソーム（lysosome），ゴルジ体（golgi body）などの細胞小器官（organelle）が含まれている。

細胞膜（形質膜）　　　　　植物細胞の場合細胞膜は細胞壁のことを指すことがあるが，これは形質膜とは異なる。本書では，動物細胞とくに人体の細胞を中心に扱っているので，細胞膜と形質膜は同義語として使用している。構造的にはリン脂質主体の脂質二重層にタンパク質が表面や間に配置した状態になっており，可動性（流動性）があり，約8 nm（80Å）の厚さをもった膜である（図1-5）。細胞膜は

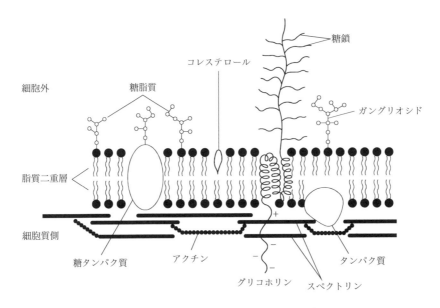

図1-5　細胞膜模式図（例：赤血球膜）[1] 改変

単に細胞の内外を隔てる壁の役目をしているのではなく，細胞内の恒常性（ホメオスタシス）を維持しているとともに細胞の内外の交流の場である。細胞に必要な物質（例えば糖，アミノ酸など）を細胞内に取り込む輸送機構，分泌機構，不用な物質を排泄する機構，ホルモン受容体のようにいろいろな情報を細胞内に伝達する機構，細胞内情報を発信する機構などがある。

　細胞への物質の出入りは，細胞膜の半透性にしたがって行われる。すなわち，物質によって透過を許したり阻止したり透過速度を変えたりしている。これを選択的透過性という。細胞への物質の出入りは，受動輸送（単純拡散と促進拡散）と能動輸送，およびエンドサイトーシスとエキソサイトーシスなどにより行われる（4章参照）。

　細胞膜表面の糖鎖は，細胞の"顔"として他の細胞から識別されている。例えば，赤血球のABO式血液型は細胞表面の糖鎖の違いにより決まる。また，肝臓細胞と腎臓細胞のように異なった組織の細胞を，ばらばらにしたのち混ぜ合わせて一緒に培養すると，同種の細胞がより集まり互いに接着する。細胞膜はこのような細胞間の連絡にも関与している。

　細胞は運動（形を変えたり，移動したり）にさいして膜の形を変えるが，そのため

には膜が適当な流動性（可動性）を保っていなくてはならない。この膜の流動性に関係しているのが脂質二重層を形成しているリン脂質の脂肪酸組成とコレステロールである。リン脂質を構成している多価不飽和脂肪酸は融点を下げ流動性を増すように働く。コレステロールは流動性を低下させ膜に硬さを与える。

細 胞 核　細胞内で最も大きい装置（細胞小器官に入れないことが多い）で、真核細胞の核は内外2枚の核膜で包まれている（原核細胞では核膜がなく、不明瞭な核様態構造をとっている）。内膜も外膜もそれぞれが脂質二重層とタンパク質から構成されている。多数の核膜孔がある（図1-6）。核内には遺伝物質で

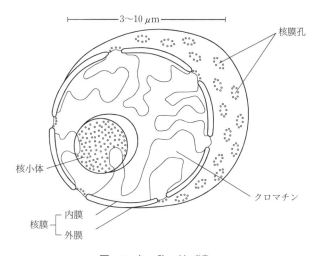

図1-6　細 胞 核[2) 改変]

あるDNAがヒストンおよび非ヒストンタンパク質と結合して核タンパク質（クロマチン−染色質）として存在する。体細胞分裂にさいしては、複製で倍加したDNAを含む核タンパク質が染色体を構成し、これが2つの娘細胞に分配される。核内にはRNAに富む核小体が1〜数個ある。ここはリボソームRNAを合成する場所で、リボソーム前駆体が存在する。細胞核は遺伝情報をDNAの形で保存しており、DNA複製によりその情報は正確に次の世代に伝えられる。タンパク質はこの遺伝情報に基づいて作られるが、その遺伝情報はまずRNAに転写され、一定の処理を受けた後、メッセンジャーRNA（mRNA）として核膜孔を通過して細胞質に移行しリボソーム上に移され、ここで遺伝情報がタンパク質に翻訳される。

ミトコンドリア　長さ1〜5μmの長楕円体状の顆粒で、好気的代謝の盛んな細胞には多数（肝細胞1個当り約1,000個）あり、酸素消費の少ない細胞では小数しかない。外膜と内膜の二層の膜に包まれており内膜は櫛の歯状のひだ（クリステ）がある（図1-7）。内膜で囲まれた溶液状の部分をマトリックスという。内膜と外膜の間を外区画という。ミトコンドリアの最も重要な機能は、ピルビン酸、脂肪酸などを多段階の酵素反応を経て酸素で酸化し、その結果遊離したエネルギーでADPとリン酸からATPを合成（電子伝達酸化的リン酸化）することである。

外膜
クリステ
外区画
0.5
μm
内膜
マトリックス

図1-7　ミトコンドリア[2) 改変]

このようにして ATP に蓄えられたエネルギーは，運動，合成，膜透過等々細胞の生活活動に利用される。このような好気的酸化を行うために，マトリックスにはクエン酸回路（TCA 回路：5-2 参照）の酵素や脂肪酸の β 酸化（5-3 参照）に関与する酵素が存在する。またクリステには電子伝達酸化的リン酸化（5-2 参照）系の酵素がある。肝臓細胞などのミトコンドリアにはマトリックスにアミノ基転移酵素や尿素回路（5-4 参照）の一部を担当する酵素もある。

小胞体とリボソーム　小胞体とは，細胞質内に網目状に広がっている膜状ないし管状構造をしたもので，リボソーム（約 20 nm のだるま形の顆粒）が付着している粗面小胞体と滑らかな面をしている滑面小胞体とに分けられる。細胞分画のため細胞をすりつぶすと小胞体膜は切れて，小さな断片になり，自然に閉じて小胞をつくる。これをミクロソームとよび，超高速遠心で沈殿として回収す

――― ミトコンドリア共生説 ―――

　　ミトコンドリアの起源は，大昔に好気性細菌（ミトコンドリアの祖先）が嫌気性細胞に共生し（細胞内共生），長い間現在のように細胞の好気的代謝を分担する小器官になったものと考えられている。ミトコンドリアには，独自の DNA，RNA およびこれらの合成系，さらにタンパク質合成系もある。このことからもミトコンドリア共生説は有力である。ヒトのミトコンドリア DNA は 13 種類の電子伝達系の酵素と 2 種類のリボソーム RNA（rRNA）および 22 種類のトランスファー RNA（tRNA）をコードしている。これ以外のミトコンドリアの酵素は核の DNA にコードされている。

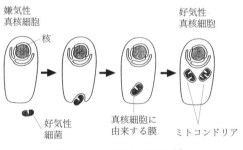

嫌気性
真核細胞
核
好気性
真核細胞
好気性
細菌
真核細胞に
由来する膜
ミトコンドリア

ミトコンドリア共生説[28) 改変]

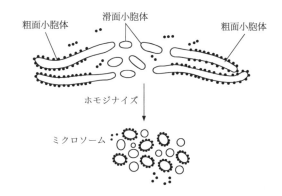

図 1-8　小胞体（ミクロソーム）[2] 改変

ることができる（図1-8）。密度勾配遠心を利用すると，リボソームの付着した小胞
とそうでないものとを分画することもできる。

　粗面小胞体に結合したリボソームは分泌するタンパク質や細胞の膜系（細胞膜，ミ
トコンドリア，リソソーム，ゴルジ体など）に必要なタンパク質を合成するところで，
タンパク質は膜上のリボソームで合成され，膜で包まれた小胞体腔に入り移動する。
この移動の過程で修飾を受けながらゴルジ体に輸送されさらに修飾を受ける。分泌さ
れる場合はゴルジ体を経て分泌顆粒になる。リボソームには小胞体のような膜に付着
していないで，細胞質内でmRNAと結合してポリゾームを形成している場合がある。
これは細胞質内のタンパク質の合成に関与している。

　滑面小胞体にはチトクロームb_5，P-450やフラビンタンパク質があり，脂質や毒
物の水酸化や不飽和化を行っている。毒物に対する解毒機能のほか，タンパク質の修
飾，分泌，輸送，吸収など多様な役割を果たしている。

ゴルジ体　滑面小胞体と同様な膜構造をもつ扁平な袋が数枚重なった層板構造
をしている。また，その周囲には小型の小胞が多数存在する。機能的
にも小胞体と直接的関連があり，粗面小胞体で作られたタンパク質を修飾するタンパ
ク質加工工場である。タンパク質の行き先を示す分別もここでの修飾によってなされ
る。分泌されるタンパク質や膜系を構成するタンパク質に糖鎖をつけ，糖タンパク質
にする糖転移酵素類が局在している。滑面小胞体で作られたリン脂質の修飾や輸送も
行う。本装置は内分泌や外分泌をする細胞に発達しており，分泌顆粒，リソソーム，
形質膜などの生成にも関与している。

リソソーム　直径$0.5\,\mu$m前後の球状の一重の膜で囲まれた顆粒で，細胞内消化
器官と考えられている。内腔には酸性領域に至適pH（pH5付近）
をもった加水分解酵素が多種類（40種類以上）存在する。タンパク質加水分解酵素
（カテプシン類），糖質加水分解酵素（グリコシダーゼ類），脂質加水分解酵素（リパ
ーゼ），DNA分解酵素（DNase），RNA分解酵素（RNase），酸性ホスファターゼ
などである。細胞外の物質を貪食（ファゴサイトーシス－固形物を取り込む場合）ま
たは飲食（ピノサイトーシス－液体を取り込む場合）して生じたファゴソームとリソ

ソームが融合して，取り込まれた物質を消化する。不用になった細胞の部分も同じように処理される。細胞が死滅した場合，リソソームの膜が破れて消化酵素が細胞内・外にでて，自己消化をする。このようにして，リソソームは細胞内への栄養供給や組織の清掃に関与する。

ペルオキシソーム　リソソームより小さい球状ないし楕円体状の顆粒（0.3〜1 μm）で，内部に過酸化水素（H_2O_2）を分解するカタラーゼを含むのでペルオキシソーム（peroxisome）と命名された。D-アミノ酸酸化酵素，尿酸分解酵素，脂肪酸分解酵素なども含む。

細胞骨格　細胞骨格(cytoskeleton)はおもに，細胞の形を保つ働きと細胞運動に関与している。細胞骨格は，線維タンパク質のマイクロフィラメント（アクチンフィラメント），中間径フィラメント，微小管（マイクロチューブ）などで構成されている（図1-9）。マイクロフィラメントはアクチンというタンパク質

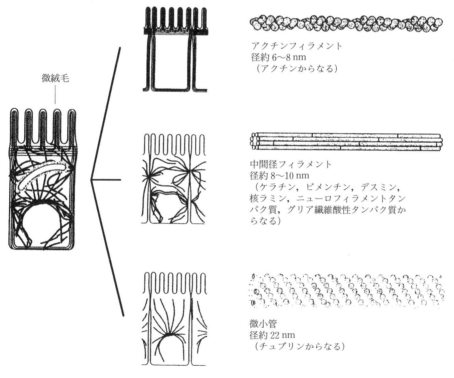

図1-9　細胞骨格を構成する繊維系[27] 改変

でできた微細な線維であり，細胞運動への関与や細胞膜の形を決めるなどの働きを持つ。炎症反応が起きると白血球は毛細血管の内皮細胞の間をくぐり抜けて炎症組織に移動するが，このとき白血球内のマイクロフィラメントが伸長して，細胞全体のダイナミックな働きに関与する。また，筋細胞では，ミオシンというタンパク質とともにアクトミオシンを形成し，筋の収縮に大きな役割を担っている（図8-6参照）。中間径フィラメントは細胞に機械的な強度を与え，細胞内の核の位置決めをしている。微

小管はチューブリンでできた長い中空の筒で，細胞の骨格を作るとともに，紡錘糸，鞭毛，線毛，中心体の主体をなしている。また，細胞内の輸送路としての役割も果たしている。

| 細 胞 液 |　膜構造で包まれていない細胞質成分で，細胞分画法では超遠心機でも沈殿させることができない可溶性画分に分画される。解糖系の酵素，五炭糖リン酸回路の酵素，脂肪酸合成酵素などはこれに含まれる。

1-4　細胞の分裂と分化

　われわれのからだは，約37兆個もの細胞からなるが，たった1個の受精卵が細胞分裂（cell division）を繰り返して出来上がったものである。その過程で細胞は分化（differentiation）し，特定の組織や臓器を形成する。また，不要となった細胞は死滅していく。このようにして1つの個体が形成されていく。

| 細 胞 周 期 |　1個の細胞は，細胞周期（cell cycle）と呼ばれる一定のサイクルを経て2個の細胞に分裂する（図1-10）。細胞周期は間期とM期（分裂期）に大きく分けられる。間期はさらにG_1期，S期（DNA合成期），G_2期の3つに分けられる。S期でDNA（染色体）が複製し，M期で核および細胞質が分裂する。細胞は$G_1 \rightarrow S \rightarrow G_2 \rightarrow M \rightarrow G_1$という順序を繰り返して増殖する。ヒトの細胞を試験管内で培養すると，その細胞周期は約12〜24時間である。増殖を停止した細胞はG_0期と呼ばれる細胞周期から離れた状態にある。

　ヒトの十二指腸上皮細胞は1日に2度以上分裂するが，肝細胞は通常1〜2年に1回しか分裂しない。このように細胞周期が，臓器の細胞により差が見られるのは，各

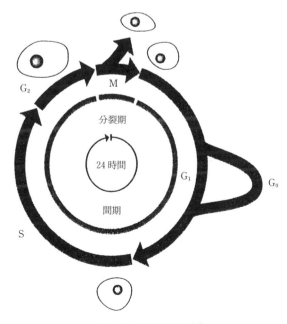

図1-10　細胞周期[28] 改変

12

臓器における細胞のG_0期の長さが異なるためである。しかし，手術で肝臓の一部を切除すると，多数の肝細胞がG_0期から細胞周期に一斉に移り，急速に細胞分裂を開始する。このため肝臓の半分を切除しても1週間から10日ほどでほぼもとの大きさまで回復することができる。分化した神経細胞や骨格筋細胞などは全く分裂しない。

細胞の分裂　からだを構成，維持する体細胞（somatic cell）は，体細胞分裂（somatic cell division）によって増殖する。体細胞分裂では1個の母細胞（2n）のDNAが倍加し（4n），その後，細胞分裂により母細胞と同じ染色体数を持つ2個の娘細胞（2n）ができる。

　子孫を残すための卵子や精子は生殖細胞（germ cell）と呼ばれる。この生殖細胞を作るための細胞分裂を減数分裂（meiosis）といい，体細胞分裂とは異なった分裂形式をとる。減数分裂は，連続した2回の細胞分裂から成る。たとえば精子の細胞では，まずDNAが倍加し（4n），その後の第1減数分裂で2個の娘細胞（2n）ができる。続いて起こる第2減数分裂で4個の精子細胞（1n）ができる（図1-11）。

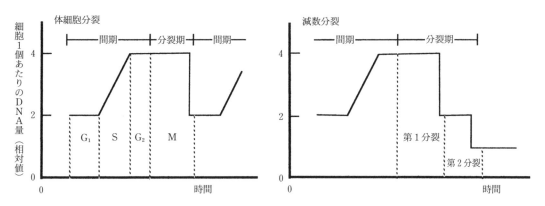

図1-11　細胞分裂におけるDNA量の変化

細胞の分化　S期におけるDNA合成で，母細胞のDNAと全く同じDNAが複製され，娘細胞に受け継がれる。したがって，からだを構成しているどの細胞にも一個体を形成することができるDNA分子が入っている（遺伝子の再構成が起きるリンパ球を除く）。このことはクローン動物が作製されたことにより証明された。分化した臓器では，DNA上のすべての遺伝情報が使われるのではなく，それぞれの臓器に必要な一部の遺伝情報のみが使われているだけである。したがって，残りの遺伝情報は発現していない（5-6参照）。

　一度分化し成熟した細胞は，それぞれ定まった寿命を持って死滅する。からだの中には，これを補給する未分化の幹細胞（stem cells）が存在する。例えば，骨髄の血液幹細胞はさまざまな血球細胞に分化することができる。

　また，受精卵が発生を始めた初期胚には，体を作るすべての組織に分化することができるES細胞（embryonic stem cell：胚性幹細胞）がある。ES細胞は，血液，神経，肝臓，脾臓などすべての細胞を作り出すことができるので再生医療などに応用が期待されており，現在研究が進められている。

細胞の死　　　　　細胞の死にはネクローシス（necrosis：壊死）とアポトーシス（apoptosis：プログラム細胞死）がある。心筋梗塞などによる血流の停止，やけどなどのいわゆる"不慮の死"では，ネクローシスと呼ばれる状態に至り死滅する。アポトーシスは，発生，分化の過程や体内で役目を終えた正常細胞の消滅時に見られる。例えば，ヒトの発生過程では自己に対する抗体を作るリンパ球が死滅したり，指間にあった水かきが消失するのもアポトーシスによるものである。これらの細胞は，能動的かつ機能的にプログラムされた機構により体内細胞集団から消滅していく。ネクローシスでは，「ミトコンドリアの傷害」，「細胞膨化」，「タンパク質分解酵素の流出」などにより周囲に炎症を引き起こすのに対して，アポトーシスでは，「DNA の断片化」，「細胞縮小」が起こり，周囲の細胞に影響を与えずに死んでいく。

キーワード

単細胞生物，多細胞生物，細胞分画法，遠心分離機，真核細胞，原核細胞，核，細胞小器官，細胞膜，脂質二重層，選択的透過性，受動輸送，能動輸送，エンドサイトーシス，エキソサイトーシス，ミトコンドリア，クリステ，マトリックス，小胞体，リボソーム，粗面小胞体，滑面小胞体，ゴルジ体，リソソーム，ペルオキシソーム，細胞骨格，マイクロフィラメント，中間径フィラメント，微小管，細胞液，細胞周期，間期，M 期，G_1期，G_2期，G_0期，S 期，体細胞，生殖細胞，体細胞分裂，減数分裂，母細胞，娘細胞，幹細胞，ES 細胞，ネクローシス，アポトーシス

2章　生体成分の化学

2-1　糖質の化学

　日本人は1日に平均約300gの糖質（sugar）を摂取しており，これから得られるエネルギーは，1日の所要エネルギーの約60％にあたる。糖質は一般に炭素，水素，酸素から構成されており，$C_m(H_2O)_n$の実験式で示されるため，炭素の"水和物"として「炭水化物」（carbohydrate）ともよばれた。しかし実際には"水和物"ではないし，またこのような比を示さないものや，窒素，リン酸，イオウなどを含む糖質も存在する。現在，生化学では「糖質」，栄養学では一般に「炭水化物」とよばれている。

　化学的には多価アルコールのカルボニル化合物（$>C=O$），またはその誘導体，およびそれらが縮合した重合体である。カルボニル基としてアルデヒド基（$-CHO$）を持つものをアルドース（aldose），またケトン基（$=CO$）を持つものをケトース（ketose）とよぶ。

　糖質は，加水分解でより簡単な糖を生じない基本的な糖である単糖類（monosaccharide），単糖類が数個結合（グリコシド結合）してできた少糖（オリゴ糖）類（oligosaccharide），多数結合してできた多糖類（polysaccharide）に分類される。

単糖類とその誘導体　　単糖類は分子を構成する炭素数nによって次のように分類される。各分類に属する単糖の代表的なもの1種を示す。英語では-oseの語尾が一般の糖を示す接尾語として用いられる。

単糖類	モノサッカライド	アルドース	ケトース
三炭糖	トリオース（$C_3H_6O_3$）	グリセルアルデヒド	ジヒドロキシアセトン
四炭糖	テトロース（$C_4H_8O_4$）	エリトロース	エリトルロース
五炭糖	ペントース（$C_5H_{10}O_5$）	リボース	リブロース
六炭糖	ヘキソース（$C_6H_{12}O_6$）	グルコース	フルクトース
七炭糖	ヘプトース（$C_7H_{14}O_7$）		セドヘプツロース

　天然には約200種の単糖類が存在するが，生体内に存在する糖は約30種である。なかでも五炭糖（ペントース；pentose）と六炭糖（ヘキソース；hexose）が生化学

的に重要である。

　単糖類を鎖状の構造式で示すときは，アルデヒド基またはケトン基を上にして記載し，最も上の炭素を一位として炭素に1，2，3と順に番号をつける（図2-1，図2-4）。グリセルアルデヒドの2番目の炭素のように，これに結合している原子および原子団に共通なものがなく，4つとも異なる場合，光学活性をもち，1方向にだけ振動する波からなる光（偏光）の偏光面を回転する性質がある。このような炭素原子を不斉炭素原子（asymmetric carbon atom）とよび，これに結合する原子および原子団の位置の違いにより2種の異性体，鏡像異性体（enantiomer；エナンチオマー，光学異性体とよばれることもある）が存在する。

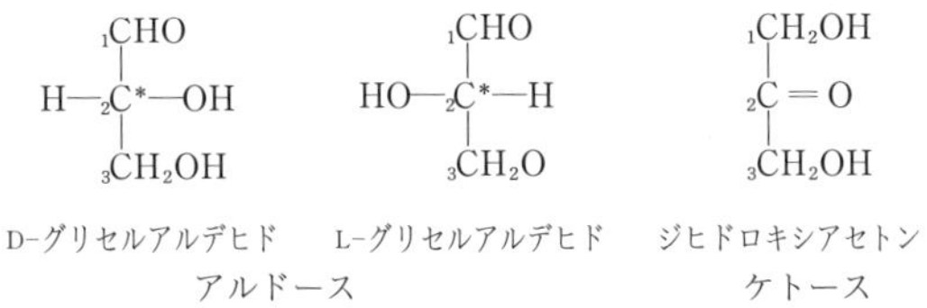

^{1}CHO	^{1}CHO	^{1}CH$_2$OH
H—^{2}C*—OH	HO—^{2}C*—H	^{2}C=O
^{3}CH$_2$OH	^{3}CH$_2$O	^{3}CH$_2$OH
D-グリセルアルデヒド	L-グリセルアルデヒド	ジヒドロキシアセトン
アルドース	アルドース	ケトース

図2-1　三炭糖　アルドースとケトースの構造（フィッシャーの投影式）

　フィッシャーの投影法で分子を記載するとき，グリセルアルデヒドの第2の炭素に結合する水酸基が右側にあるものはD型，左側にあるものはL型と決められている。D型，L型のこれらの分子は，左手と右手のように重ね合わすことのできない関係にあり対掌体とよばれる。鏡に写るお互いの像の関係にあるため，鏡像体ともよばれる（図2-2）。生理学的にはまったく異なった性質の糖である。

　単糖のD・L型はこのグリセルアルデヒドを基準として分類される。分子中のカルボニル基から最も遠い不斉炭素についている-OH基が右側にあるとき，そ

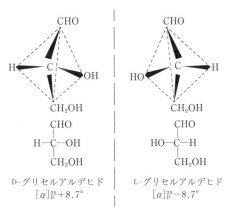

図2-2　鏡像異性体のD型とL型

の糖はD型，左側にあるときL型とする。高等動物が代謝できる単糖類は大部分がD型である。

　糖類溶液中に偏光を通すと，偏光面を右（時計回り）に回転する（右旋性：dまたは＋で示す）場合と，左に回転する（左旋性：lまたは－で示す）場合がある。この旋光性はグリセルアルデヒドではD型（＋），L型（－）と一致するが，不斉炭素原子が2個以上の場合は，D型，L型の区別とは必ずしも一致しない。そこでD(＋)グルコース，D(－)フルクトースのように，D型，L型の区別と旋光性の区別をあわせ表記することもある。D-グリセルアルデヒドとL-グリセルアルデヒドのような，D体とL体との等量混合液は光学活性を示さない。このような混合物をラセミ体（racemic body）という。

　五炭糖以上の単糖類は水溶液中で，旋光性が変化しやすいことからハースは糖の環状構造（ring structure）を考えた（図2-4，ハース投影式）。六炭糖では一般にアルデヒド基またはケトン基の炭素は第5位炭素のOH基に近づきヘミアセタール結合をして環状構造をとっている（図2-3，図2-4）。このとき六炭糖アルドースでは，六員環のピランに似た構造をとるため，ピラノースとよばれる。ケトースではフランに似た五員環構造をとることがあり，フラノースとよぶ（図2-5）。生体にとって重要なグルコース（glucose）やガラクトース（galactose）はピラノース構造で，ショ糖を構成するフルクトース（fructose）や，リボースなどはフラノース構造をとり，グルコピラノース，フルクトフラノースなどとよばれる。

　グルコースがピラノース構造をとるとき，第5位炭素のOH基のHが分子内転移をしてヘミアセタール構造をとるようになり，1位の炭素に新たにOH基が生成する，

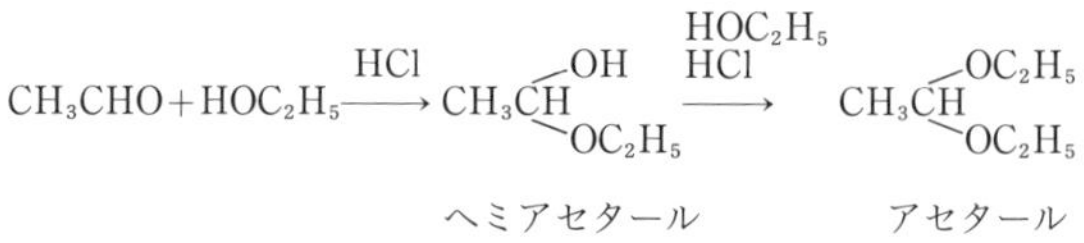

$$CH_3CHO + HOC_2H_5 \xrightarrow{HCl} CH_3CH\genfrac{}{}{0pt}{}{OH}{OC_2H_5} \xrightarrow[HCl]{HOC_2H_5} CH_3CH\genfrac{}{}{0pt}{}{OC_2H_5}{OC_2H_5}$$

　　　　　　　　　　　　　　　　　　ヘミアセタール　　　　　アセタール

図2-3　ヘミアセタールとアセタール

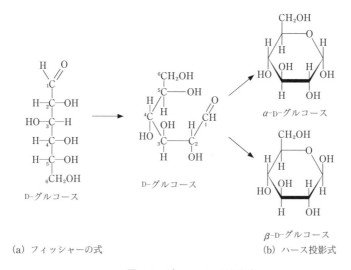

（a）フィッシャーの式　　　　　　　　　（b）ハース投影式

図2-4　グルコースの構造式

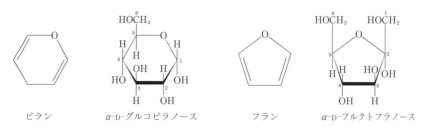

ピラン　　　α-D-グルコピラノース　　　フラン　　　α-D-フルクトフラノース

図2-5　糖の環状構造

これをアセタール（またはグリコシド）OH 基とよぶ。この OH 基の生成により 1 位の炭素は，新たに不斉炭素原子になり，α，β 2 種の立体異性体を生ずる。ハースの式では環を形成している O を向こう側に，2 位の C と 3 位の C を手前に示す（太線で手前にあることを示すこともある）（図 2-4，図 2-5）。このとき，C−1 の −OH が下方にあるものを α 型，上方にあるものを β 型という。この場合，C−1 の炭素原子をアノマー炭素といい，この炭素に生じた立体異性体を特にアノマーとよぶ。フルクトフラノースでは 2 位の炭素原子がこのアノマー炭素にあたる。

　環状構造をとって新しくできたアセタール（またはケタール）OH 基は，ほかの化合物の OH 基と脱水結合しやすくて，配糖体（グリコシド；glycoside）を作る。生じた結合をグリコシド結合（glycosidic linkage）という。

　グルコース水溶液は α 型，β 型および直鎖型が平衡状態にあり，それぞれの比率は 37 ％，63 ％および 0.1 ％で，アルデヒドとしての還元性も保たれている。

　カルボニル基（アルデヒド基やケトン基）は酸化されてカルボキシル基（−COOH）になりやすい性質がある。したがって，単糖類は他の物質を還元し，自らは酸化されて糖酸になる傾向がある。この性質は，フェーリング反応，銀鏡反応などの糖の証明法として利用される。逆に糖がより強い還元剤で還元されると，カルボニル基はアルコール基となり，糖アルコールになる。

　生化学で特に重要な単糖類は，グルコース，フルクトース，ガラクトース，リボース，デオキシリボースなどである（図 2-6）。

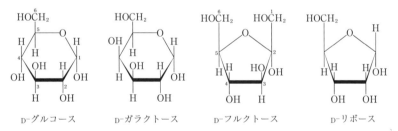

D-グルコース　　　　D-ガラクトース　　　　D-フルクトース　　　　D-リボース

図 2-6　おもな単糖類の構造（それぞれ α 型，β 型が存在するが α 型のみ示す）

単糖誘導体

　1）デオキシ糖：五炭糖の 2 位の炭素の −OH 基が還元されて −H となったデオキシリボースは遺伝子 DNA の構成糖である（図 2-7）。

　2）アミノ糖：2 位の炭素の −OH 基がアミノ基 $-NH_2$ によって置換された糖誘導体をアミノ糖という。グルコサミン，ガラクトサミンなどが一般的である（図 2-8）。このアミノ基はアセチル化されて，N-アセチル誘導体を構成し N-アセチルグルコサミン，N-アセチルガラクトサミンとして糖タンパク質，ムコ多糖類，糖脂質などの複合糖質を構成している。

　3）アルドン酸：1 位の炭素が酸化されてカルボン酸になった六炭糖。グルコン酸は五単糖リン酸回路の中間体（図 2-9）。

　4）ウロン酸：6 位の炭素が酸化されてカルボン酸になった六炭糖をいう。グルク

18

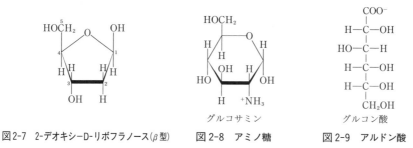

図2-7 2-デオキシ-D-リボフラノース(β型)　図 2-8 アミノ糖　図 2-9 アルドン酸

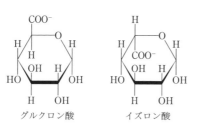

グルクロン酸　　イズロン酸

図 2-10 ウロン酸

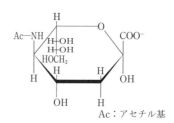

Ac：アセチル基

図 2-11 シアル酸

ロン酸は生体で解毒作用に関係する（ウロン酸回路参照）。またウロン酸（グルクロン酸，L-イズロン酸など）はヒアルロン酸，コンドロイチン硫酸，デルマタン硫酸のような構造多糖の構成成分となる（図 2-10）。

5) シアル酸：アミノ糖の一種であるノイラミン酸の誘導体を総称してシアル酸という。複合糖質の糖鎖の生理活性は，その糖鎖の末端に結合しているこのシアル酸によって発現される（図 2-11）。

少 糖 類　単糖類数分子がグリコシド結合をしたものをいい，消化酵素によって加水分解するか，酸と共に加熱すると単糖類になる。おもなものは

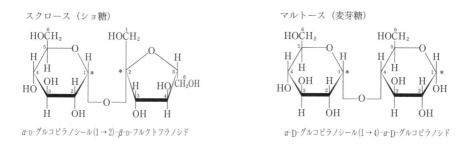

スクロース（ショ糖）　　　　　　　　マルトース（麦芽糖）

α-D-グルコピラノシール(1→2)-β-D-フルクトフラノシド　　α-D-グルコピラノシール(1→4)-α-D-グルコピラノシド

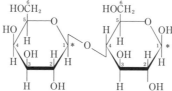

ラクトース（乳糖）

β-D-ガラクトピラノシール(1→4)-β-D-グルコピラノシド

* アセタール OH 基

図 2-12 おもな少糖類

二糖類（disaccharide）で，スクロース，マルトースおよびラクトースがある（図2-12）。二つの糖が互いにアセタール水酸基で脱水結合した場合は，還元作用をもたないので非還元糖という。一方の糖が非アセタール水酸基で結合する場合は，アセタール水酸基が一つ遊離の状態にあり還元性を示すので還元糖という。

1) スクロース（ショ糖，サッカロース；sucrose）：α-D-グルコースとβ-D-フルクトースが互いにアセタールOH基で結合した非還元糖で，砂糖として多量に摂取されている。スクロースの水溶液は右旋性であるが，希酸またはスクラーゼで加水分解すると，左旋性に変わる。このような現象を転化といい，転化によってできたグルコースとフルクトースの混合物を転化糖という。

2) マルトース（麦芽糖；maltose）：麦もやしに含まれる。2分子のグルコースがα-1,4グリコシド結合した二糖類で，還元糖である。マルターゼによって，2分子のグルコースに加水分解される。デンプンをβアミラーゼで酵素分解すると生じる。

3) ラクトース（乳糖；lactose）：乳腺でグルコースから作られる。乳汁中に5〜7％存在する，含量は人乳の方が牛乳よりも高い。ガラクトースとグルコースがβ-1,4グリコシド結合したもので，還元糖である。ラクターゼ（βガラクトシダーゼ）により加水分解される。

多　糖　類

単糖類が多数グリコシド結合で重合した高分子である。その機能の面からエネルギー源として蓄えられる貯蔵多糖類と生体を構成する構造多糖類とに大別される。多糖類は，構成する単糖類と性質が異なり，還元性を示さず，オサゾンも生成しない，不溶性で甘味もない。

天然の多糖類は，構成する単糖が1種類のみの単純多糖類（ホモ多糖），2種以上の単糖から構成されている複合多糖類（ヘテロ多糖)がある。

貯蔵多糖類（storage polysaccharide）：栄養素として重要なデンプン，生体内貯蔵多糖であるグリコーゲンがある。

1) デンプン（starch）：高等植物で光合成により生成された糖の貯蔵体で，アミロ

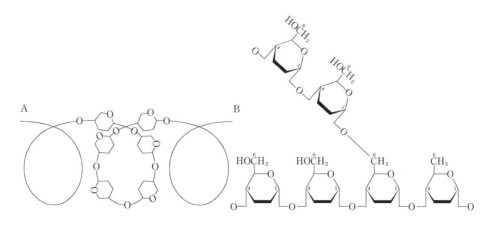

図2-13　デンプンの構造
A：アミロースのラセン構造
B：アミロペクチン，α-1,6グリコシド結合で分枝構造をとる。

20

ース（amylose），アミロペクチン（amylopectin）の混合物である（図2-13）。アミ
ロースは分子量16〜17万，約1,000分子のグルコースが α-1,4結合で直鎖状に連結
したものである。ヨウ素-デンプン反応で青色を呈する。アミロペクチンは分子量数
十万から数百万におよぶ巨大分子で，アミロースのところどころに α-1,6結合の枝
分かれをもった構造をしている。この枝分かれは，24〜30グルコース単位に1回の
頻度にみられる（図2-14）。アミロペクチンは枝分れがあるためヨウ素との結合力が弱

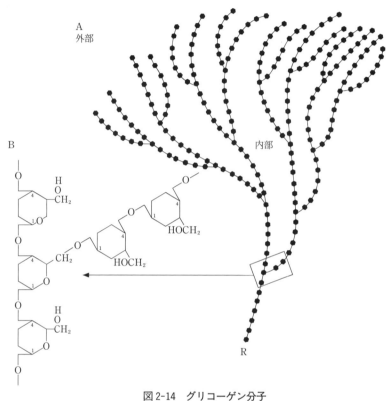

図2-14　グリコーゲン分子

α-1,4グリコシド結合8〜12個で，α-1,6グリコシド結合の分岐構造をとる
R：還元末端のグルコース　還元末端は少ない。

く，ヨウ素-デンプン反応で赤紫色を呈する。デンプンのアミロースとアミロペクチ
ンの成分比は，植物種によって異なるが，普通1：4〜5である。デンプン顆粒は層
状の構造でできていて，内部にアミロース，これを取り囲むようにアミロペクチンが
存在する。テンプンを水とともに加熱すると，分子の形が変化してアミラーゼによる
分解を受けやすくなる。天然のものを β-デンプン，加熱で変化したものを α-デンプ
ンという。

　2）グリコーゲン（glycogen）：動物の多くの細胞にある貯蔵多糖で，特に肝臓に
は5〜6％，筋肉には0.5〜1.0％含まれる。グルコースの重合体で，アミロペクチ
ンと類似の構造をもつが，α-1,6結合の枝分かれの頻度が多く，8〜12グルコース単
位に1回の頻度に枝分れがみられる（図2-14）。分子量は100〜500万にもなる。ヨウ
素-デンプン反応で赤褐色を呈する。アミラーゼにより加水分解されて，マルトース，

イソマルトースを生じる。

　構造多糖類（structured polysaccharide）：代表的なものとして，植物ではセルロース，動物ではグリコサミノグリカンがある。

　1）セルロース（cellulose；繊維質）：高等植物の細胞壁の成分で，哺乳類自身の酵素では消化されない。グルコースが

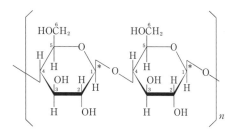

図 2-15　セルロースのセロビオース単位

β-1,4 グリコシド結合で直鎖状に結合している単純多糖類で，天然に存在する有機化合物中で最も多量に存在する。その分子量は約 200 万，グルコース約 1 万分子からなる（図 2-15）。

　2）複合多糖類：動物体内には，グリコサミノグリカン（酸性ムコ多糖類；acid mucopolysaccharide）とよばれる複合多糖，タンパク質や脂肪と共有結合した糖タンパク質や糖脂質がある。グリコサミノグリカンは，分子中に硫酸を含む糖の誘導体アミノ糖とウロン酸の二種が繰り返しグリコシド結合で連なった高分子である。粘稠な物質で，細胞間質および間質液の構成成分となっており，ヒアルロン酸，コンドロイチン硫酸，ヘパリンなどがある（図 2-16）。糖タンパク質はコアタンパク質に糖が共有結合している。この糖とコアタンパク質の結合様式には，N-グリコシド型（血清型）と O-グリコシド型（ムチン型）がある。N-グリコシド型糖タンパク質はヒ

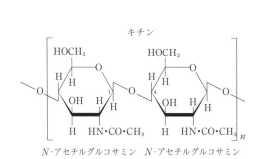

図 2-16　複合多糖類の構造（それぞれの糖類の一部を示す）

トグロブリン IgG の糖鎖として，*O*-グリコシド型糖タンパク質は ABO 式血液型活性を示す糖鎖，胃ムチンの糖タンパク質の糖鎖として，受容体や情報伝達物質として働く。

― キーワード ―

糖質，炭水化物，単糖類，二糖類，少糖類，多糖類，アルドース，ケトース，不斉炭素原子，鏡像異性体，ラセミ体，三単糖，五単糖，六単糖，環状構造，グルコース，ガラクトース，フルクトース，グリコシド結合，配糖体，スクロース，マルトース，ラクトース，貯蔵多糖類，構造多糖類，デンプン，アミロース，アミロペクチン，グリコーゲン，セルロース，酸性ムコ多糖類

2-2　脂質の化学

脂質（lipid）とは，水にほとんど溶けないが，エーテル，クロロホルム，四塩化炭素，ベンゼンなどの有機溶媒（organic solvent）に溶ける有機化合物の総称である。したがって，この中には構造の異なるいろいろな物質が含まれており，それらの化学構造によって，次のように分類されている。

単純脂質（simple lipid）：脂肪酸とアルコールのエステル

　（例）中性脂肪（脂肪酸とグリセロールのエステル）

　　　　ロウ（高級脂肪酸と 1 価高級アルコールのエステル）

　　　　ステロールエステル（脂肪酸とコレステロールのエステル）

複合脂質（compound lipid）：脂肪酸とアルコール以外に，リン酸，含窒素塩基，糖，硫酸などが結合しているもの。

　（例）リン脂質（脂肪酸とグリセロールのエステルに，リン酸と含窒素塩基を含む）

　　　　糖脂質（脂肪酸，糖質および含窒素化合物からなる）（glycolipid）

　　　　リポタンパク質（いろいろな割合で脂質とタンパク質が結合している）

誘導脂質（derived lipid）：単純脂質や複合脂質の加水分解によって生ずる物質で，水に溶けず，有機溶媒に溶けるもの。

　（例）脂肪酸，高級アルコール，ステロイド，イソプレン誘導体

生体内の脂質は貯蔵脂肪として，皮下結合組織，腸間膜，筋肉間組織，臓器の周囲などに，中性脂肪の形で存在している。必要に応じて，エネルギー源として利用されると共に，臓器，組織を保護する役目も果たしている。

また，リン脂質，糖脂質，コレステロールの形で，生体膜の構成成分として存在している。

脂　肪　酸　　脂肪酸（fatty acid）とは一般式 R-COOH で表される直鎖モノカルボン酸である。脂肪を構成している脂肪酸には 4〜30 の偶数炭素数

からなる飽和脂肪酸（saturated fatty acid）（表2-1）と分子内に二重結合をもつ不飽和脂肪酸（unsaturated fatty acid）がある（表2-2）。大部分の脂肪酸は偶数個の炭素原子をもっているが，まれに奇数個の炭素原子よりなるもの，側鎖をもったもの，環状構造のもの，水酸基をもつものなどもある。2個以上の二重結合を有する脂肪酸を多不飽和脂肪酸（または多価不飽和脂肪酸；polyunsaturated fatty acid）という。そのうち二重結合が4個以上のものを高度不飽和脂肪酸ということがある。

　脂肪酸の種類を表すのに，次のような略記法が使われる。例えば，炭素数18の飽和脂肪酸は「18：0」，炭素数18で二重結合を1つもつオレイン酸は「18：1（Δ9）」と表し，（Δ9）はカルボキシル基から数えて9，10の間に二重結合をもつことを表している。同様に炭素数18で，二重結合を2つもつリノール酸の場合，「18：2（Δ9，Δ12）」，すなわち「炭素数：二重結合の数（Δカルボキシル基から数えた二重結合の位置）」で表す。

　また，高度不飽和脂肪酸のメチル基に最も近い二重結合の位置が，カルボキシル基末端またはメチル基末端から数えて何番目にくるかにより，n−3（「nマイナス3」と読む）またはω3（例：α-リノレン酸），n−6またはω6（例：リノール酸，γ-リノレン酸），n−9またはω9（例：オレイン酸）系列などという。

$C_{18}H_{32}O_2$ オレイン酸 18：1（Δ9）または $\Delta^9$18：1脂肪酸の表しかた

$$CH_3(CH_2)_7CH=CH(CH_2)_7COOH$$

ω9，C18：1　または　n−9，18：1

CH₃-CH₂-CH₂-(CH₂)₄-CH₂-CH=CH-(CH₂)₄-CH₂-CH₂-CH₂-COOH

脂肪酸には次のような性質がある。
（1）　偶数の直鎖飽和脂肪酸においては，炭素数が増加するにつれて融点が高くなる。
（2）　同じ炭素数の脂肪酸においては，二重結合の数が増すにつれて，融点が低くなる。
（3）　不飽和脂肪酸において，二重結合がシス型のものはトランス型に比べて融点が低い（天然の不飽和脂肪酸はほとんどシス型である）。
（4）　飽和脂肪酸は酸化に対して安定であるが，不飽和度が増加するにつれて酸化されやすくなる。
生体内貯蔵脂肪を構成している脂肪酸のほとんどは炭素数18のステアリン酸およびオレイン酸，炭素数16のパルミチン酸で占められている。リノール酸，リノレン酸のように二重結合の多い脂肪酸は生体膜の構成成分として，リン脂質や糖脂質中に存在し，人体に必要であるにもかかわらず，体内で生合成することができない。したがって生体が正常な機能を果たすためには，これらの不飽和脂肪酸を食物から摂取する必要があり，リノール酸（linoleic acid），リノレン酸（linolenic acid），アラキド

24

表 2-1 飽和脂肪酸 $C_nH_{2n}O_2$ の種類と化学構造

脂肪酸名	炭素数	融点	化学式
酪酸	4	−7.4	$CH_3(CH_2)_2COOH$
カプロン酸	6	−3.4	$CH_3(CH_2)_4COOH$
カプリル酸	8	16.5	$CH_3(CH_2)_6COOH$
カプリン酸	10	31.3	$CH_3(CH_2)_8COOH$
ラウリン酸	12	44.8	$CH_3(CH_2)_{10}COOH$
ミリスチン酸	14	54.1	$CH_3(CH_2)_{12}COOH$
パルミチン酸	16	62.7	$CH_3(CH_2)_{14}COOH$
ステアリン酸	18	69.6	$CH_3(CH_2)_{16}COOH$
アラキジン酸	20	76.2	$CH_3(CH_2)_{18}COOH$
ベヘン酸	22	79.9	$CH_3(CH_2)_{20}COOH$
リグノセリン酸	24	84.2	$CH_3(CH_2)_{22}COOH$

表 2-2 不飽和脂肪酸の種類と化学構造

$C_nH_{(2n-2x)}O_2$　　X＝二重結合の数

不飽和脂肪酸名	炭素数：二重結合の数（二重結合の位置）	融点	
パルミトオレイン酸	16：1 (9)		
オレイン酸	18：1 (9)	16.2	
リノール酸	18：2 (9, 12)	−5.0	
α-リノレン酸	18：3 (9, 12, 15)	−11.0	
γ-リノレン酸	18：3 (6, 9, 12)		
アラキドン酸	20：4 (5, 8, 11, 14)	−49.5	
イコサペンタエン酸(EPA)	20：5 (5, 8, 11, 14, 17)	−54.1	
ドコサヘキサエン酸(DHA)	22：6 (4, 7, 10, 13, 16, 19)	−44.2	

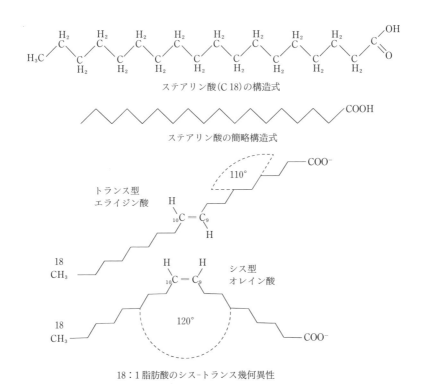

ステアリン酸(C 18)の構造式

ステアリン酸の簡略構造式

18：1脂肪酸のシス-トランス幾何異性

図 2-17 脂肪酸構造の表示法[4] 改変

ン酸（arachidonic acid）を必須脂肪酸（essential fatty acid）とよんでいる。これ
らは n−6 系列の多不飽和脂肪酸であるが，生体にとっては n−3 系列の多不飽和脂
肪酸も重要で，ヒトの代謝系ではそれぞれの系列内の変換は行えるが，系列間の変換
は行えない。

中 性 脂 肪　中性脂肪（neutral fat）とは 3 価アルコールであるグリセロール
（グリセリンともいう）に 3 分子の脂肪酸がエステル結合（ester
bonding）したものである（図 2-18）。

　ここで示した脂肪酸残基（R-CO-）のことを総称し
てアシル基という。したがって「3 つのアシル基がグリ
セロールにエステル結合したもの」という意味で「トリ
アシルグリセロール」（triacylglycerol）という。同様
にアシル基が 2 つ結合したものが，ジアシルグリセロー

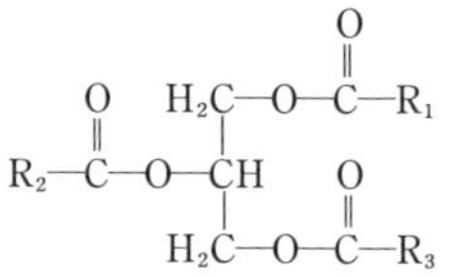

図 2-18
トリアシルグリセロール

ル，アシル基が 1 つ結合したものが，モノアシルグリセロールである。脂肪酸のカル
ボキシル基がエステル結合に使われ，酸性を示さなくなるので，中性脂肪とよばれる。
モノ，ジ，トリ-アシルグリセロールは，それぞれ，慣用的にはモノ，ジ，トリ-グリ
セリドとよばれる。体内の皮下に蓄えられている脂肪組織の脂肪は，99 ％までがこ
のトリアシルグリセロールから成り立っており，大部分 2，3 種類の異なった脂肪酸
が結合している。脂肪の性状は，それを構成している脂肪酸の種類によって決定され
る。すなわち，魚油や植物種油は多不飽和脂肪酸含量が多く，室温では液体状である
が，動物脂肪は，ステアリン酸，パルミチン酸のような高級飽和脂肪酸の占める比率
が高いため，固体状である。

リ ン 脂 質　リン脂質（phospholipids）はリン酸残
基を含む脂質のことで，グリセロリン酸
（図 2-19）の誘導体であるグリセロリン脂質と，スフィ
ンゴシンという物質の誘導体であるスフィンゴリン脂質の
2 種に大別される。リン脂質は生体膜の主要な構成成分で
ある。

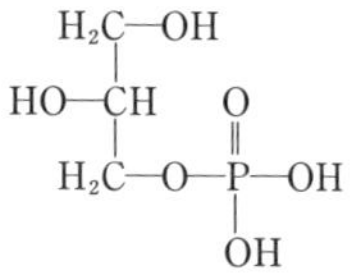

図 2-19　グリセロリン酸

（1）　グリセロリン脂質
1,2-ジアシルグリセロールの 3 位の-OH 基にリン酸残
基が脱水縮合したものをホスファチジン酸という（図 2-
20）。

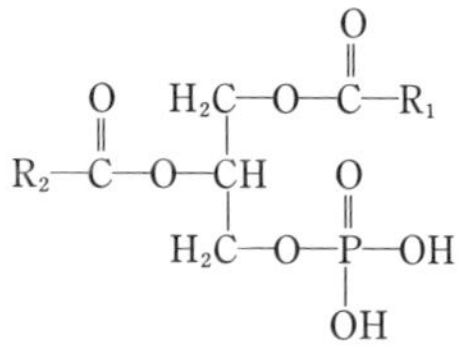

図 2-20　ホスファチジン酸

　ホスファチジン酸のリン酸残基の-OH 基にコリンが脱水縮合したものがホスファ
チジルコリン（レシチン；phosphatidyl choline）である。ホスファチジン酸のリン
酸残基の-OH 基にエタノールアミンが脱水縮合したものがホスファチジルエタノー
ルアミン（ケファリン）である。ホスファチジン酸のリン酸残基にセリンが結合した
ものがホスファチジルセリンであり（図 2-21），ホスファチジン酸のリン酸残基にイ
ノシトールが結合したものが，ホスファチジルイノシトールである。
　カルジオリピン：グリセリンの 1,3 位の-OH 基にリン酸残基が脱水縮合し，さら

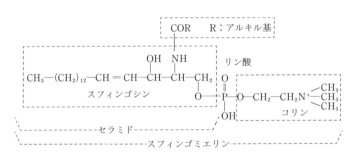

図 2-21　ホスファチジルコリン（レシチン）

に両リン酸残基に 1,2-ジアシルグリセロールが脱水縮合したものがカルジオリピン
である。

（2）　スフィンゴリン脂質

　スフィンゴミエリン（sphingomyelin）：グリセリンの代わりにアミノアルコール
であるスフィンゴシンを含み，スフィンゴシンのアミノ基に脂肪酸が酸アミド結合し
（これをセラミドという），さらにこのセラミドの末端の-OH 基にホスファチジルコ
リンが結合したものである（図 2-22）。脳や神経組織に多く，特に神経線維軸索をつ
つむミエリン鞘に多量に含まれている。

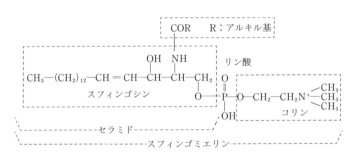

図 2-22　スフィンゴミエリン

糖 脂 質　（1）　セレブロシド
　セラミドの末端水酸基に，グルコースが β-グリコシド結合したもの
をグルコセレブロシド，ガラクトースが結合したものをガラクトセレブロシドという
（図 2-23）。ガラクトセレブロシドは脳灰白質に多く含まれる物質として重要である。

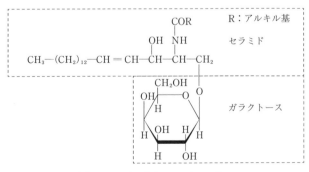

図 2-23　ガラクトセレブロシド

ガラクトセレブロシドの3位の-OH基に硫酸がエステル結合したものをスルファチドといい，脳の灰白質に存在している。

(2)　ガングリオシド

シアル酸（N-アセチルノイラミン酸ともいう；図2-11）を含むスフィンゴ糖脂質の総称である。シアル酸の数により，モノシアロガングリオシド，ジシアロガングリオシドなどとよんでいる。ガングリオシドは脳組織に多く含まれ，神経組織の膜を構成している。生体膜では親水性の表面部分にはシアル酸と結合した糖鎖が，疎水性の表面部分にはセラミドが配列していると考えられている。スフィンゴ糖脂質は細胞膜表面にあり，ことにその糖鎖構造は細胞相互の認識，抗原あるいは抗体など細胞外物質の認識，あるいは細胞膜内の機能タンパク質のつなぎ止めなどの機能を果たしていると考えられている。

赤血球の血液型物質中の糖脂質もスフィンゴ糖脂質である。

ステロイド　　ステロイド（steroid）とは，図に示すように，4つの環状構造からなるステロイド核をもつ化合物の総称である（図2-24）。

ステロイドには，細胞膜の構成成分であるコレステロール，ステロイドホルモン，ビタミンD_3の前駆体，胆汁酸など生体内で重要な生理作用をもつものがある。

(1)　コレステロールとコレステロールエステル

コレステロールはステロイド環の3位の炭素にOH基をもつアルコールである（図2-24）。この3位のOH基に脂肪酸がエステル結合したものがコレステロールエステルである。

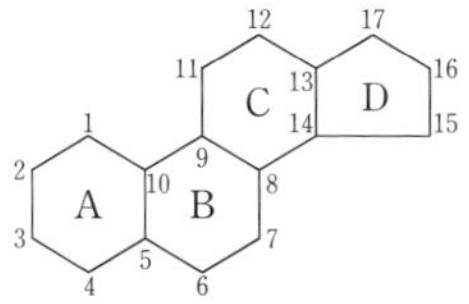

ステロイド核 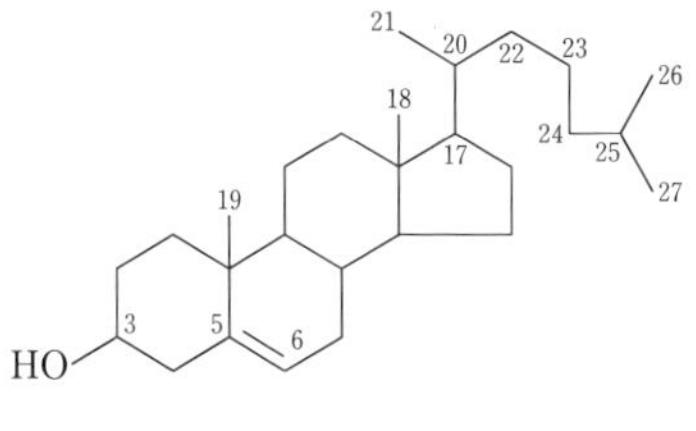　　　　　　　　　コレステロール

図2-24　ステロイド核（環）とコレステロール

(2)　胆　汁　酸

胆汁酸（bile acid）は肝臓でコレステロールから合成され，胆汁として分泌される。小腸で脂質の乳化剤として働き，脂質の消化・吸収を助ける。コール酸，デオキシコール酸，タウリンと酸アミド結合したタウロコロール酸，グリシンと酸アミド結合したグリココール酸，ケノデオキシコール酸，リトコール酸などがある（図2-25）。

(3)　ステロイドホルモン

ステロイドホルモンは，副腎皮質，性腺で合成されるホルモンで，グルココルチコイド，ミネラルコルチコイド，プロゲステロン（黄体ホルモン），アンドロステロン（男性ホルモン），エストラジオール（女性ホルモン）などがある（ホルモンの項参照）。

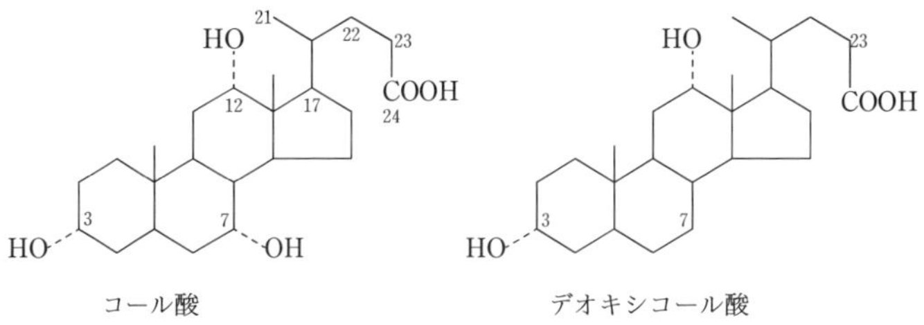

28

コール酸　　　　　　　　　デオキシコール酸

図2-25　胆　汁　酸

(4)　ビタミンD

7-デヒドロコレステロール（プロビタミンD₃）は皮膚にあり，紫外線の作用でビタミンD₃に変化する（図2-68）。

イソプレノイド　　イソプレンの重合体の構造をもつものをイソプレノイド（isoprenoid またはテルペノイド）という。カロテンやビタミンA，E，Kなどがこれに属する（p. 53〜56）。

エイコサノイド（プロスタグランジン類）　赤血球を除くほとんどすべてのほ乳類細胞は，炭素数20の化合物，エイコサノイド（eicosanoid）（ギリシャ語のeikosilに由来，"twenty"を意味する）を産生する。エイコサノイドは，炭素数20の不飽和脂肪酸であるアラキドン酸（20：4，n−6），エイコサ（またはイコサ）トリエン酸（20：3，n−6），エイコサ（またはイコサ）ペンタエン酸（20：5，n−3）などから酵素的につくられる局所ホルモン様物質である。エイコサノイドは，通常のホルモンのように循環系を介して標的

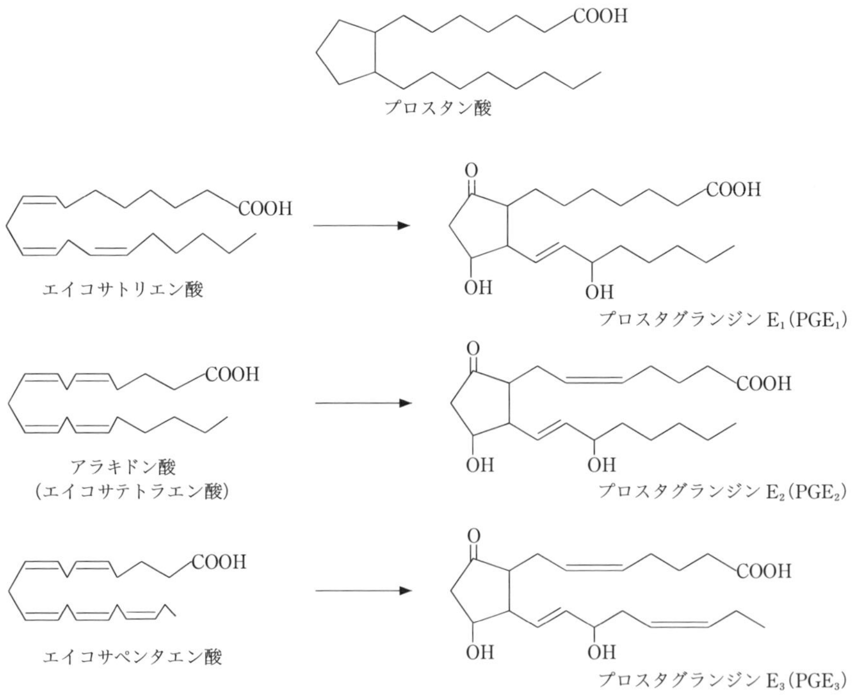

プロスタン酸

エイコサトリエン酸　→　プロスタグランジンE₁（PGE₁）

アラキドン酸（エイコサテトラエン酸）　→　プロスタグランジンE₂（PGE₂）

エイコサペンタエン酸　→　プロスタグランジンE₃（PGE₃）

図2-26　プロスタグランジンとその前駆体

細胞へ運ばれて作用するのではなく，産生部位近傍の局所で作用する。プロスタグランジン（PG；prostaglandin），トロンボキサン（TX），ロイコトリエン（LT）などを代表とする多数の分子種がある。PGE_1，PGE_2，PGF_{2a}は平滑筋収縮（子宮筋収縮，血管収縮），PGD_2，PGI_2は血小板凝集阻害，血管拡張などの生理活性がある（図2-26）。

　キーワード

脂質，有機溶媒，単純脂質，複合脂質，誘導脂質，脂肪酸，飽和脂肪酸，不飽和脂肪酸，多価不飽和脂肪酸，必須脂肪酸，リノール酸，リノレン酸，アラキドン酸，エステル結合，中性脂肪，トリアシルグリセロール，リン脂質，ホスファチジルコリン，スフィンゴミエリン，糖脂質，ステロイド，胆汁酸，イソプレノイド，エイコサノイド，プロスタグランジン

2-3　アミノ酸・タンパク質の化学

　体の主要構成成分であり，多くの機能を有し，生命現象に必須のタンパク質（protein）の構造と機能，タンパク質を構成しているアミノ酸(amino acid)の構造と性質について理解する。タンパク質は生物体を構成する有機高分子化合物（分子量：数千～数百万）の1つである。また生体の代謝反応を触媒している酵素(enzyme)もタンパク質からできている。栄養学的にも動物が摂取しなければならない栄養素の1つとして重要である。タンパク質を構成する元素の組成は重量比でC：45～55％，H：6～8％，O：19～25％，N：14～20％，S：0～4％であって，Nを平均16％含むことが特徴である。タンパク質の種類は生物種における違いを合わせると膨大な数になるが，それらを加水分解してみると，いずれの場合も20種類のアミノ酸が得られるにすぎない。自然界には200種類を越えるアミノ酸が存在するが，20種類のアミノ酸だけを用いてタンパク質が作られている。

　タンパク質はそれらのアミノ酸が直鎖状にペプチド結合(peptide bond)で連なったもので，そのアミノ酸の配列によってタンパク質の多様性が生じている。

（1）アミノ酸の化学構造

アミノ酸

　タンパク質を構成するアミノ酸は後述する20種類であるが，図2-27に示すような共通の構造を持っている。すなわちα位の炭素(C_α)に水素原子，アミノ基(-NH$_2$)，カルボキシル基(-COOH)を共通にもつ。これに20種類のアミノ酸それぞれに特有の側鎖(R)をもつ。

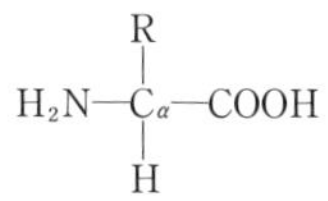

$$H_2N-C_\alpha-COOH$$

図2-27　アミノ酸の一般式

(2) アミノ酸の種類

　タンパク質を構成する20種類のアミノ酸は，その側鎖の性質によって次のように分類される（表2-3）。

　側鎖がHのグリシンが最も簡単な構造を持つ(グリシンは不斉炭素原子(asymmetric carbon)を持たないのでD, L体がない)アラニン，バリン，ロイシン，イソ

表2-3　タンパク質を構成するアミノ酸

分　類		アミノ酸	側　鎖（R）	略号（　）*
中性アミノ酸	脂肪族アミノ酸	グリシン	$-H$	Gly (G)
		アラニン	$-CH_3$	Ala (A)
	分枝鎖アミノ酸	バリン	$-CH\begin{smallmatrix}CH_3\\CH_3\end{smallmatrix}$	Val (V)
		ロイシン	$-CH_2-CH\begin{smallmatrix}CH_3\\CH_3\end{smallmatrix}$	Leu (L)
		イソロイシン	$-CH\begin{smallmatrix}CH_2-CH_3\\CH_3\end{smallmatrix}$	Ile (I)
	オキシアミノ酸	セリン	$-CH_2OH$	Ser (S)
		スレオニン	$-\underset{H}{\overset{OH}{C}}-CH_3$	Thr (T)
	含硫アミノ酸	システイン	$-CH_2SH$	Cys (C)
		メチオニン	$-CH_2-CH_2-S-CH_3$	Met (M)
	芳香族アミノ酸	フェニルアラニン	$-CH_2-$◯	Phe (F)
		チロシン	$-CH_2-$◯$-OH$	Tyr (Y)
		トリプトファン	$-CH_2-$（indole環）NH	Trp (W)
	酸アミド	アスパラギン	$-CH_2-CONH_2$	Asn (N)
		グルタミン	$-CH_2-CH_2-CONH_2$	Gln (Q)
酸性アミノ酸		アスパラギン酸	$-CH_2-COOH$	Asp (D)
		グルタミン酸	$-CH_2-CH_2-COOH$	Glu (E)
塩基性アミノ酸		リジン	$-CH_2-CH_2-CH_2-CH_2-NH_2$	Lys (K)
		アルギニン	$-CH_2-CH_2-CH_2-NH-C\begin{smallmatrix}NH\\NH_2\end{smallmatrix}$	Arg (R)
		ヒスチジン	$-CH_2-\underset{\underset{NH}{\,}}{C}=\underset{\underset{N}{\,}}{CH}$ （imidazole環）	His (H)
異環アミノ酸		プロリン	$\begin{smallmatrix}H_2C-CH_2\\H_2C\quad CH-COOH\\N\\H\end{smallmatrix}$ （分子全体）	Pro (P)

＊一文字で表わす場合は（　）内のアルファベットを用いる。

ロイシンは側鎖に炭化水素を持つアミノ酸で，アラニン以外の 3 種は炭素鎖が枝分か
れをしているため分枝アミノ酸(branched chain amino acid)とよばれる。側鎖に水
酸基を持つアミノ酸としてはセリン，スレオニンがある。システインとメチオニンは
側鎖に硫黄(S)を持つので含硫アミノ酸(sulfur containing amino acid)という。側鎖
に芳香族を持つアミノ酸は次の 3 つである（フェニルアラニン；ベンゼン環，チロシ
ン；フェノール性水酸基，トリプトファン；インドール環）。酸アミドを側鎖に持つ
ものには，アスパラギンとグルタミンがある。以上のアミノ酸はいずれも中性アミノ
酸である。α 位のカルボキシル基以外にカルボキシル基を持つアスパラギン酸とグ
ルタミン酸はアミノ酸全体が(−)に荷電するため酸性アミノ酸(acidic amino acid)
とよばれる。これとは逆に(＋)に荷電する側鎖を持つアミノ酸は塩基性アミノ酸
(basic amino acid)とよばれる（リジン；アミノ基，アルギニン；アミジン基，ヒス
チジン；イミダゾール基）。プロリンは特殊な環状イミノ酸構造をしている。

　必須アミノ酸(essential amino acid)とは，生体内で合成されないか合成されても
体内での必要量に満たないもので，食事として摂取しなければ何らかの障害を起こす
アミノ酸である。人の必須アミノ酸はスレオニン，バリン，ロイシン，イソロイシン，
メチオニン，トリプトファン，リジン，フェニルアラニンの 8 種類であるが乳幼児期
にはヒスチジンも必須アミノ酸である。アルギニンは尿素回路（5-4，105 頁）で合
成されるが乳幼児期には補いたいアミノ酸であるため準必須アミノ酸として扱う。タ
ンパク質の栄養価を化学的に判定する時，それぞれの必須アミノ酸の必要量の割合
（別の言葉で言えば人体のタンパク質を構成している必須アミノ酸の割合）を基準に
して食品タンパク質の栄養価を評価する。

　これらのアミノ酸のほか，タンパク質の構成成分ではないが，生体にとって重要な
アミノ酸がある（図 2-28）。オルニチン，シトルリンは尿素回路（オルニチン回路）
の代謝中間体（図 5-34 参照）で β-アラニンはビタミンのパントテン酸の一部であり，
γ-アミノ酪酸(GABA)は脳組織に存在する神経伝達物質である。クレアチンは筋肉，
脳，血液中に存在しクレアチンリン酸となり筋肉運動のエネルギー源となる。甲状腺
ホルモンであるサイロキシンやトリヨードサイロニンはチロシンから合成されるアミ
ノ酸である（図 7-6 参照）。

$$NH_2CH_2CH_2COOH$$
β-アラニン

$$HN=C<^{NH_2}_{NCH_2COOH}$$
$$|$$
$$CH_3$$
クレアチン

$$NH_2CH_2CH_2CH_2COOH$$
γ-アミノ酪酸

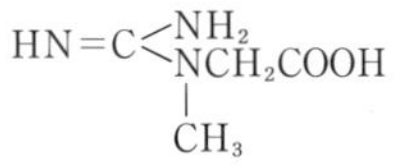

図 2-28　タンパク質を構成しないアミノ酸

(3) アミノ酸の化学的性質

　アミノ酸は，1 つの分子中に塩基性を示すアミノ基と酸性を示すカルボキシル基を
持つため，塩基性と酸性の両方の性質を示す。したがってアミノ酸は両性電解質
(amphoteric electrolyte)である。アミノ酸は溶液中でその時の水素イオン濃度

（pH）により図2-29に示すように電離する。酸性溶液中では$-COO^-$の解離が抑えられ陽イオン（$-NH_3^+$のため）として存在し，アルカリ溶液中では$-NH_3^+$からH^+が奪われて陰イオン（$-COO^-$により）として存在している。この中間にアミノ酸が持っている正電荷と負電荷が等しく電気的に中性となるpHがある。このpHをアミノ酸の等電点（isoelectric point）とよんでいる。中性アミノ酸の等電点は5.0〜6.5であるが，塩基性アミノ酸では7.0以上，酸性アミノ酸では3.0以下となる。

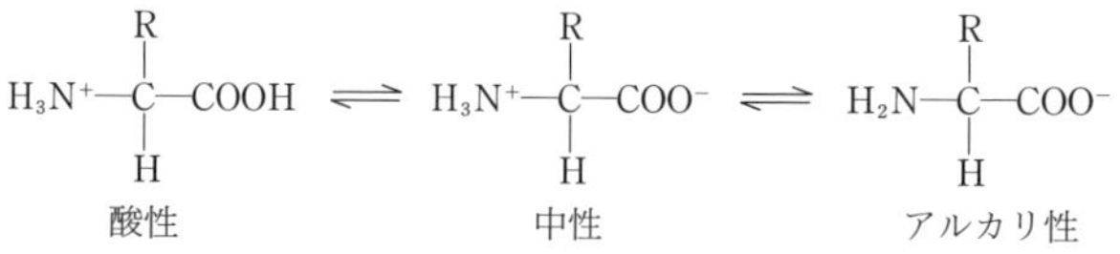

図2-29　両性電解質としてのアミノ酸

　グリシンは前述のように不斉炭素原子を持たないため立体異性（stereoisomerism）がなくD，L体がないが，その他のタンパク質構成アミノ酸はα位の炭素に4個の異なる原子団を持つ不斉炭素原子であるためD型，L型の異性体を持つ（図2-30）。高等動植物のタンパク質はすべてL型のアミノ酸で構成されている。例外としてアフリカ産の特殊なカエルの皮膚や細菌の細胞壁にD型のアミノ酸が存在する。

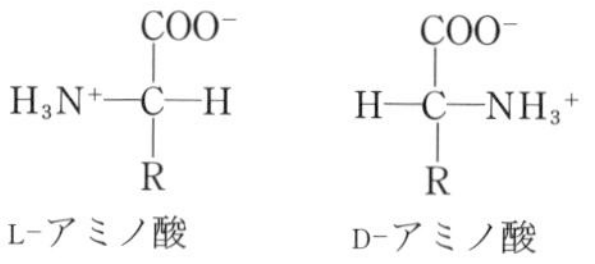

図2-30　アミノ酸の立体異性体

　アミノ酸を検出，定量する方法としてニンヒドリン反応（ninhydrine reaction）がよく用いられる。

ペプチド　　1つのアミノ酸のカルボキシル基と他のアミノ酸のアミノ基との間で脱水縮合した結合をペプチド結合（peptide bond）という（図2-31）。

　複数のアミノ酸がペプチド結合で直鎖状に連なったものをペプチドという。ペプチド鎖中のアミノ酸はアミノ酸残基とよばれる。ペプチドの左の端に遊離のアミノ基が

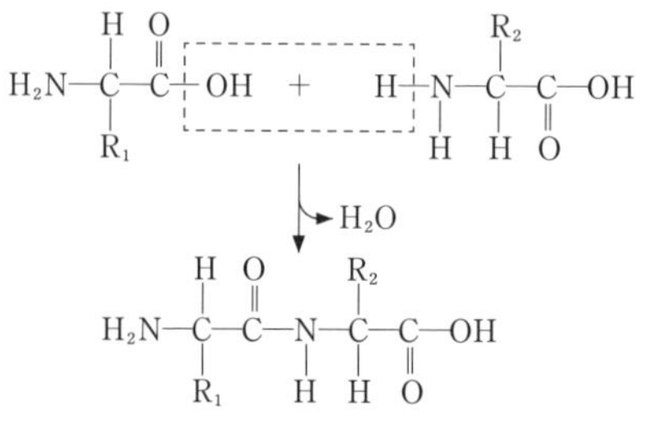

図2-31　ペプチド結合

来るように書きアミノ末端（N 末端）といい，他端には遊離の α カルボキシル基を持つアミノ酸が来るのでカルボキシル末端（C 末端）とよぶ。2 〜10 個のアミノ酸が結合したものをオリゴペプチドとよび，さらに多数のアミノ酸が結合したものをポリペプチドとよぶ。タンパク質は 50 個以上のアミノ酸残基からなるポリペプチドである。ペプチドやタンパク質のアミノ酸配列は 3 文字あるいは 1 文字のアミノ酸の略記号（表 2-3 参照）を用い，アミノ末端（N 末端）側から順に書く（図 2-32）。2 個のアミノ酸からなるペプチドをジペプチド，3 個のアミノ酸からなるペプチドをトリペプチドとよぶ。

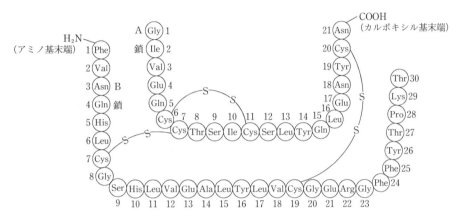

図 2-32　インスリンの一次構造

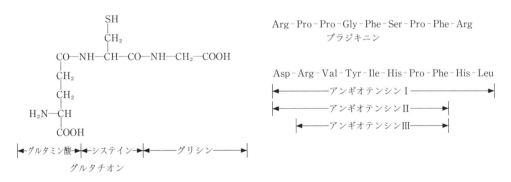

図 2-33　生理活性を持つペプチド

　低分子のペプチドの中には重要な生理活性を持つものも多く存在する（図 2-33）。トリペプチドで重要なグルタチオン（glutathione）（γ-glutamylcysteinylglycine；GSH）はシステインの SH 基により生体内の酸化還元反応，解毒反応に大切な働きをする。ブラジキニン（bradykinin）は 9 アミノ酸残基からなり血圧降下作用，平滑筋収縮作用を，アンギオテンシン（angiotensin）（I；10 アミノ酸残基，II；8 アミノ酸残基，III；7 アミノ酸残基）は血圧上昇作用を持ち，特にアンギオテンシン II は血圧上昇作用が強く，さらに脳下垂体後葉のバソプレッシン（抗利尿ホルモン）や副腎皮質のアルドステロン（ミネラルコルチコイド）の分泌を促進する。バソプレッシ

ンと同じく脳下垂体後葉ホルモンであるオキシトシン（平滑筋収縮作用）はどちらも
9アミノ酸残基のペプチドである。

　視床下部，脳下垂体前葉，中葉，膵臓，消化管などから分泌されるホルモンはす
べてペプチドホルモンである。

(1) タンパク質の分類

タンパク質

　　タンパク質は組成，構造，機能，溶解性，局在などの様々な面から
分類されている（表2-4，表2-5，表2-6）。一般的な分類としてその組成により単
純タンパク質と複合タンパク質の2つに大別されている。単純タンパク質（simple
protein）はアミノ酸のみからなり，複合タンパク質（conjugated protein）はアミノ酸
以外に非タンパク質成分を含む。

表2-4　単純タンパク質（アミノ酸のみからなるタンパク質）

分　類	特　徴	例
アルブミン	水に溶け，熱で凝固する。70～100％飽和の硫酸アンモニウムで沈殿する。	卵白アルブミン 血清アルブミン ラクトアルブミン
グロブリン	純水には溶けにくいが，塩溶液には溶ける。50％飽和の硫酸アンモニウムで沈殿する。熱で凝固する。	血清グロブリン 筋肉ミオシン
グルテリン	希酸，希アルカリに溶けるが，純水には溶けない。穀類に含まれる。	グルテニン（麦） オリゼニン（米）
プロラミン	水に溶けないが，希酸，希アルカリに溶け，60～90％のアルコールには溶ける。イネ科の植物の種子に存在。	グリアジン（小麦） ゼイン（トウモロコシ）
ヒストン	細胞核内で核酸と結合している。塩基性アミノ酸を多く含む。	プロタミン（精子）
硬タンパク質	繊維性，不溶性のタンパク質であって，生体支持組織に多い。	コラーゲン（ヒト体タンパク質の1/3を占める） エラスチン（腱，動脈） ケラチン（毛髪，爪）

表2-5　複合タンパク質

（単純タンパク質に，核酸，糖，リン酸，金属，色素など非タンパク質成分が結合しているタンパク質）

分　類	特　徴	例
核タンパク質	タンパク質と核酸が結合したもの	染色体 リボソーム，ウイルス
糖タンパク質 （ムコタンパク質）	糖質とタンパク質の結合したもの（糖はアミノ酸残基のセリン，スレオニン，またはアスパラギンと結合している）	ムチン（唾液） オボムコイド（卵白） グリコホリン（赤血球膜）
リンタンパク質	タンパク質のアミノ酸残基のセリンやスレオニンの水酸基がリン酸化されたもの	カゼイン（乳） ホスビチン（卵黄）
リポタンパク質	脂肪，リン脂質，コレステロールなどを含むタンパク質（生体膜や脂質の輸送形態として重要）	細胞膜 キロミクロン HDL
金属タンパク質	金属を含むタンパク質	フェリチン（Fe） ヘモシアニン（Cu） アルコールデヒドロゲナーゼ（Zn）
色素タンパク質	色素成分を含む有色のタンパク質	ヘモグロビン（赤色） チトクローム（褐色） フラビンタンパク質（黄色）

表 2-6　タンパク質の機能による分類

分　類	例
構造タンパク質	コラーゲン，エラスチン，ケラチン
触媒タンパク質	酵素
収縮タンパク質	アクチン，ミオシン
貯蔵タンパク質	フェリチン（鉄）
輸送タンパク質	アルブミン（脂肪酸，ビリルビン），ヘモグロビン（酸素），リポタンパク質（脂肪），トランスフェリン（鉄）
防御タンパク質	免疫グロブリン，補体，フィブリノーゲン，インターフェロン
ホルモン	インスリン

（2）タンパク質の構造

　タンパク質はアミノ酸が紐状に重合したものであるが，そのポリペプチド鎖は折り畳まれたり，ラセン状に巻き付いたりして各々のタンパク質特有の複雑な立体構造をしている。この分子の形態により，球状タンパク質，繊維状タンパク質などに分類される（図2-34）。タンパク質がその生理機能を発揮するためにはこのような特有の立体構造をとることが必須である。立体構造に関わる結合は，1）共有結合（ペプチド結合，-S-S-結合），2）水素結合，3）疎水結合（hydrophobic bond），4）静電結合（イオン結合），5）ファンデルワールス力（分子間引力）である。

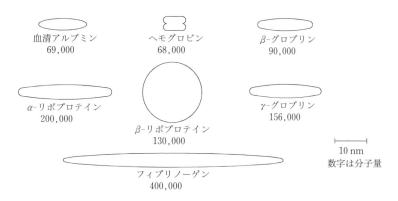

血清アルブミン
69,000

ヘモグロビン
68,000

β-グロブリン
90,000

α-リポプロテイン
200,000

β-リポプロテイン
130,000

γ-グロブリン
156,000

10 nm
数字は分子量

フィブリノーゲン
400,000

図2-34　種々のタンパク質の形と分子量

　1個の完全なタンパク質の構造は次に述べる次元の構造から成り立っている。

　一次構造：タンパク質のアミノ酸組成と配列順序は各々のタンパク質に特有であり，そのアミノ酸配列順序（ペプチド結合のみ）を一次構造という。

　二次構造：ペプチド鎖の一部はラセン状（α-ヘリックス；α-helix）をしていたり，折り畳まれた状態（β-構造；β-structure or β-シート；β-sheet）になっている。このようなペプチド鎖の一部の特殊な立体構造を二次構造という。α-ヘリックスは1本のペプチド鎖内の一つのペプチド結合の $>$N-H と別のペプチド結合の $>$C=O との間で水素結合を作りラセン状になったものである（図2-35）。このラセンは右巻で，3.6個のアミノ酸で一回転している。また，平行に並んだペプチド鎖間のカルボニル

36

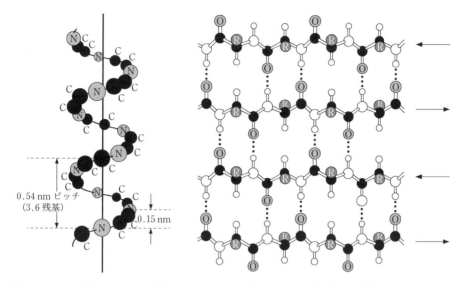

図 2-35　タンパク質のα-らせん構造
（わかりやすくするために、
らせんの主鎖のみを示した）

0.54 nm ピッチ
（3.6 残基）

0.15 nm

図 2-36　タンパク質のβ-構造
（逆平行β-ひだ構造）

基とイミド基の間で水素結合を作ったものを β-構造という（図 2-36）。3 本のポリ
ペプチド鎖がラセン構造をとるコラーゲン構造や不規則な折れ曲がりを持つランダム
コイルがある。

　三次構造：タンパク質はさらに折れ畳まれて、各タンパク質分子特有の立体構造を
とる。これが三次構造である。この構造を保つために-S-S-結合、水素結合、疎水結
合（疎水性会合ともいう）、静電結合（イオン結合）が働いている（図 2-37）。リボ
ヌクレアーゼの三次構造を図 2-38 に示す。

　四次構造：三次構造を持つ複数のポリペプチドどうしが会合して、固有の立体構造
を形成したものを四次構造という。例えばヘモグロビンは α 鎖と β 鎖が 2 個ずつ集

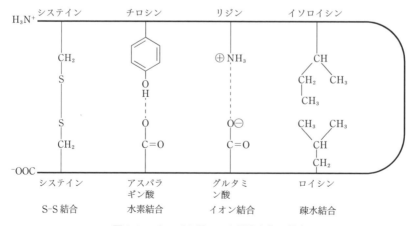

図 2-37　タンパク質の三次構造を作る結合

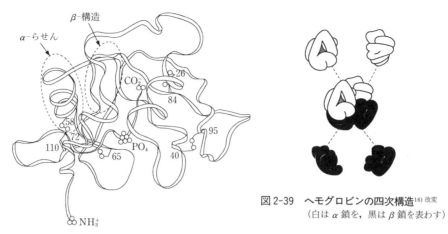

図 2-39　ヘモグロビンの四次構造[16) 改変]
（白は α 鎖を，黒は β 鎖を表わす）

図 2-38　リボヌクレアーゼの三次構造[4) 改変]

合した四量体である（図 2-39）。四次構造を持つタンパク質をオリゴマータンパク質
といい，構成ペプチドをサブユニット（subunit）（またはモノマー；monomer）とい
う。また，タンパク質の二次，三次，四次構造を高次構造とよぶ。

（3）タンパク質の一般的性質

1）電気的性質：タンパク質は構成するアミノ酸側鎖の酸性基と塩基性基に基づき
両性電解質としての性質を示し，個々のタンパク質に固有の等電点を持っている。等
電点より酸性側では（＋）に，アルカリ性側では（－）に荷電する。したがってタン
パク質を電場に置くと，その荷電状態に応じて陰極または陽極へ移動する。この現象
をタンパク質の電気泳動(electrophoresis)という。タンパク質の移動速度は個々のタ
ンパク質によって異なるので，タンパク質の分析や精製に用いられる（図 2-40）。

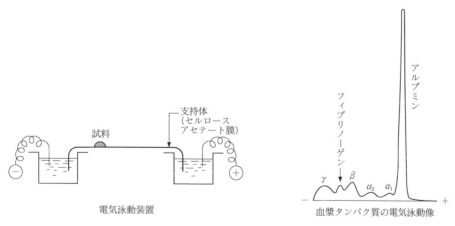

図 2-40　タンパク質の電気泳動

2）溶解度：タンパク質は表 2-4 に示したようにその種類によって，水，塩溶液，
酸，アルカリ，アルコール，アセトンなどに対する溶解度が異なる。この違いを利用
してタンパク質の精製を行うことができる。例えばタンパク質溶液に塩類（硫酸アン

モニウムなど）を加え，特定のタンパク質を沈殿（塩析）させ分離することができる。

　3）紫外部吸収と呈色反応：タンパク質のほとんどが 280 nm 近辺に最大吸収波長を持つ。これはチロシン（吸収極大波長 278 nm），フェニルアラニン（同 260 nm），トリプトファン（同 280 nm）の芳香族アミノ酸残基に基づいている。タンパク質をアルカリ溶液中で硫酸銅と反応させると，青紫色を呈する（ビウレット反応；biuret reaction）。これはトリペプチド以上の大きさのペプチドに反応するためタンパク質の定量に利用される。ニンヒドリンはアミノ酸とタンパク質の両方に反応するが特にアミノ酸の定量に使われる（ニンヒドリン反応；ninhydrin reaction）。

　4）タンパク質の変性：生のタンパク質は，比較的弱い非共有結合（水素結合，イオン結合，疎水結合）や共有結合でも還元されやすいジスルフィド結合（-S-S-結合； S-S bond or disulfide bond）をした特有の高次構造をしている。タンパク質を物理的刺激（加熱，紫外線照射，放射線照射，加圧）や化学的刺激（極端な pH，水銀などの重金属，アルコールなどの有機溶剤，尿素，トリクロール酢酸のようないわゆるタンパク質変性剤）で処理すると，タンパク質の高次構造が崩壊する（図2-41）。このような生のタンパク質のペプチド結合の切断を伴わない高次構造の崩壊を変性（denaturation）という。変性タンパク質は水に溶けなくなったり酵素や抗体はその生理活性を失う。

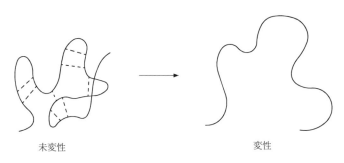

未変性　　　　　　　　　　　　　　　　変性

図 2-41　タンパク質の変性

キーワード

アミノ酸，必須アミノ酸，タンパク質，酵素，ペプチド結合，不斉炭素原子，分枝（岐）アミノ酸，含硫アミノ酸，酸性アミノ酸，塩基性アミノ酸，立体異性，両性電解質，等電点，電気泳動，タンパク質の構造(1〜4次構造)，α ヘリックス，β 構造（β シート），-S-S-結合（ジスルフィド結合），疎水結合，サブユニット，グルタチオン，単純タンパク質，複合タンパク質，ニンヒドリン反応，ビウレット反応，変性，ブラジキニン，アンギオテンシン

2-4　核酸の化学

　核酸は，生物の最も基本的な性質である遺伝現象に関与する物質である（5-5と5-6参照）。細胞核の中には遺伝子の本体であるデオキシリボ核酸（DNA，deoxy-ribonucleic acid）が，ヒストンなどのタンパク質と複合体を作り，染色質を形成している。また細胞質では，DNAの遺伝情報をもとにタンパク質を合成する役割をもつ数種類のリボ核酸（RNA，ribonucleic acid）が存在する。核酸は，タンパク質がアミノ酸からできているように，ヌクレチオドが重合してできた高分子化合物である。

ヌクレオチド　ヌクレオチド（nucleotide）は塩基，糖およびリン酸の各部分が図2-42に示したように結合したものである。ヌクレオシド（nucleoside）は塩基と糖が結合したものをさす。

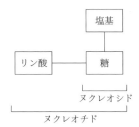

図2-42　ヌクレオチドとヌクレオシド

（1）核酸を構成する塩基

　核酸を構成する塩基はプリン（purine）とピリミジン（pyrimidine）を母体とした誘導体からなる（図2-43）。プリン塩基にはアデニン（adenine），グアニン（guanine）の2種類がある。ピリミジン塩基にはシトシン（cytosine），チミン（thymine），ウラシル（uracil）の3種類がある。DNAにはアデニン，グアニン，シトシン，チミンの4種類が，RNAにはアデニン，グアニン，シトシン，ウラシル（DNAのチミンの代りに）の4種類が含まれる。それぞれの環を構成する原子には図のように番号を付ける。

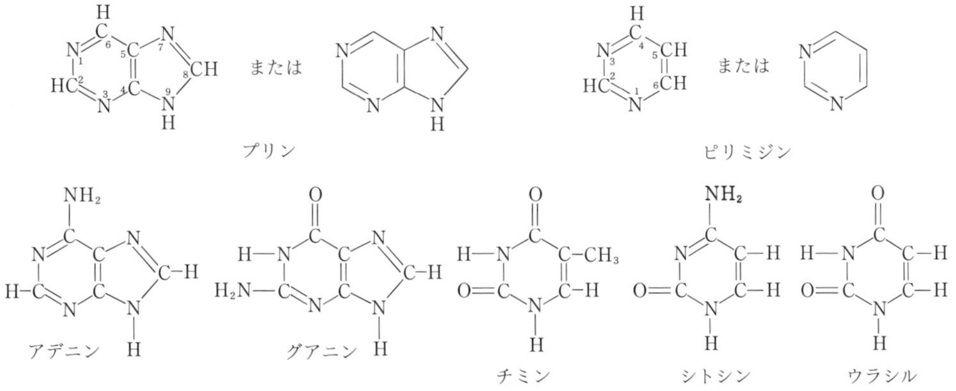

プリン　　　　　　　　　　　　　　　　　ピリミジン

アデニン　　　グアニン　　　チミン　　　シトシン　　　ウラシル

図2-43　核酸を構成する塩基

(2) 核酸を構成する糖

　核酸を構成する糖はDNAではデオキシリボース（deoxyribose），RNAではリボース（ribose）である（図2-44）。ヌクレオチド中の糖の炭素原子の番号には，塩基と区別するために，図のようにプライム（′）を付けてよばれる。両者ともD型のペントース（五炭糖）で，1′位のOHの配置はβ型である。デオキシリボースはリボースの2′位のOH基が脱酸素されたものである。両者の3′および5′位のOH基はリン酸とエステルを形成する。

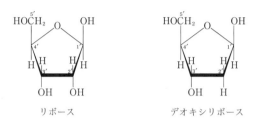

リボース　　　　　　　　デオキシリボース

図2-44　核酸を構成する糖

(3) ヌクレオシドとヌクレオチド

　ヌクレオシドはプリン塩基のN-9位あるいはピリミジン塩基のN-1位と，ペントースのC-1′位がグリコシド結合で結合したものである。そのヌクレオシドにリン酸が結合したものがヌクレオチドである（図2-45）。ヌクレオシドおよびヌクレオチドの呼び名は表2-7に示すとおりである。

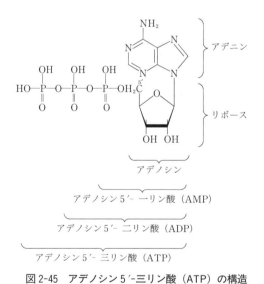

図2-45　アデノシン5′-三リン酸（ATP）の構造

DNAとRNA

　核酸はヌクレオチドが多数重合したものであり，ポリヌクレオチドともよばれる。一方のヌクレオチドの糖3′位にある水酸基と他方のヌクレオチドの糖の5′位にあるリン酸基の間でリン酸ジエステル結合を作り重合する（図2-46）。ポリヌクレオチド鎖には図のように5′末端と3′末端があるため，

表2-7　ヌクレオシドとヌクレオチドの呼び方

核酸	塩基	糖	ヌクレオシド	ヌクレオチド	略号
D N A	アデニン	デオキシリボース	デオキシアデノシン	デオキシアデノシン5′―リン酸 （デオキシアデニル酸）	dAMP
	グアニン		デオキシグアノシン	デオキシグアノシン5′―リン酸 （デオキシグアニル酸）	dGMP
	シトシン		デオキシシチジン	デオキシシチジン5′―リン酸 （デオキシシチジル酸）	dCMP
	チミン		チミジン	デオキシチミジン5′―リン酸 （チミジル酸）	dTMP
R N A	アデニン	リボース	アデノシン	アデノシン5′―リン酸 （アデニル酸）	AMP
	グアニン		グアノシン	グアノシン5′―リン酸 （グアニル酸）	GMP
	シトシン		シチジン	シチジン5′―リン酸 （シチジル酸）	CMP
	ウラシル		ウリジン	ウリジン5′―リン酸 （ウリジル酸）	UMP

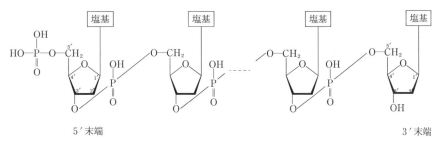

図2-46　ポリヌクレオチドの構造

ヌクレオチドの配列には一定の方向性がある。核酸はわずか4種類のヌクレオチドからなるが，ヌクレオチド配列の長さと配列順の組み合わせによってほとんど無数の核酸の種類がある。

（1）DNA の構造

　通常 DNA は図2-47 に示すように，2本のポリヌクレオチド鎖が互いに逆向きに（一方が5′→3′，他方が3′→5′向きに）並んで二重らせん(double helix)構造をとっている。この時2本の鎖の間では，塩基どうしが互いに水素結合で結ばれ塩基対(base pair)を形成し，二重らせん構造を安定化している。この塩基対は必ずアデニン（A）とチミン（T），グアニン（G）とシトシン（C）という組み合わせである。A－T の間では2本の，G－C の間では3本の水素結合が形成される（図2-48）。この A－T，G－C の塩基対を形成する性質を塩基相補性という。

　5-6 で述べるように，DNA の持つ遺伝情報はヌクレオチド塩基の並びかたによって暗号化されている。マキサムとギルバートやサンガーらにより塩基配列の決定法が開発され（最近はおもにサンガーらの開発したダイデオキシ法が使われる），さまざまな遺伝子の塩基配列が決定されている。さらに，最近ヒトを含めた生物のゲノムプ

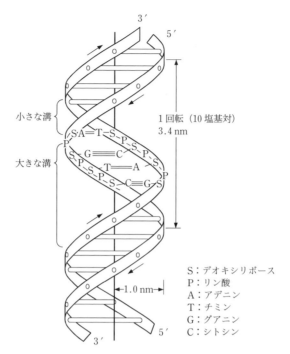

3′
5′

小さな溝

1回転（10塩基対）
3.4 nm

大きな溝

S—A＝T—S—P—S

P   G≡C—S—P—S—P

S—P—S—T＝A   P

P—S—C≡G—S

1.0 nm

S：デオキシリボース
P：リン酸
A：アデニン
T：チミン
G：グアニン
C：シトシン

3′
5′

図 2-47　DNA の二重らせん構造

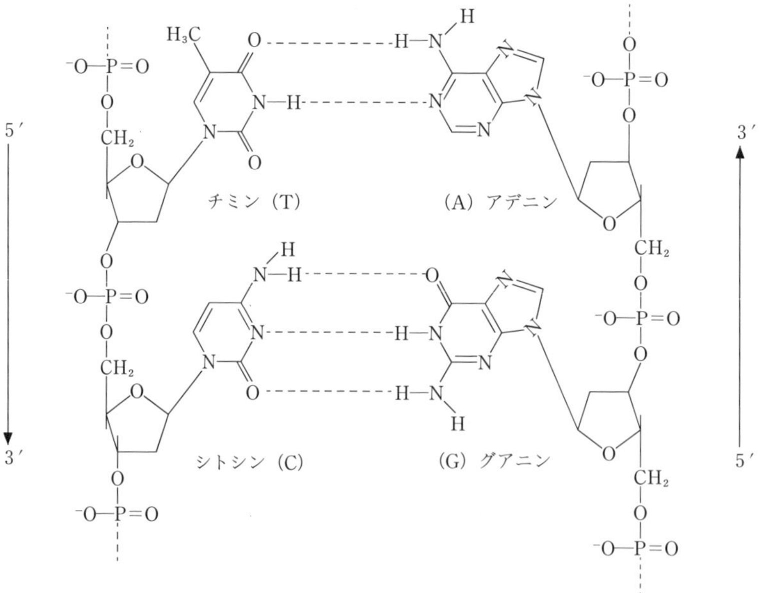

図 2-48　DNA の相補的塩基対

ロジェクトが進行し，その生物の持つゲノム丸ごとの塩基配列が決定されるようにな
った。ゲノム（genome）とは，その生物固有の染色体の1組で，その生物が機能的に
調和のとれた完全な生活を営むために必要な最小限度の遺伝子群を含むものである。
表 2-7 に，ゲノムプロジェクトが完了した生物のゲノムの大きさとそれに含まれるタ

表 2-8　様々な生物のゲノムの大きさと遺伝子数

生物種 (学名)	ゲノムの大きさ (塩基対数)	遺伝子の総数
大腸菌 (*Escherichia coli*)	4.6×10^6	4,400
パン酵母 (*Saccharomyces cerevisiae*)	1.2×10^7	6,200
せん虫 (*Caenorhabditis elegans*)	9.7×10^7	21,000
シロイヌナズナ (*Alabidopsis thaliana*)	1.0×10^8	26,000
ショウジョウバエ (*Drosophila melanogaster*)	1.8×10^8	15,000
マウス (*Mus musculus*)	3.3×10^9	～35,000
ヒト (*Homo sapiens*)	3.0×10^9	～35,000

ンパク質をコードする遺伝子の数をまとめた。原核生物の大腸菌は，4.6×10^6個の塩基対からなる環状の DNA 鎖を 1 本持ち，その長さは約 1.5 mm である。真核生物であるヒトの 1 つの細胞中の核には 2 ゲノム 6.0×10^9塩基対からなる DNA が存在し，それらをつなぎ合わせると約 2 m もの長さになる。このように超高分子である DNA はヒストン(histone)などのタンパク質により密に束ねられて，真核生物では細胞核内に存在する。ヒストンは塩基性のタンパク質で，異種の生物間でアミノ酸配列がよく保存されている。ヒストン H 2 A，H 2 B，H 3，H 4 のそれぞれ 2 分子からなるヒストン 8 量体に DNA が 2 回ずつ巻き付いてヌクレオソーム構造(nucleosome)を形成している（図 2-49）。ヒストン H 1 はヌクレオソームの外から結合している。分裂に際しては，ヒトの場合 22 対の常染色体と 2 つの性染色体に凝縮される。DNA の複製や遺伝子としての機能については 5-5 と 5-6 で述べる。

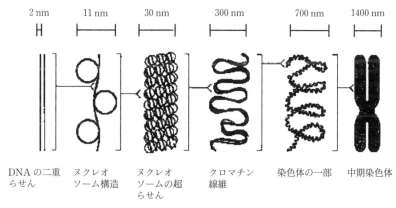

図 2-49　DNA から染色体への構築[30] 改変

(2) RNA の種類

RNA は DNA と異なり通常 1 本のポリヌクレオチド鎖からなるが，塩基相補性に

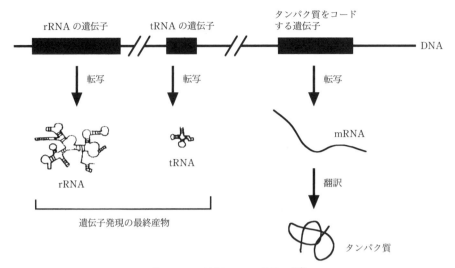

図 2-50　3 種類の RNA 分子[29] 改変

より分子内に部分的に塩基対を形成している。RNA の塩基配列はすべて DNA 上に
コードされていて，おもにタンパク質の生合成に関与する（図 2-50）。RNA には，
DNA の遺伝情報を写し取りタンパク質合成の蔭の設計図となるメッセンジャー
RNA（mRNA），アミノ酸を運ぶトランスファー RNA（tRNA，図 5-50 参照），タ
ンパク質合成の場となるリボソームを形成するリボソーム RNA（rRNA）がある。
哺乳類細胞で，rRNA，mRNA および tRNA は，それぞれ RNA ポリメラーゼ
（RNA polymerase）I，II および III によって転写されて作られる。転写の反応やそ
れぞれの RNA の詳しい働きについては 5-6 で述べる。転写により生じた rRNA と
tRNA は，遺伝子発現の最終産物で，比較的細胞内で安定である。タンパク質に翻
訳される mRNA は，非常に分解を受けやすい。真核生物は 4 種類の rRNA（その大
きさにより 28 S，18 S，5.8 S と 5 S rRNA とよばれる）をもつ。これらのうち 28
S と 18 S，5.8 S は，まず 1 つの単位として RNA ポリメラーゼ I により転写され

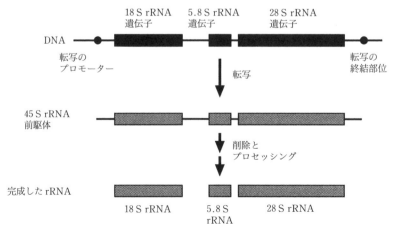

図 2-51　真核生物の rRNA の合成過程

（45S rRNA 前駆体），その後それぞれの大きさの分子に切り出されてできあがる（図 2-51）。rRNA や tRNA は生体内で大量に必要なので，それぞれの遺伝子はDNA 中に多コピー存在する。例えば，ヒトの rRNA 遺伝子はゲノム当たり 280 コピーも存在する。

核酸を構成しない遊離のヌクレオチド

核酸の構成要素としてではなく，遊離の状態で多くの生理的に重要な働きをするヌクレオチドが存在する。

ATP（図 2-45）は物質代謝の過程で生じるエネルギーを利用して作られる高エネルギーリン酸化合物（5-2 章参照）で，細胞のほとんどすべてのエネルギーを要求する反応に使われている。ホルモンなどの細胞外からのシグナルの一部はATP から作られるサイクリック AMP（cAMP）（図 2-52）を介して細胞内へ伝えられる。ウラ

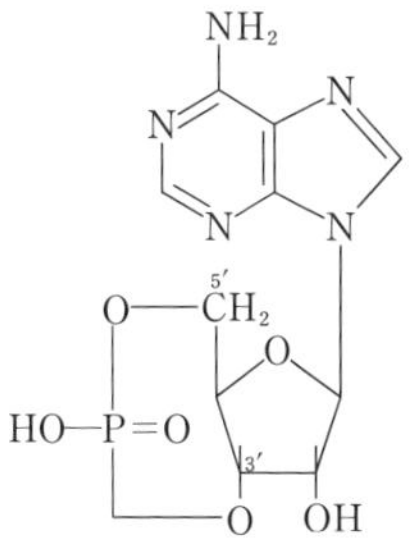

図 2-52　サイクリック AMP の構造

シルの誘導体はガラクトースの代謝やグリコーゲンの合成に関与する。補酵素 FAD や NAD もヌクレオチドである。合成ヌクレオチドのいくつかは，制がん剤や抗ウイルス剤として治療に使われている。

キーワード

デオキシリボ核酸（DNA），リボ核酸（RNA），ヌクレチオド，ヌクレオシド，プリン，ピリミジン，アデニン，グアニン，シトシン，チミン，ウラシル，デオキシリボース，リボース，二重らせん構造，塩基相補性，ゲノム，ヒストン，RNA ポリメラーゼ，メッセンジャー RNA（mRNA），トランスファー RNA（tRNA），リボソーム RNA（rRNA）

2-5　ビ タ ミ ン

ビタミン（Vitamin）とは，生体機能の調節・維持に必須の微量有機化合物で体内ではまったく合成されないか，または必要量を体内で合成できないために，栄養素として摂取しなければならない物質を総称している。ビタミンは一般にその溶解性から水溶性と脂溶性の二種に分類される。

水溶性ビタミン

水溶性ビタミン（water soluble vitamins）はビタミン C（アスコルビン酸：ascorbic acid）を除いて，ほとんどがビタミンB 群として分類される。

(1) ビタミン B 群

B 群（B complex）のビタミンは，活性型に変換されて，生命にとって重要な代謝反応を触媒する酵素の補酵素（coenzyme）として働くことが知られている（表 2-9）。細

表 2-9　水溶性ビタミンの生理活性と欠乏症，供給源*

ビタミン	補酵素	関係する反応	欠乏症	分布
ビタミン B₁	チアミンピロリン酸（TPP）	ケト基転移 ケト酸脱炭酸（糖代謝）	多発性神経炎 脚気	穀類，胚芽 酵母
ビタミン B₂	フラビンアデニンジヌクレオチド（FAD） フラビンモノヌクレオチド（FMN）	脱水素（呼吸） コハク酸・NADH など	口角炎・皮膚炎 成長停止	肝臓，牛乳 卵
ナイアシン	ニコチンアミド・アデニン・ジヌクレオチド（NAD） ニコチンアミド・アデニン・ジヌクレオチド・リン酸（NADP）	脱水素（呼吸） 乳酸，アルコールなど	ペラグラ （皮膚炎，下痢，精神症状）	肝臓，酵母， 落花生，胚芽
ビタミン B₆	ピリドキサール―リン酸（PLP）	アミノ基転移 （アミノ酸代謝）	（皮膚炎）	酵母，肝臓， 胚芽
パントテン酸	コエンザイム A（CoA） アシルキャリアータンパク（ACP）	アセチル基転移 （糖質・脂肪酸代謝）	皮膚炎 （白ネズミ）	酵母，肝臓， 胚芽
ビオチン	ビオチン	炭酸固定（脂肪酸合成カルボキシラーゼ類）	皮膚炎 （にわとり） 皮膚炎	肝臓，魚肉
葉　酸	テトラヒドロ葉酸（THF）（FH₄）	1炭素単位の転移 （核酸合成）	大赤血球性貧血 心筋梗塞	ほうれんそう， 肝臓
ビタミン B₁₂	5′-デオキシアデノシルコバラミン（B₁₂補酵素）	炭素鎖切断 （核酸合成）	悪性貧血 脳，神経障害	肝臓，牛乳
ビタミン様物質 リポ酸	リポ酸 （ピルビン酸酸化因子）	アセトアルデヒド転移 （糖質代謝）		肝臓， 人体で合成
ビタミン C		酸化還元反応 （生体の抗酸化剤）	壊血病	野菜類， 果実類

＊食事摂取基準については付表2を参照

胞の補酵素必要量はわずかで，ビタミンの所用量は非常に少量でバランスのとれた食生活で十分補充される。ビタミン B₂・B₆・B₁₂，パントテン酸，葉酸，ビオチン，ビタミン K などは腸内細菌で合成され利用されるので，欠乏症状を呈することはまれである。合成品もあり，治療薬あるいは保健薬として利用される場合，多量に摂取されても尿中に排泄されてしまう。

　1）ビタミン B₁（チアミン）

　チアミン（thiamin）はチアゾール置換体とピリミジン置換体がメチレンブリッジによって結合した構造を持っている（図 2-53），活性型（active form）チアミンは，チアミンピロリン酸（thiamin pyrophosphate・TPP）である。TPP は，活性型アル

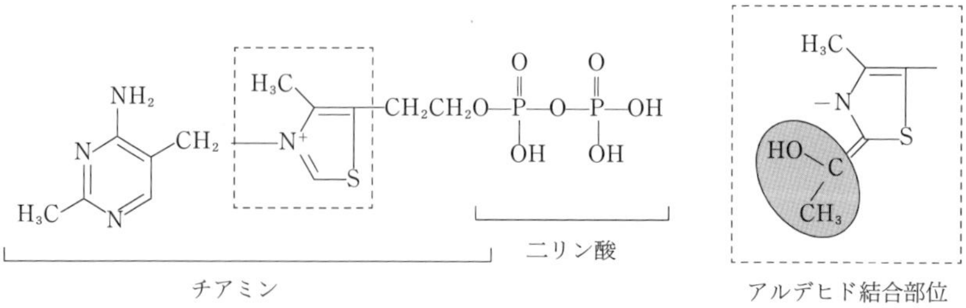

図 2-53　チアミンニリン酸の構造とアルデヒドの結合部位

デヒド単位を転移する酵素反応の補酵素として，糖代謝において，①ピルビン酸デヒドロゲナーゼまたは，αケトグルタル酸デヒドロゲナーゼ，また，②5単糖リン酸経路でトランスケトラーゼ反応に関与する。糖代謝においてピルビン酸デヒドロゲナーゼ複合酵素系での補酵素として作用する。B_1欠乏でこれらの反応は妨げられ，基質が蓄積し，B_1欠乏症である脚気が発生する。多発性末梢神経炎（polyneuropathy），浮腫，心臓脚気などの症状（ウエルニッケ・コルサコフ症候群 Wernicke-Korsakoff syndrome）を呈する。チアミンはアルカリや亜硫酸に不安定で，水溶性のため調理中の損失が多い。ある種の生魚やわらびなどにチアミン分解酵素（thiaminase アノイリラーゼ）が存在するが，熱感受性である。食品成分としての成分値はチアミン塩酸塩相当で示される。

　2）ビタミン B_2（リボフラビン）

　リボフラビン（riboflavin）はイソアロキサンジン環に糖アルコール（リビトール）が結合したもので，蛍光を呈する黄色の色素で，比較的熱に対して安定で，アルカリや自然光の存在下では分解する。

　B_2の活性型は，リボフラビンのリビトール末端にリン酸がエステル結合したリン酸エステルのフラビンモノヌクレオチド（flavin mononucleotide：FMN）と，さらにこれにアデニル酸が結合したフラビンアデニンジヌクレオチド（flavin adenine dinucleotide：FAD）である（図2-54）。

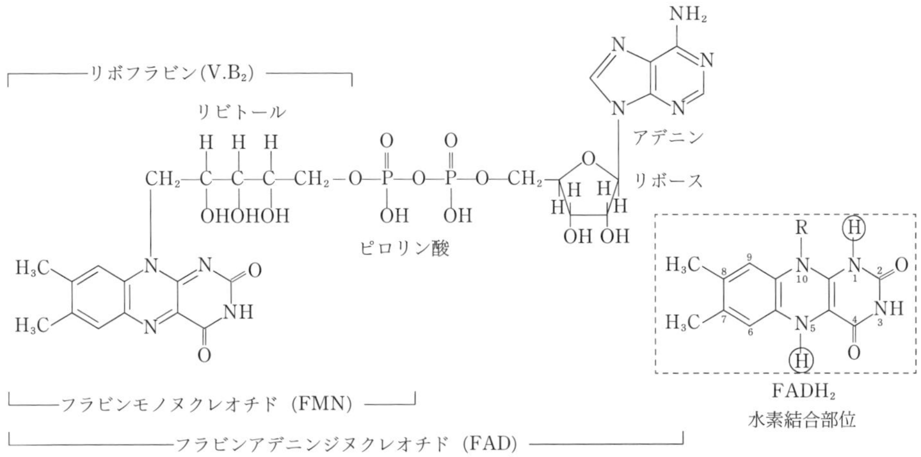

図2-54　フラビンヌクレオチドの構造と水素の結合部位

　FMN は L-アミノ酸酸化酵素，FAD はコハク酸脱水素酵素などのフラビン酵素の補酵素として，イソアロキサンジン環の1,5位の N に H が結合し還元型（$FMNH_2$または$FADH_2$）となり，水素供与体として働く。このような，フラビン酵素は，ミトコンドリアでは，電子伝達体として ATP の産生に，ミクロソームでは，電子伝達体として，ほとんどの栄養素の代謝にかかわっており，薬物や毒物などの生体異物の水酸化などに関与する。

　欠乏症として，口角炎，口唇炎，口内炎，舌炎，脂漏性皮膚炎，眼球炎，羞明，角

膜周辺血管新生などが見られる。小児では成長障害が起こる。

3）ナイアシン（ニコチン酸）

ナイアシン（niacin）は，体内で同じ作用を持つニコチン酸（nicotinic acid），ニコチン酸アミド（niacinamide；nicotinamide）などの総称であり，酸化還元酵素の補酵素の構成成分として非常に重要である。生体中に最も多く存在するビタミンである。ニコチン酸はピリジンのモノカルボン酸で，そのアミド誘導体（ニコチンアミド）とともに抗ペラグラ因子と言われる（図2-55）。ニコチンアミドにアデニン・ジヌクレオ

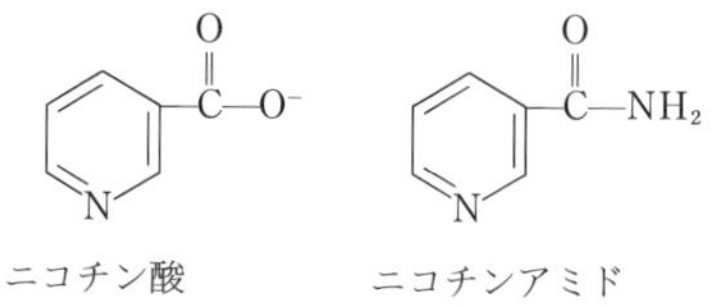

図2-55　ニコチン酸とニコチンアミド

チドが結合した NAD^+（nicotinamide adenine dinucleotide），さらにリン酸が結合した $NADP^+$（nicotinamide adenine dinucleotide phosphate）がナイアシンの活性型である（図2-56）。脱水素酵素の補酵素として，生体酸化還元反応の水素授受には，ピリジン核の4位の水素原子2個が関与する。

$$NAD^+ + AH_2 \longleftrightarrow NADH + H^+ + A$$

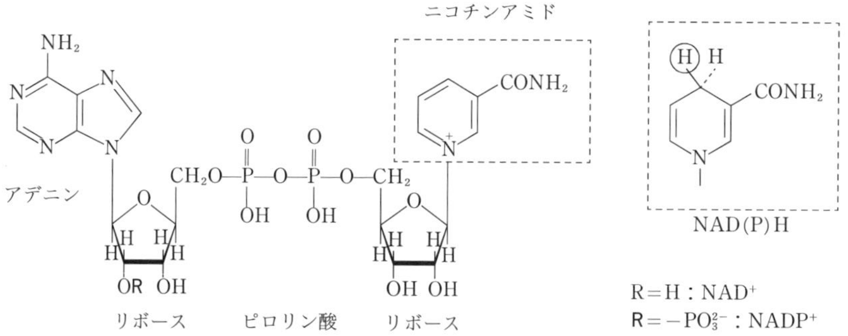

図2-56　ピリジンヌクレオチド NAD^+ と $NADP^+$

ナイアシンは広く食品に含まれている。また，生体内でもトリプトファンから転換できる。トリプトファン60 mgがナイアシン1 mg当量に相当する。そため良質のタンパク質食を摂取すれば欠乏症は起こらない。欠乏症としてペラグラ（pellagra；3D症状1：下痢，2：皮膚炎，3：精神症状）があり，小児では成長障害が起こる。成分値はニコチン酸相当量で示される。

4）パントテン酸

パントテン酸（pantothenic acid）はパントイン酸と β-アラニンの結合体で（図2-57），生体内でアデニンヌクレオチド，チオエタノールアミンと結合して活性化されコエンザイムA（coenzyme A：CoA）となる（図2-57）。パントテン酸とチオエタノ

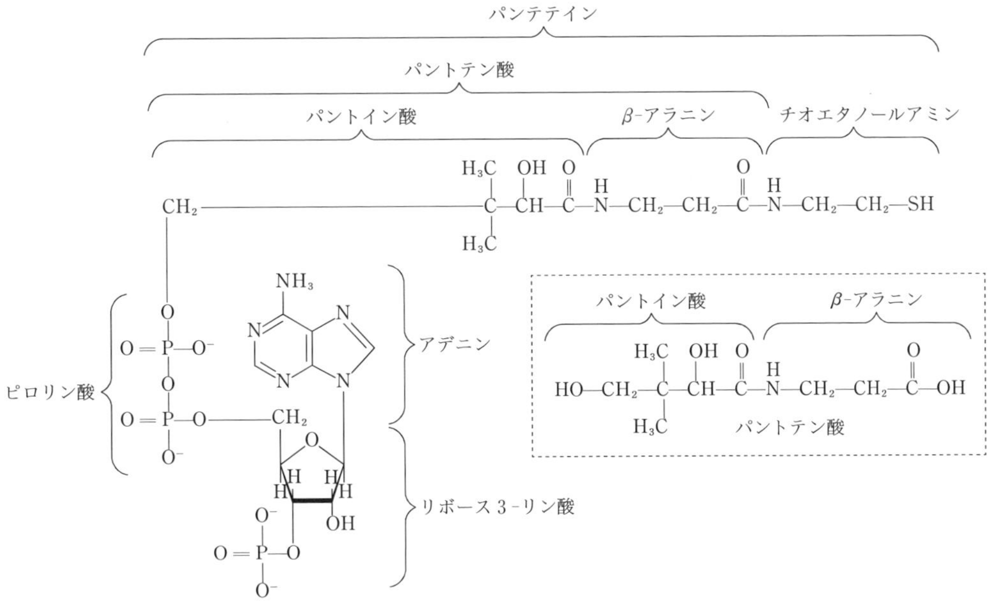

図 2-57　コエンザイム A とパントテン酸

ールアミンの化合物（パンテテイン）が特殊なタンパク質と結合して，アシルキャリ
ヤータンパク質(acyl carrier protein；ACP) となり，脂肪酸合成に関与する。CoA
は，酸化的脱炭酸，脂肪酸酸化（アシル化反応），コレステロール合成など多くの反
応において有機酸を活性化させる補酵素として働く。反応基を示すために CoA を
CoA-SH（または HSCoA）と示す。欠乏症は，成長障害，皮膚炎，副腎障害，末梢
神経障害，抗体生産障害などが知られている。

　5）ビタミン B_6（ピリドキシン，ピリドキサール，ピリドキサミン）

　ビタミン B_6 はピリジンの誘導体でピリドキシン（pyridoxine），ピリドキサール
（pyridoxal），ピリドキサミン（pyridoxamine）など（図2-58），ビタミンとして
同様の作用を持つ 10 種以上の化合物の総称である。ビタミン B_6 の活性型は，ピリド

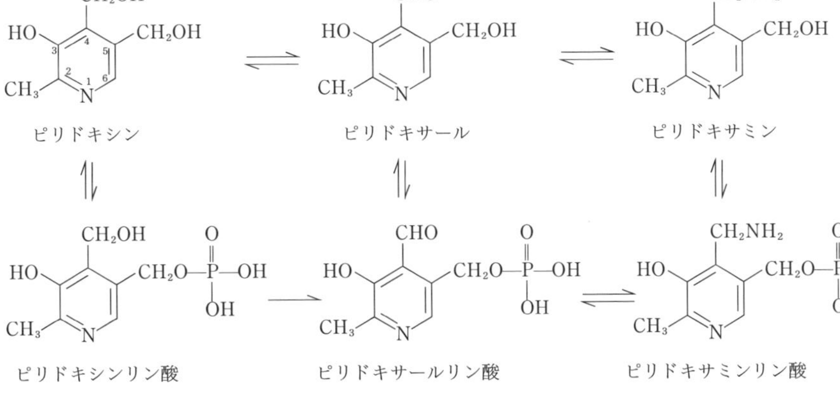

図 2-58　ビタミン B_6 とピリドキサールリン酸（PLP）

キサール 5-リン酸（pyridoxal phosphate：PLP）である。ビタミン B_6 がリン酸化されて，アミノ基転移酵素（アミノトランスフェラーゼ），アミノ酸脱炭酸酵素（アミノ酸デカルボキシラーゼ）の補酵素として働き，アミノ酸の代謝（結果としてタンパク質の代謝に），神経伝達物質の生成に重要な役割を果たしている。

欠乏症としては，脂漏性皮膚炎，口内炎，動脈硬化性血管障害，食欲不振などがある。抗生物質の長期使用により欠乏症を呈することがある。成分値はピリドキシン相当量で示される。

6）ビオチン

ビオチン（biotin）は図に示すような構造で，炭酸活性化酵素の 1 つのリシン残基と結合して，活性なビオチン酵素となる（図 2-59）。

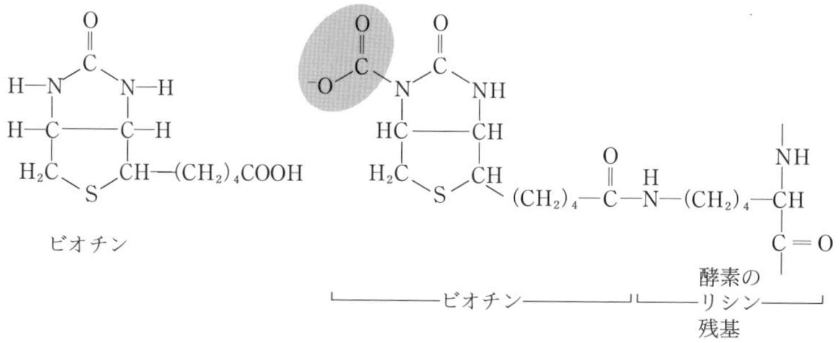

図 2-59　ビオチンとビオチン部分に CO_2 が結合したビオチン酵素

ビオチン酵素は，HCO_3^-，ATP，Mg^{2+} とアセチル CoA によって活性型酵素となり CO_2 の転移（カルボキシル化や脱カルボキシル化）などに関与する。例えば，脂肪酸合成に必要なアセチル CoA カルボキシラーゼ，炭酸脱水酵素はビオチン酵素である。生卵中のアビジン（糖タンパク）はビオチンと強く結合しその吸収を阻害するため，ビオチン欠乏症を招くことがある。

7）ビタミン B_{12}（コバラミン）

ビタミン B_{12}（cobalamin）は，シアノコバラミン，メチルコバラミン，アデノシルコバラミン，ヒドロソコバラミンなど，同様の作用を持つ化合物の総称である。Co^+ イオンを中心にもち，コリン核（ピロール核 4

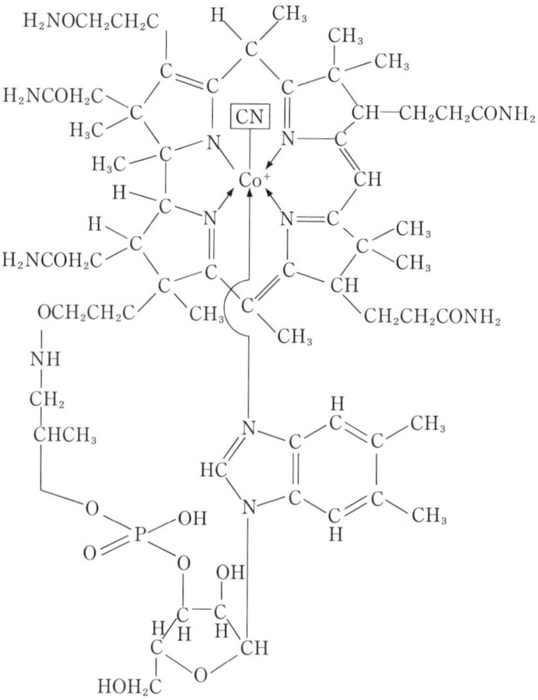

図 2-60　ビタミン B_{12}

個で構成される）を持つ，ポルフィリンに似た環状の赤色化合物である（図2-60）。補酵素としての活性型は，中心のCo^+に5′-デオキシアデノシンが，図の CN 基の位置と結合したアデノシルコバラミンである。ホモシステイン S-メチルトランスフェラーゼ（メチル基転移酵素の一種）やメチルマロニル CoA ムターゼ（異性化酵素の一種）の補酵素として働く。小腸でのビタミンB_{12}の吸収に必要なキャッスル内因子（instrinic factor）（糖タンパク質）が胃の壁細胞から分泌され，これと結合して，回腸粘膜から吸収される。

　内因子の欠乏によりビタミンB_{12}の吸収が妨げられ，結果として，造血が障害され悪性貧血，巨赤芽球性貧血を招く。成分値はシアノコバラミン相当量で示される。

8）葉　酸

　葉酸（folic acid）はプテリジン（pteridine），p-アミノ安息香酸（para-aminobenzoic acid：PABA）とグルタミン酸が1分子ずつ結合したもの（図2-61）の誘導体である。生体内で活性型のTHF（5，6，7，8-テトラヒドロ葉酸：tetrahydrofolate）となり，1炭素単位メチル基，メチレン基，メテニル基，ホルミル基，ホルムイミノ基などの転移に関与する補酵素としてヌクレオチドの生成，グリシン・セリン・ヒスチジン・メチオニンなどのアミノ酸生合成に関与する。細胞の増殖，成長に重要で細胞分裂の盛んな組織に多い。

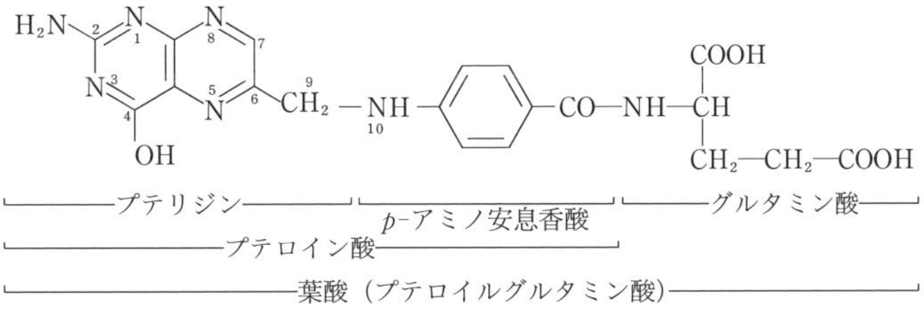

図2-61　葉　酸

　葉酸欠乏で巨赤芽球性貧血が起こり，抗貧血性ビタミンとして見いだされたが，腸内細菌によっても合成され，食品からの摂取も容易である。欠乏により舌炎，精神神経異常，胎児の神経管閉鎖障害等を招くことが知られている。

（2）ビタミンC（アスコルビン酸）

ビタミンC（ascorbic acid）は抗壊血病因子 anti-scurvy factor として見いだされ，アスコルビン酸と名づけられた（図2-62）。グルコースに似た構造の炭素6個の酸である。酸化されるとデヒドロアスコルビン酸になり活性を失う。この酸化反応は重金属イオンや熱によって促進される。この反応は可逆的で還元を受けてアスコルビン酸にもどる。強い還元力を持ち，生体の酸化還元反応に関与し，

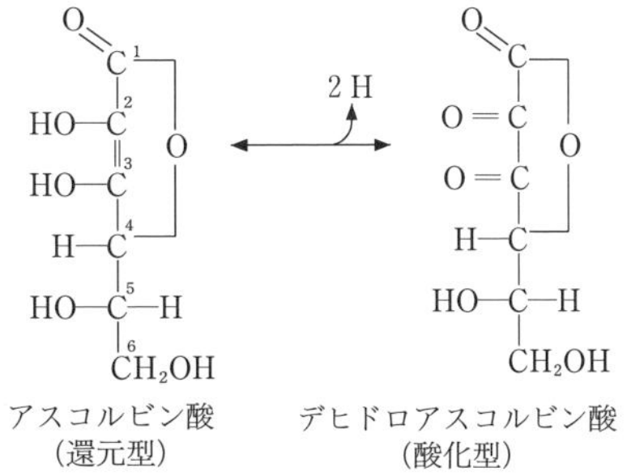

アスコルビン酸（還元型）　デヒドロアスコルビン酸（酸化型）

図2-62　アスコルビン酸

コラーゲン合成でプロリンの水酸化反応や，チロシンの代謝と関連したカテコールアミンの生成や脂質代謝，ステロイドホルモンの代謝，鉄の代謝などに関与している。しかし，重金属イオン，熱によってデヒドロアスコルビン酸がさらに酸化されると活性を失う。補助因子として還元型の銅を必要とする。霊長類（ヒトやサル）・モルモットでは，L-グロン酸を酸化しビタミンCを合成する L-グロノラクトン脱水素酵素を持たないためアスコルビン酸をビタミンとして必要とする（図5-10）。

　食品中のビタミンCは，アスコルビン酸（還元型）とL-デヒドロアスコルビン酸（酸化型）として存在する，成分値はこの両者の合計で示される。成人1日の推奨量は 100 mg である。

(3) ビタミン様物質

1）リ　ポ　酸

リポ酸（lipoic acid）は，チオクト酸ともよばれ，分子内にS－S結合を持つ物質である（図2-63）。ピルビン酸デヒドロゲナーゼなどの α-ケト酸の酸化的脱炭酸反応の補酵素として働く。ビタミン B_1（TPP），B_2（FAD），パントテン酸（CoA）や NAD^+ と共に重要な生理作用を果たす。生体内で合成可能であるがビタミン様物質として重要である。

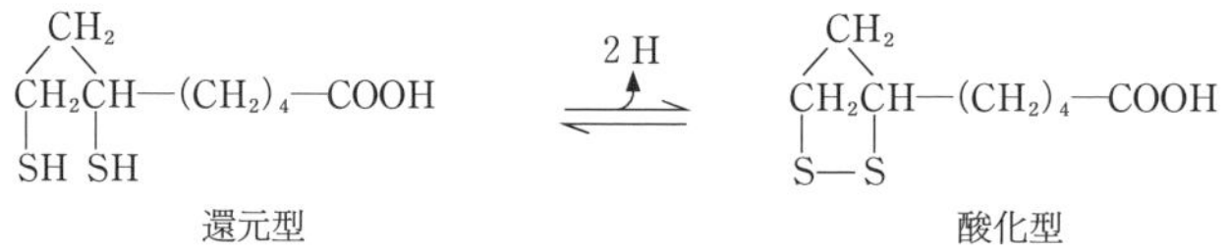

図2-63　リ　ポ　酸

2）イノシトールとコリン

　イノシトール（inositol）とコリン（choline）はいずれもリン脂質の構成成分である（図2-64）。脂肪肝予防因子として作用する。イノシトールはホスファチジルイノシトールの成分として細胞内で情報伝達に，コリンはメチオニンから合成され，レシチンやアセチルコリンの成分で，膜脂質や神経伝達物質として重要な生理的活性を担っている。

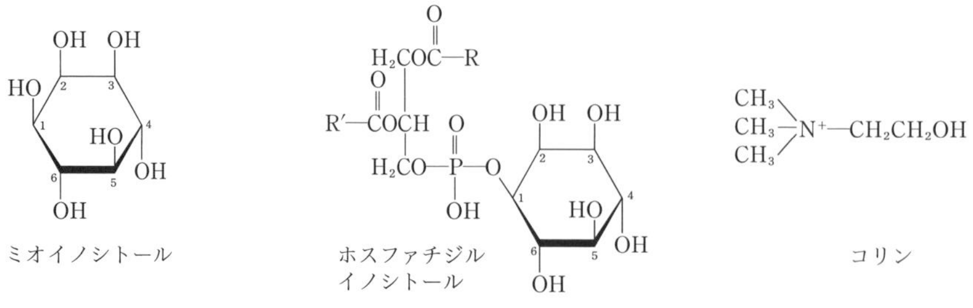

図2-64　イノシトールとコリン

脂溶性ビタミン(fat-soluble vitamin)（A，E，D，および K）は水に不溶で，組織から有機溶剤であるクロロホルムやエーテルなど非極性の溶媒で抽出されるために，いわゆる分類上の誘導脂質とみることもできる。動植物由来の食物脂質中に溶存して摂取され，脂肪と同じ経路で小腸から吸収されてキロミクロン中に入り肝臓へ運ばれる。A，D，K は肝臓に貯蔵され，E は脂肪組織に貯蔵される。

脂溶性ビタミンの生理作用と欠乏症を表 2-10 に示す。

表 2-10　脂溶性ビタミンの生理活性と欠乏症*

脂溶性ビタミン	活性型	生理作用	欠乏症	分布
ビタミン A レチノール(A-アルコール) レチナール(A-アルデヒド)	A-アルデヒド (11-cis retinal) レチノイン酸 (9 CRA，ATRA)	ロドプシン-視覚物質 A-アルデヒドオプシン 皮膚・粘膜の機能保全 成長促進作用	夜盲症 角膜乾燥症 成長障害	肝油，バター， ウナギ，緑黄 色野菜
ビタミン D エルゴカルシフェロール コレカルシフェロール	1,25-ジヒドロキシ- ビタミン D_3	カルシウム・リンの吸収促進 骨-血液間のカルシウム・ リンの移動の調節	クル病 骨軟化症	肝油，卵黄， 牛乳，干しし いたけ
ビタミン E α-トコフェロール	α，β，γ，δ 型 α 型が最強	抗酸化剤として過酸化 脂質生成の防止 生体膜の保護	不妊症 筋萎縮 溶血しやすい	胚芽，レタス， 大豆油，卵黄
ビタミン K メナジオン	ビタミン K_1 ビタミン K_2	血液凝固作用 プロトロンビン生成 活性酸素による障害防止	血液凝固遅延 新生児頭蓋内出血， 腸管出血	緑葉，肝臓

＊食事摂取基準については付表 2 を参照

1) ビタミン A

a. レチノール

ビタミン A は，炭素数 20 個のイソプレンの誘導体で，イオノン核外に二重結合 4 個をもつアルコール（retinol：レチノール）で A_1，A_2 などがある（図 2-65）。ビタミン A の効力は A_1 が A_2 の 2 倍も強いとされている。淡黄色油状の物質で酸化されやすく，紫外線で破壊される。

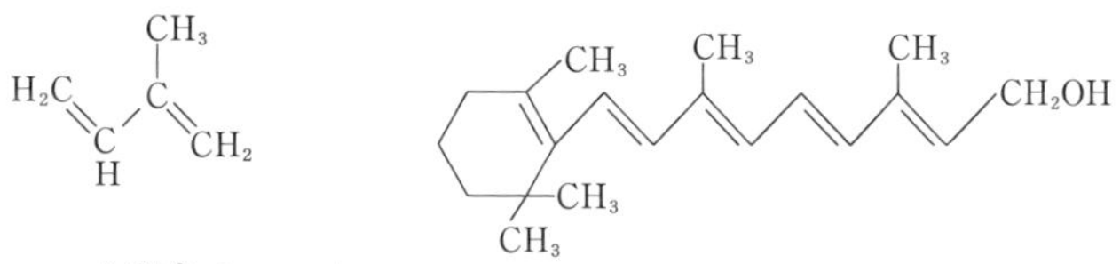

イソプレン　　　　　　　　レチノール

図 2-65　イソプレンとレチノール

レチノールは網膜にあるアルコールという意味であり，レチノールのアルコール基が酸化されてアルデヒド基になったものをレチナールという。レチナールはタンパク質オプシンと結合して，ロドプシン（rhodopsin：視紅）となり，眼の網膜の桿体細胞の感光色素として機能する（図 2-66）。ビタミン A は上皮細胞の保護作用があり，感染を防ぐ作用や視覚の正常化，成長および生殖作用が知られている。

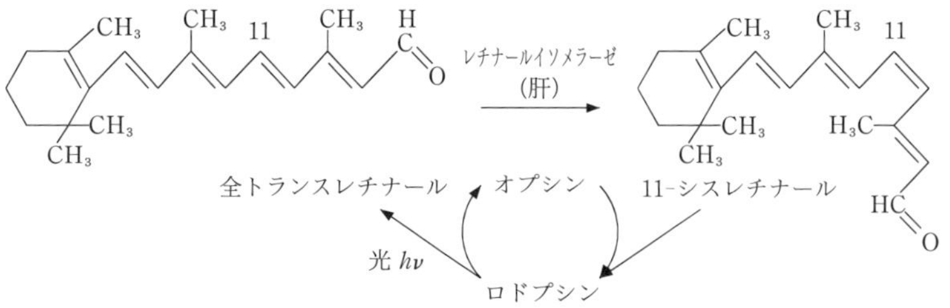

図2-66　11-シスレチナールとロドプシンの光反応

全トランスレチナール　オプシン　11-シスレチナール
光 $h\nu$　ロドプシン

レチナールイソメラーゼ（肝）

　主として動物性食品に含まれる。成分値は，異性体の分離を行わず，全トランスレチノール相当量をもとめ，レチノールとして示される。

　　$1\,\mu g$ レチノール当量（RE）＝ $1\,\mu g$ レチノール ＝ $12\,\mu g$ β-カロテン ＝ $24\,\mu g$ α-カロテン

　b．カロテン

　植物中にはビタミンAは存在しないが，レチノール同様の活性を有するプロビタミンAとしてカロテノイド色素，α，β，γ-カロテン(carotene)，およびクリプトキサンチンなどが存在する。これらの中で最も効力が高いのはβ-カロテンである（図2-67）。カロテンは摂取されて腸壁や肝臓で胆汁酸と酸素の存在下で，カロテン開裂酵素によって中央部の二重結合が開裂し2分子のレチナールになる。

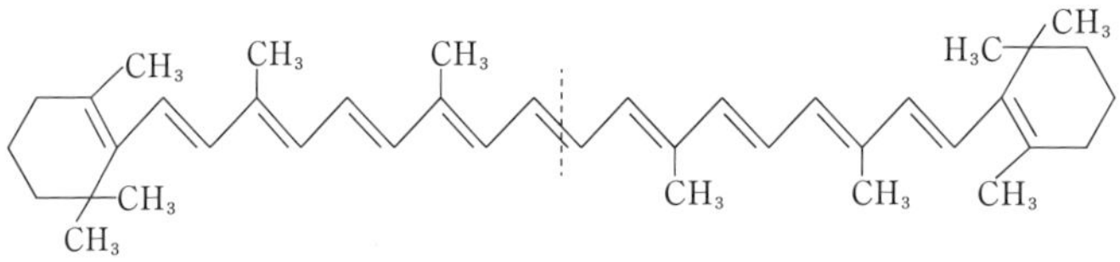

図2-67　β-カロテン

　カロテンは，プロビタミンA（provitamin)としての作用のほかに抗発ガン作用および免疫賦活作用が知られている。β-カロテンと共にα-カロテンおよびクリプトキサンチンを測定して，β-カロテン当量を求めカロテンとして示される。

　ビタミンAは，高等動物の正常な成長と分化にとっても必要で，ビタミンAから生成されるレチノイン酸［9-シスレチノイン酸（9CRA）およびオールトランスレチノイン酸（ATRA）］は，遺伝子発現調節に関与している。ビタミンAが欠乏すると暗順反応障害，夜盲症(nyctalopia)，眼球乾燥症，角膜軟化症，皮膚や粘膜の角質化，成長停止，生殖不能，感染症に対する抵抗性低下などが現われる。

　2）ビタミンD（カルシフェロール）

　ビタミンDは，クル病予防の因子として発見された。本体はステロイドの誘導体のカルシフェロール(calciferol)（図2-68）であり，ビタミンDにはD$_2$，D$_3$型が存在する。動物では，コレステロールから，プロビタミンD$_3$（7-デヒドロコレステロール）が作られ，皮膚などで紫外線の照射を受けてB環が開環しビタミンD$_3$（コレ

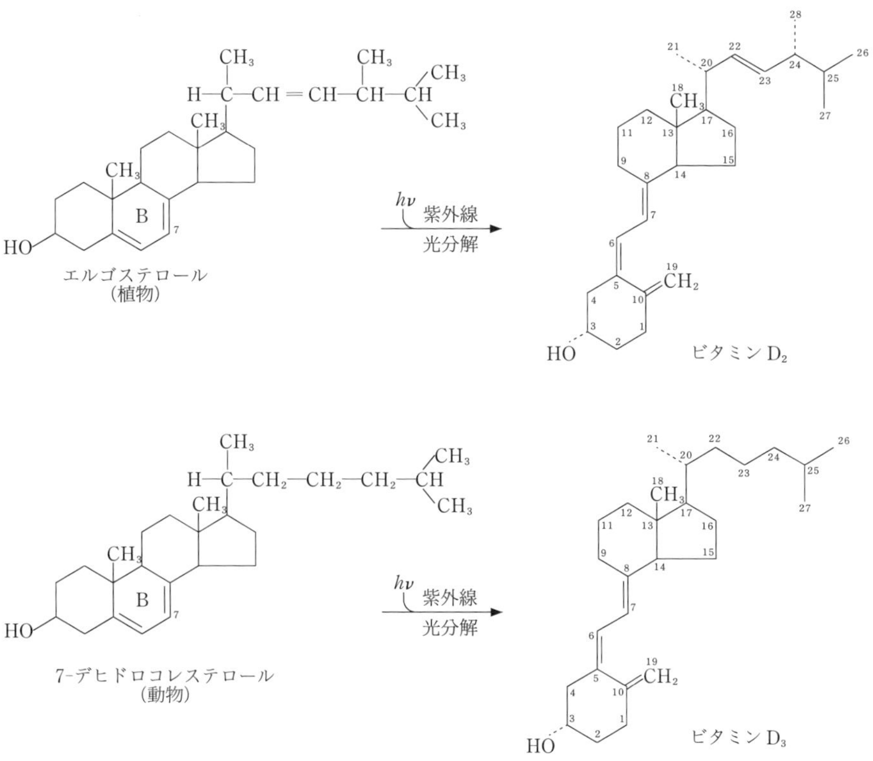

図 2-68　ビタミン D とその誘導体

　カルシフェロール）になる。きのこに存在するプロビタミン D_2（エルゴステロール）は，紫外線の照射によってビタミン D_2（エルゴカルシフェロール）になる。7-デヒドロコレステロールとエルゴステロールの違いは，側鎖における二重結合と CH_3 の有無の違いだけで，生理的活性は同じである。

　ビタミン D_2，D_3 は肝臓で水酸化酵素により 25 の位置が水酸化されて，25-ヒドロキシコレカルシフェロール（25-OH-D_3）および 25-ヒドロキシエルゴカルシフェロール（25-OH-D_2）になる。これらは，腎で 1 位がさらに水酸化されて，1,25-ジヒドロキシコレカルシフェロール（活性型ビタミン D_3），および 1,25-ジヒドロキシエルゴカルシフェロール（活性型ビタミン D_2）になる，これらが活性型ビタミン D であり，骨のカルシウム代謝に関与しカルシウムが腸から吸収されるのに必要なカルシウム結合タンパクの生合成を高める。リン酸の尿中への排泄を抑制する働きがある。

　ビタミン D 欠乏症は，紫外線（直射日光）にあたらないか，または食物中にビタミン D が含まれない場合に起こり，子供ではクル病，成人では骨軟化症，骨粗鬆症が発症する。ビタミン D の過剰摂取では血中のカルシウムが増加して内臓に沈着（異所性カルシウム沈着）が起こり，骨端の石灰化が起こる。成分値はビタミン D 当量（μg）で表示する。

　3）ビタミン E（トコフェロール）

　トコフェロール（tocopherol）は化学的にはイソプレノイドの置換体であり，還元性

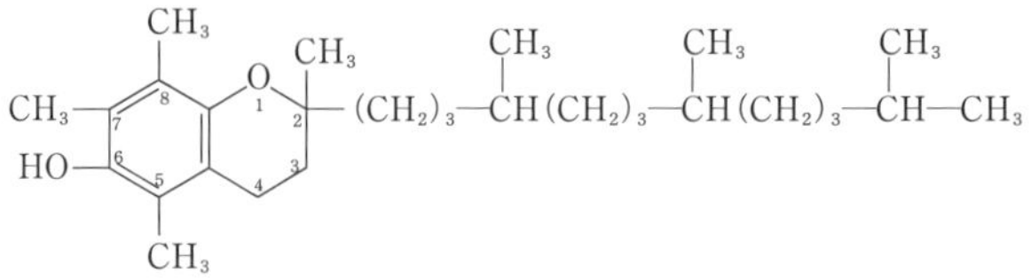

天然のトコフェロールの置換体

トコフェロール	置換基の位置	生物活性
α	5,7,8-トリメチルトコフェロール	1.0
β	5,8-ジメチルトコフェロール	1/2～1/10
γ	7,8-ジメチルトコフェロール	1/10
δ	8-メチルトコフェロール	1/100

図2-69 トコフェロール（ビタミンE）

を持つ（図2-69）。天然の最も強力な脂溶性の抗酸化剤(fat-soluble antioxidant)であり，セレニウムが共同的に作用することが知られている。α，β，γ，δ-トコフェロールがあり，誘導体中でα-トコフェロールの生理活性が最も高い。ビタミンEの生理的作用は，細胞内外のリン脂質の過酸化反応を防止する働き，細胞壁および生体膜の機能維持に関与している。欠乏症としては，神経機能低下，筋無力症，不妊などがある。不飽和脂肪酸摂取量の増加にともないビタミンEの必要量が増加する。

4）ビタミンK

ポリイソプレノイド置換体で，ナフトキノンの誘導体である。植物ではフィロキノン（ビタミンK_1），腸内細菌ではメナキノン（ビタミンK_2），合成物ではメナジオン（ビタミンK_3）がビタミンKの本体である（図2-70）。これらの生理活性はほぼ同等である。

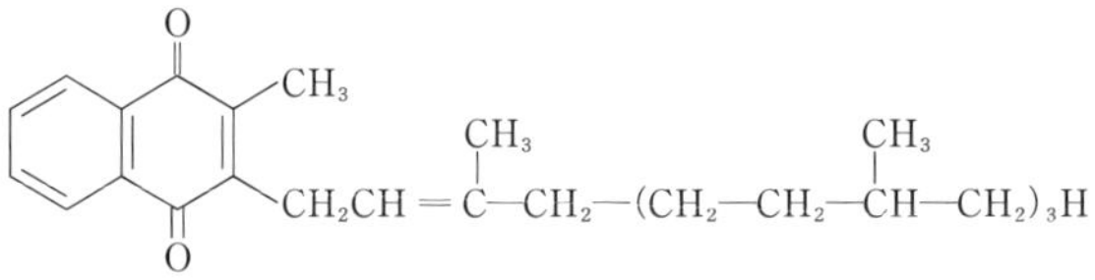

フィロキノン（ビタミンK_1）

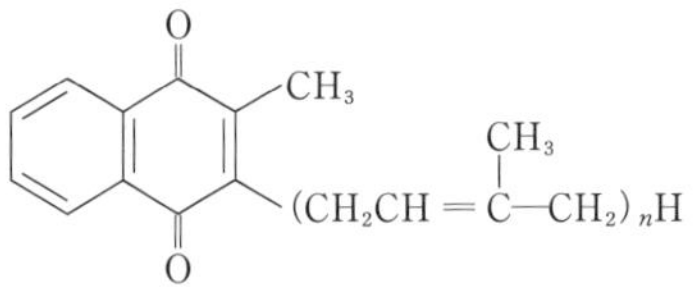

メナキノン（ビタミンK_2；n=6,7,8,9 or 10） 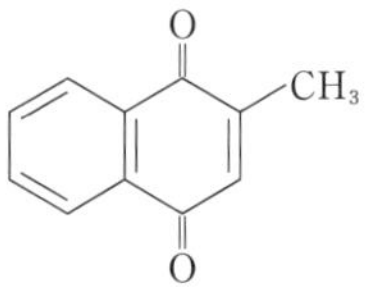　　メナジオン（ビタミンK_3）

図2-70 ビタミンK（K_1，K_2，K_3）

ビタミンK(Koagulation)は血液凝固因子(blood clotting factor)プロトロンビン(prothrombin)の生合成に重要である。ビタミンK依存性のカルボキシラーゼ(carboxylase)は肝臓で合成される血液凝固因子のII（プロトロンビン），VII，IX，とXのアミノ末端領域をカルボキシル化して活性型に変える（図2-71）。骨の形成などに

関与している。小腸内細菌によって K は合成されるので成人では欠乏症は起こらない，母乳中のビタミン K の不足によって乳幼児に，ビタミン K の欠乏症による出血性疾患（出生 2 〜 3 日後みられる腸出血−新生児メレナ，1 ヶ月後くらいに発症する乳児脳出血）がある。成分値はビタミン K_1（フィロキノン），K_2（メナキノン-4），メナキノン-7 の合計で表示する。

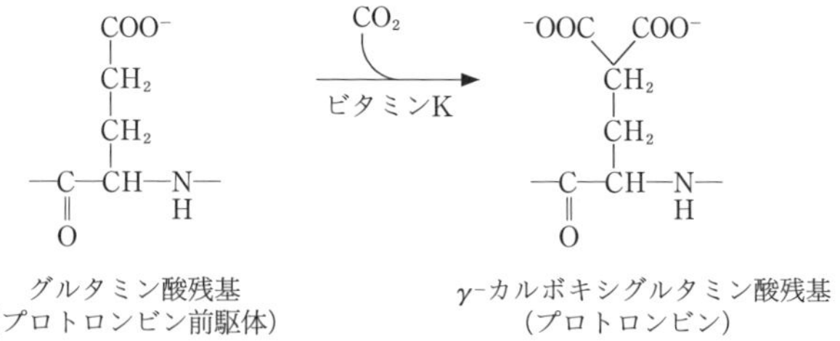

グルタミン酸残基　　　　　　　　γ-カルボキシグルタミン酸残基
（プロトロンビン前駆体）　　　　　　（プロトロンビン）

図 2-71　プロトロンビン

プロビタミン：Provitamin

　ある種のビタミンにはそれと化学的に構造の近い前駆物質がプロビタミンとして存在し，人体に摂取されてから腸管や肝臓で変化してビタミンとしての機能を発揮するものがある。

キーワード

水溶性ビタミン，脂溶性ビタミン，補酵素，チアミンピロリン酸，多発性末梢神経炎，チアミン分解酵素，リボフラビン，B_2の活性化，フラビンモノヌクレオチド（FMN），ニコチン酸，抗ペラグラ因子，フラビンアデニンジヌクレオチド（FAD），NAD，NADP，ナイアシン，パントテン酸，コエンザイム A（CoA），アシルキャリアータンパク質（ACP），ビタミン B_6，ピリドキサールリン酸（PLP），ビオチン，ビタミン B_{12}，キャッスル内因子，葉酸，THF，p-アミノ安息香酸，ビタミン C，アスコルビン酸，壊血病因子，カテコールアミン，ビタミン様物質，リポ酸，イノシトール，コリン，ビタミン A，レチノール，ロドプシン，カロテン，プロビタミン A，夜盲症，ビタミン D，カルシフェロール，トコフェロール（ビタミン E），脂溶性抗酸化剤，ビタミン K，プロトロンビン

3章 酵　素

　生物は外界から栄養素を摂取し，消化・吸収したのち体内で代謝し，エネルギー源とし，また体の構成要素に変換して，様々な生活活動を行う。これらの代謝反応は，基本的には試験管内での化学反応と同一である。例えば，ブドウ糖を二酸化炭素と水に変える反応においても，生体内で起こる反応と試験管内で行ったものは，化学的にみれば最終結果は同じである。この反応を試験管内で起こす場合には，ブドウ糖を高温で加熱しなければならない。しかし生体内では37℃，中性，1気圧という温和な条件下で，この反応をたやすく進めることができる。これは生体内に存在する酵素（enzyme）とよばれるタンパク質が反応を触媒するためである。生体反応のほとんどが酵素により触媒され，秩序正しい生命現象が営まれている。

3-1　触 媒 と は

　触媒（catalyst）とは，化学平衡を変えず，化学反応の速度のみを速める物質である。化学反応は，例えていえば，ある地点から山を越えて，山の向こう側の地点に到達する経過であるといえる（図3-1）。物質Aが物質Bに変化する反応では，物質Aの持つエネルギーだけでは進行せず，物質Aに他からエネルギーが与えられて，活

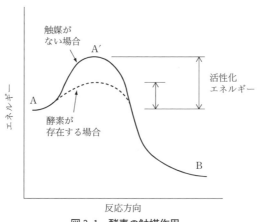

図 3-1　酵素の触媒作用

性化された状態 A′ となって，次により安定した物質 B になる。A が A′ になるのに必要なエネルギーを活性化エネルギー（activation energy）といい，A′ の状態を活性化状態（または遷移状態）という。触媒が存在する状態では，活性化エネルギーが低下し，反応速度が速まる。触媒自身は反応で変化しないので，何回も反応を進めることができる。

3-2　酵素の性質

酵素は前にも述べたように，タンパク質性の触媒で重金属のような無機触媒とはいろいろな点で違っている。酵素は通常のタンパク質と同様に，生体から分離・精製することができ，以下のような一般的性質がある。

酵 素 反 応　酵素反応は次のような化学式で表すことができる。

$$E + S \rightleftarrows ES \longrightarrow E + P$$

（ここで，E は酵素，S は基質（substrate）で酵素が作用する物質，ES は酵素-基質複合体，P は反応生成物である）。

酵素は基質といったん複合体を作り，基質を生成物に変える。遊離した酵素は再び反応に使われる。

酵素の基質特異性　酵素と基質の関係は厳密で，1 つの酵素は特定の基質にしか作用しない。これはちょうど“鍵と鍵穴”の関係にたとえることができる（図 3-2）。酵素はポリペプチド鎖が折りたたまれてできたタンパク質であり，基質結合部位（活性中心；active center）に存在する溝にちょうどはまり込むことのできる基質にのみ作用する。1 つの酵素は 1 種類の反応しか触媒できない。これを反応特異性（または作用特異性）という。

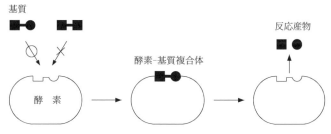

図3-2　酵素の基質特異性（substrate specificity）

最適温度と最適 pH　一般に，化学反応は温度が高ければ高いほど，反応は速く進む。しかし，酵素反応では，図 3-3 に示したように，ある温度以上では逆に反応速度は遅くなる。最大の活性を示す温度を最適（至適）温度という。これは，酵素はタンパク質でできているため，ある温度以上では変性を起こし，活性を失うためである。哺乳類の酵素では，体温より少し高い温度に最適温度があるが，温泉などでみつかる微生物の酵素では，最適温度が 60℃ をこえるものもある。

pH も酵素反応に影響を与える（図 3-4）。酵素タンパク質内の一部のアミノ酸残基

の荷電状態は pH によって変化する。また極端な pH ではタンパク質自体の変性が起こる。最大の活性を示す pH を最適（至適）pH（optimum pH）という。酵素により最適 pH は異なるが，多くの場合弱酸性から弱アルカリ性の領域にある。ペプシンは最適 pH が胃酸と同じ 2 付近にあり，胃酸の存在下でも作用することができる。

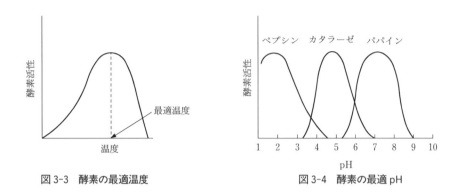

図 3-3　酵素の最適温度　　　　　　　　　図 3-4　酵素の最適 pH

酵素の補助因子　　　　　酵素が活性を現すために，タンパク質以外の低分子の物質を必要とする場合がある。これらの低分子の物質をその酵素の補助因子といい，金属や補酵素（cofactor）がある。金属としては，Na^+，K^+，Mg^{2+}，Ca^{2+}，Zn^{2+}などがある。補酵素は比較的低分子の有機化合物で，多くの場合がビタミン B 群の誘導体である（2-5 参照）。これらの中には，透析するとタンパク質から離れ，酵素活性を失う場合がある。シトクロームのヘムのように強固にタンパク質と結合しているものを特に補欠分子族という。補助因子を含有する状態の酵素をホロ酵素（holoenzyme）といい，ホロ酵素から補助因子を除去したタンパク質部分をアポ酵素（apoenzyme）という（ホロ酵素＝アポ酵素＋補助因子）。

酵素の阻害剤　　　　　酵素と結合して，反応を阻止する物質を阻害剤という（図 3-5）。酵素の基質結合部位に基質と競合することによって反応を阻害するものを競合（拮抗）阻害剤といい，それらの物質は基質と構造が類似する場合が多い。また阻害剤が酵素の基質結合部位以外に結合したため，タンパク質の立体構造が変化し，本来の基質との結合が妨げられる場合もある。このような阻害剤を非競合阻害剤

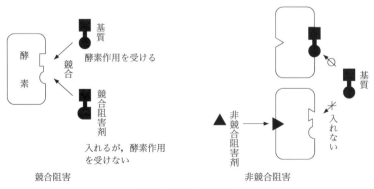

図 3-5　酵素の阻害剤

という。酵素の阻害剤が医薬品として使われる場合もある。

酵素活性の調節　　　　　　細胞の酵素活性はさまざまな方法で調節されている。その方法を大別すると，酵素量の調節と酵素活性の調節がある。酵素量は合成と分解で調節される。条件によって酵素合成が促進される酵素誘導，酵素合成が抑制される酵素抑制が認められる。酵素活性の調節には，共有結合修飾による調節，アロステリック機構による調節などがある。例えば，ホスホリラーゼ，グリコーゲン合成酵素などは，それぞれ特定のセリン残基のリン酸化や脱リン酸化によって活性調節がされる。トリプシンやキモトリプシンなどは，不活性な酵素前駆体（enzyme precursor）（それぞれトリプシノーゲン，キモトリプシノーゲン）として分泌されたのちプロテアーゼ作用で活性部位を被覆しているペプチド断片が切り取られて活性化される。酵素活性促進作用をもった物質による活性調節，抑制作用をもった物質による活性調節も知られている。このような機構の中で，酵素タンパク質のアロステリック部位または調節部位（アロステリックは別の部位を意味する言葉で，イソステリックに対する言葉；ここでは活性中心と異なる部位を意味する）に調節因子（アロステリックエフェクター）が作用して活性を調節することがある。

　生体内の一連の酵素反応，例えば図3-6に示す反応 A → B → C → D において，Dの濃度が上昇すると，Dは酵素1の活性中心とは異なる部位（アロステリック部位）に結合し，Bの生成を阻害することがある。その結果としてDの生産が低下する。これをフィードバック阻害といい，種々の物質の生合成過程における調節機構として働いている。

図 3-6　反応生成物によるフィードバック阻害

3-3　酵素の反応速度

　酵素の濃度［E］を一定にし，基質の濃度［S］を変えて反応速度 V を測定すると，図3-7に示すような曲線が得られる。すなわち，基質濃度の低いところでは，反応速度は基質濃度にほぼ比例して増加するが，基質濃度を増やしていくと，ついに反応速度は一定となる。この時の最大反応速度を V_{max} で表す。反応速度 V と基質濃度［S］との関係は次の式で表される。この式をミカエリス-メンテンの式という。

$$V = V_{max} \cdot [S] / (K_m + [S])$$

V_{max} の1/2の速度を与える基質濃度をミカエリス定数（Michaelis constant）といい K_m で表す。K_m 値は，酵素と基質の結合の親和性と関係し，小さいほど親和性が高いことを表している。

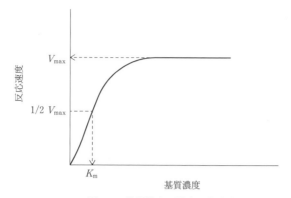

図 3-7　基質濃度と酵素反応速度

3-4　酵素の分類

　酵素は触媒する反応の種類に基づいて 6 群に大別され，さらに基質の種類などによって細分類されている。酵素は，その基質名や反応の形式の最後に‒ase を付けてよぶことになっているが，トリプシンのような慣用名も用いられている。国際生化学・分子生物学連合で用いられている酵素名には EC 番号が付されている。例えば，アスパラギン酸アミノトランスフェラーゼの EC 番号は EC 2.6.1.1.で，EC に続く最初の数字 2 は，表 3-1 にある 6 群の第 2 群（転移酵素）に属していることを示している。

酸化還元酵素　酸化還元酵素（oxidoreductase）は酸化還元反応を触媒する酵素で，さらに脱水素酵素（デヒドロゲナーゼ）や酸化酵素などに分けられる。脱水素酵素は，化合物 AH_2 から水素（または電子）を奪って B にわたす反応を触媒する。

$$AH_2 \ + \ B \ \longrightarrow \ A \ + \ BH_2$$

この場合，AH_2 は代謝基質で，B は補酵素（NAD や FAD など）である場合が多い。酸素分子が水素（または電子）を受け取る反応を行う酵素は，酸化酵素とよばれる。

転 移 酵 素　転移酵素（transferase）は，ある化合物（DX）から特定の官能基（X）を他の化合物（A）に移動させる反応を触媒する。

$$DX \ + \ A \ \longrightarrow \ D \ + \ AX$$

例えば，アミノ基転移酵素（アミノトランスフェラーゼ，GOT や GPT）はアミノ酸とケト酸の間で，アミノ基を転移する。

加水分解酵素　加水分解酵素（hydrolase）は，脱水縮合してできたさまざまな高分子を加水分解する反応を触媒する。

$$AB \ + \ H_2O \ \longrightarrow \ AH \ + \ BOH$$

消化酵素はすべて加水分解酵素に属し，アミラーゼはグリコシド結合，リパーゼはエステル結合，ペプチダーゼはペプチド結合を加水分解する。

リ ア ー ゼ　リアーゼ（lyase）は加水分解によらない分解反応を触媒する。解糖系のアルドラーゼや脱炭酸酵素などがある。

$$AB \longrightarrow A + B$$

イソメラーゼ（異性化酵素）　　イソメラーゼ（isomerase）は，ある化合物から
その化合物の異性体を作る反応を触媒する。

リガーゼ（合成酵素）　　リガーゼ（ligase）は ATP の高エネルギーを利用して，
2 つの物質を結合させる反応を触媒する。

$$A + B + ATP \longrightarrow AB + ADP + Pi$$

表 3-1　酵素の分類

酵素の分類番号	分 類 名	例
1	酸化還元酵素	乳酸脱水素酵素，ピルビン酸脱水素酵素，カタラーゼ
2	転移酵素	グリコーゲンホスホリラーゼ，ヘキソキナーゼ，トランスアミナーゼ
3	加水分解酵素	アミラーゼ，リパーゼ，ペプチダーゼ ATP アーゼ，アルカリホスファターゼ
4	リアーゼ	アルドラーゼ，脱炭酸酵素
5	イソメラーゼ	ホスホグルコムターゼ，トリオースリン酸イソメラーゼ，ホスホペントエピメラーゼ，ラセマーゼ
6	リガーゼ	アシル CoA 合成酵素，アミノアシル tRNA 合成酵素

3-5　アイソザイム

　同一の反応を触媒するが，タンパク質としては互いに異なる酵素をアイソザイム
（isozyme）とよぶ。臓器にはそれぞれ特有の酵素があるが，いくつかの酵素で臓器
ごとに固有のアイソザイムが知られている。例えば，乳酸脱水素酵素（LDH）は 4
つのサブユニットからなるオリゴマー酵素であるが，アイソザイムが 5 種類ある（図
3-8）。M_4 は肝臓と骨格筋に多く，H_4 は心臓に多い。

LDH$_1$（H$_4$）　　LDH$_2$（H$_3$M）　　LDH$_3$（H$_2$M$_2$）　　LDH$_4$（H$_1$M$_3$）　　LDH$_5$（M$_4$）

図 3-8　乳酸脱水素酵素のアイソザイム

―― **キーワード** ――

酵素，触媒，活性化エネルギー，基質，活性中心，基質特異性，最適温度，最適 pH，
補助因子，ホロ酵素，アポ酵素，ミカエリス定数，酸化還元酵素，転移酵素，加水分解
酵素，リアーゼ，イソメラーゼ，リガーゼ，アイソザイム

4章 消化と吸収

4-1 消化器官と消化機能

　消化とは，摂取した食物中の栄養素を，吸収しうる形，すなわち小腸の粘膜を通過しうる状態にまで分解する過程をいう。食物を体内に取り入れて，消化（digestion），吸収（absorption）を行い，不消化物の排泄を行う器官が消化器官であり，口腔から肛門にいたる消化管と種々の付属腺から成り立っている（図 4-1）。消化管は口腔，咽頭，食道，胃（stomach），小腸（small intestine）（十二指腸，空腸，および回腸），大腸（large intestine）（盲腸，上行結腸，横行結腸，下行結腸，S 状結腸，および直腸）に分けられる。

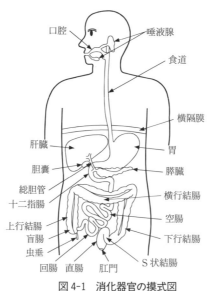

口腔　　　唾液腺
食道
横隔膜
肝臓　　　胃
胆嚢　　　膵臓
総胆管　　横行結腸
十二指腸
上行結腸　空腸
盲腸　　　下行結腸
虫垂
回腸　直腸　肛門　S 状結腸

図 4-1　消化器官の摸式図

　食物中の栄養素はこれらの各場所で，機械的消化，化学的（酵素的）消化，細菌学的消化をうけ，糖質は単糖類に，タンパク質はアミノ酸に，脂肪は脂肪酸，モノアシルグリセロールおよびグリセロールに加水分解される。無機塩類，ビタミン，および

最小構成単位として摂取されたグルコースやフルクトースなどの単糖類，アルコール，有機酸，アミノ酸などは，消化作用を受けることなくそのまま吸収される。

4-2　口腔内における消化

　食物は，口腔内において小さく嚙み砕かれ，唾液中に含まれる α-アミラーゼ（**プチアリンともいう**）の作用によってデンプンの消化が行われ，嚥下される。
　唾液腺には耳下腺，舌下腺および顎下腺がある。耳下腺は漿液腺で，α-アミラーゼに富む粘性の低い唾液を，舌下腺は粘液腺で粘液を，顎下腺は混合腺で，α-アミラーゼに乏しく，ムチンを含む粘性の高い唾液を分泌する。唾液中の粘液の成分であるムチンには，食物を軟化し，湿らせて食塊をつくり，周囲を滑らかにして嚥下しやすくする作用がある。α-アミラーゼはアミロースおよびアミロペクチンの α-1,4 グルコシド結合を切断し，デキストリンから麦芽糖にまで分解する。α-アミラーゼの最適 pH は 6.8 であり，この作用は胃内に移送されても，しばらくの間続けられるが，胃内 pH が低いため，やがてその作用は停止する。

4-3　胃における消化

　口腔から食道を通って嚥下された食塊は胃内（図 4-2）で一時貯留され，蠕動運動により胃液とよく混合され，半流動状となる。さらに胃内では胃腺より分泌された消化酵素ペプシンの作用によって，タンパク質が消化される。

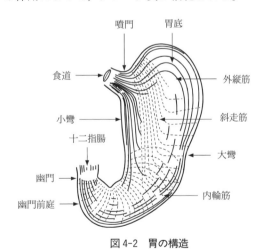

図 4-2　胃の構造

　胃粘膜には主細胞，副細胞，壁細胞とよばれる三種類の腺細胞がある。主細胞はペプシノーゲンを，副細胞は粘液を，壁細胞は塩酸（HCl）をそれぞれ分泌している。これらの混合物である胃液は pH 1.5〜2.5 である。
　塩酸は，次のような生理機能を果たしている。ⅰ）ペプシノーゲンに働いて，活性型のペプシン（pepsin）に変える。ⅱ）胃内の pH を酸性にして，ペプシンの至適

66

pH（pH 1.5〜2.5）に調整する。iii）タンパク質を変性させ，ペプシンの作用を受けやすくする。iv）殺菌作用があり，胃内の発酵を抑制する。

　ペプシンは不活性型のペプシノーゲンとして分泌され，壁細胞から分泌された塩酸の作用により，活性型のペプシンに変えられる。ペプシンはエンドペプチダーゼ（endopeptidase）の一種で，ペプチド鎖の芳香族アミノ酸残基のアミノ基が関与するペプチド結合を切断し，より小さいペプチド断片（このようにタンパク質の部分的加水分解産物をペプトンとよぶ）に加水分解する。乳児の胃ではキモシン（レンニンともいう）とよばれるプロテアーゼが分泌され，乳汁のタンパク質カゼインに作用する。これによってカゼインが不溶性のパラカゼインに変えられ，凝乳が起こる。滞胃時間が長くなることで，ペプシンによる消化作用が受けやすくなる。胃リパーゼも分泌されるが，最適 pH が 4.5〜5.0 にあるため，成人の胃内ではほとんど作用しない。

　胃腺の副細胞より分泌される粘液は，胃粘膜を機械的および化学的な刺激・損傷から保護し，食物を流動性にして，移動を円滑にするのに役立っている。

4-4　小腸における消化

　小腸は胃幽門に続く全長 5〜6 m の管状の器官で，上部より十二指腸，空腸，回腸に分けられる。十二指腸には，幽門から約 10 cm の所に膵管および総胆管が開口している。腸管内壁には多数の輪状ヒダがあり，粘膜の表面には絨毛が存在する。絨毛と絨毛の間には腸腺が存在し，腸液を分泌している。粘膜は単層円柱上皮細胞からなり，1 つの細胞に約 1,000 本の微絨毛（刷子縁）がある。そのため小腸粘膜の表面積は，腸管の面積を 1 とすると約 600 倍もの広さに相当している（図 4-3）。絨毛の表面には上皮細胞が一層に並び，内部に中心を走るリンパ管と毛細血管がある。

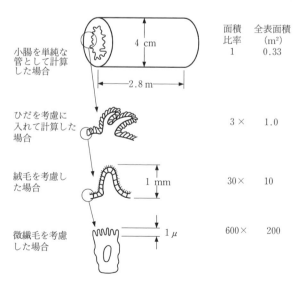

図 4-3　小腸粘膜の構造と吸収表面積との関係[5]

　胃の内容物が十二指腸に入ると，アルカリ性の膵液および胆汁が分泌されて，胃酸が中和され，ペプシンの作用が止まる，膵液，胆汁，腸壁に存在する腸腺から分泌された腸液，および微絨毛膜に存在する酵素の作用によって，食物は吸収可能な低分子物質に加水分解される。

膵液による消化　膵臓の外分泌腺からは，タンパク質，糖質，脂質，核酸などの消化酵素が分泌される。タンパク質分解酵素は，トリプシノーゲン，キモトリプシノーゲン，プロエラスターゼ，プロカルボキシペプチダーゼなどのような酵素活性を示さない前駆体酵素（プロエンザイム；proenzyme）として分泌される。十二指腸に達すると，腸腺から分泌されたエンテロペプチダーゼ（エンテロキナーゼともいう）の作用をうけて，トリプシノーゲンは活性型のトリプシン（trypsin）に変えられる。キモトリプシノーゲン，プロエラスターゼ，プロカルボキシペプチダーゼは，トリプシンによって，それぞれ活性型のキモトリプシン（chymotrypsin），エラスターゼ，カルボキシペプチダーゼに変えられる。トリプシン，キモトリプシン，エラスターゼはいずれもタンパク質内部のペプチド鎖を加水分解するエンドペプチダーゼに属し，タンパク質をより小さいペプチド断片に分解する。カルボキシペプチダーゼはエキソペプチダーゼ（exopeptidase）で，ペプチドのカルボキシル末端側からアミノ酸を遊離し，最終的にはジペプチドにまで分解する。

　糖質分解酵素である膵アミラーゼ（amylase；アミロプシンともいう）はデンプンをデキストリン，麦芽糖にまで分解する。脂肪分解酵素である膵リパーゼ（lipase；ステアプシンともいう）は脂肪を脂肪酸，モノアシルグリセロール，およびグリセロールに分解する。この消化作用には胆汁酸および腸内アルカリの助けが必要である。膵液にはその他，コレステロールエステラーゼ，ホスホリパーゼ A，リボヌクレアーゼ，デオキシリボヌクレアーゼなどが含まれている。

胆汁酸の役割　胆汁は肝臓で生成され，胆嚢に貯えられた後，胆管を通って，十二指腸に分泌される。胆汁中に含まれている胆汁酸は脂肪を乳化し，その消化・吸収を助ける働きがある（5章3参照）。

膜　消　化　小腸粘膜上皮細胞の微絨毛膜表面には，マルターゼ（maltase），スクラーゼ（sucrase），ラクターゼ（lactase），アミノペプチダーゼ，ジペプチダーゼなどの終末消化酵素が存在する。これらの酵素に対する基質は，微絨毛膜上で消化（膜消化-membrane digestion-という）をうけ，二糖類はグルコース，フルクトース，ガラクトースなどの単糖類に，ペプチドはアミノ酸に，それぞれ加水分解され，ただちに細胞内に吸収される。低分子オリゴペプチドは一部そのままでも吸収される。

4-5　大腸の機能

　大腸は小腸に続く長さ 1.5〜1.6 m の器官で，大腸粘膜からは消化液は分泌されず，アルカリ性の粘液が分泌されるだけである。大腸のおもな機能は水分と塩分の吸収で

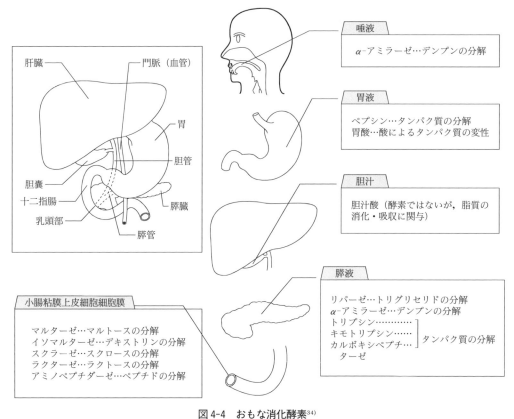

あり，盲腸に入った半流動状物は大腸内で水分含量 65〜85％の糞に変わる。大腸の中には大腸菌，腸球菌，アエロゲネス菌，ウエルシュ菌，プロテウス菌など，多くの細菌が共生し，糞便の形成，ガスの産生に関与している。かなりの量のアンモニアも産生され，血液中に移行するが，このアンモニアは肝臓に取り込まれ尿素に変換され，腎臓から尿中に排泄される。しかし，肝炎，肝硬変などで肝不全の状態になると，この尿素への変換が障害され，血中アンモニアが増加して肝性昏睡の原因となる。またこれらの腸内細菌によって，ビタミンB_{12}，ビタミンK，ビオチン，パントテン酸などが合成され，人体に利用される。

唾液
α-アミラーゼ…デンプンの分解

胃液
ペプシン…タンパク質の分解 胃酸…酸によるタンパク質の変性

胆汁
胆汁酸（酵素ではないが，脂質の消化・吸収に関与）

膵液
リパーゼ…トリグリセリドの分解 α-アミラーゼ…デンプンの分解 トリプシン………… キモトリプシン…… カルボキシペプチ…タンパク質の分解 ターゼ

肝臓	門脈（血管）
胃
胆管
胆嚢
十二指腸	膵臓
乳頭部
膵管

小腸粘膜上皮細胞細胞膜
マルターゼ…マルトースの分解 イソマルターゼ…デキストリンの分解 スクラーゼ…スクロースの分解 ラクターゼ…ラクトースの分解 アミノペプチダーゼ…ペプチドの分解

図4-4　おもな消化酵素[34]

4-6　吸　　収

　水や電解質，その他の消化された栄養物質は，消化管の粘膜細胞を通じて吸収される。胃の粘膜は水やアルコール類などの低分子物質を一部吸収するが，大部分の栄養素の吸収は，小腸粘膜上皮細胞を通じて行われる。栄養素の吸収に限らず，一般に物質の細胞膜透過には次の4つの機構が働いていることが知られている（図4-5，図4-6）。

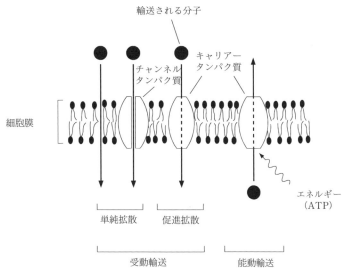

図 4-5 **細胞膜の物質輸送**[4) 改変]

単純拡散 　分子量 200〜400 程度の低分子物質は，膜内外における溶質の濃度差により，細胞膜を通して自然に拡散し，濃度勾配がなくなるまで，高濃度の方から，低濃度の方へ物質が移動する（passive transport）。この現象を単純拡散（simple diffusion）という。濃度差が大きいほど速度も大となる。

促進（仲介）拡散 　膜の外側に存在する溶質分子が，膜内に存在する一定のキャリアータンパク質（担体）と特異的に結合して複合体を形成し，膜の一方から他方へと反転して，溶質分子を離脱することにより，細胞内へ輸送される。このように，担体を介して，物質の移動を行う方法が促進拡散（facilitated diffusion）で，単純拡散よりも速く物質を輸送することができる。この方法には，エネルギーを必要とせず，濃度勾配に従って物質の移動が行われるが，担体の数に限りがあるため，一定量以上になると飽和現象を起こし，また類似物質が存在すると競合現象がみられる。

能動輸送 　一定のキャリアータンパク質と結合し，ATP の分解によってエネルギーの供給をうけ，溶質の濃度勾配にさからって膜を通過する現象を能動輸送（active transport）という。例えば，細胞内は K^+ 濃度が高く，細胞外は Na^+ 濃度が高いのは，細胞膜にある Na^+，K^+ATP アーゼ（Na^+，K^+ ポンプ）の働きにより，細胞内の Na^+ が細胞外へくみ出され，K^+ が細胞内へ取り込まれているからである。グルコースやアミノ酸などの栄養素が細胞内に取り込まれるとき，それぞれの輸送体は同時に Na^+ を細胞内に運搬する（共輸送）。この Na^+ は Na^+，K^+ATP アーゼによって細胞外にくみ出される。すなわち，これらの栄養素の吸収は，直接 ATP の加水分解に共役していないが，栄養素との共輸送によって取り込まれた Na^+ を Na^+，K^+ATP アーゼによってエネルギー依存性に細胞外にくみだす方法で行われる。直接 ATP の加水分解に共役した輸送を一次能動輸送というのに対して，グル

70

コースやアミノ酸の輸送のように，間接的に ATP の加水分解に共役した輸送は二次能動輸送といわれる。

膜動輸送（サイトーシス） タンパク質や固形物のような巨大分子物質や脂肪の小滴などが，食作用（ファゴサイトーシス）または飲作用（ピノサイトーシス）によって，細胞の外から内へ取り込まれる現象をエンドサイトーシス（endocytosis）とよんでいる。逆に内から外へ運び出される現象をエキソサイトーシス（exocytosis）とよんでいる（図 4-6）。

エンドサイトーシス　　　　　　　　　　　　　　　　　エキソサイトーシス

図 4-6　エンドサイトーシスとエキソサイトーシス[4] 改変

　糖質，脂質，タンパク質など個別の栄養素の吸収については，それぞれの項目に記載してある。

キーワード

消化，吸収，塩酸，胃，小腸，大腸，エンドペプチダーゼ，エキソペプチダーゼ，前駆体酵素，アミラーゼ，リパーゼ，ペプシン，トリプシン，キモトリプシン，カルボキシペプチダーゼ，膜消化，マルターゼ，スクラーゼ，ラクターゼ，単純拡散，促進拡散，能動輸送，エンドサイトーシス，エキソサイトーシス

5章 物質および エネルギー の代謝

　生物は生活を営むために，絶えず外界から必要な物質を取り入れている。取り入れた物質を素材として個体に必要な物質を合成〔このような働きを同化（anabolism）という〕したり，より簡単な物質に分解〔このような働きを異化（catabolism）という〕して生活に必要なエネルギー（energy）を得ている。生物体を構成している物質も同じものがいつまでもそのままの状態で保持されているのではなく，絶えず作り替えられている。このような生体内で起きている物質の変化を物質代謝（metabolism）という。

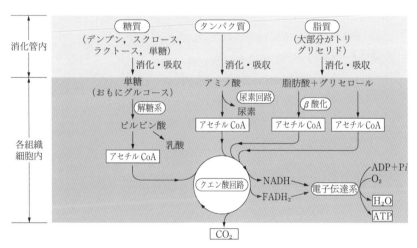

図5-1　食物中の糖質・タンパク質・脂質の異化によるATPの産生[34)]

5-1　糖質の代謝

　糖質は生体内で，1）エネルギー源，2）細胞や組織の構成成分，3）生理活性物質および，4）核酸，アミノ酸，脂質の合成材料として重要な役割を果たしている。とくにエネルギー源としては，熱量素の中で糖質が最もよく利用されており，エネルギー代謝の中心になっている。私達が摂取・利用している糖はデンプン，スクロース，

ラクトース，グルコース，フルクトースなどで，単糖類以外は単糖類にまで消化されて吸収される。

糖質の消化と呼吸 糖質は口腔内で唾液アミラーゼ（プチアリンともいう）による消化を受けるが，胃に流入するとこれらの酵素は胃液の酸性によって活性を失い糖質の消化は一時中断する。小腸において膵アミラーゼの作用によって少糖類にまで加水分解される。少糖類は腸液および小腸上皮細胞の微絨毛に存在する膜酵素，マルターゼ，イソマルターゼ，スクラーゼ，ラクターゼなどによって単糖類にまで分解され，小腸粘膜上皮から吸収され，門脈系に入り肝臓へ送られる。グルコースとガラクトースは間接能動輸送（二次能動輸送）で，Na^+と共に結合する担体（共輸送体）で上皮細胞内に取り込まれ，共同輸送されたNa^+が能動輸送によって細胞外に排出される一連の過程によって吸収されている。フルクトースは上皮細胞に担体があり，促進拡散により吸収される。単糖類が吸収される速度はガラクトース＞グルコース＞フルクトース＞マンノース＞キシロースの順である。

糖質の分布 糖質は体内で最も多量に代謝される物質であるが，体内における貯蔵量は少なく，半日のエネルギーを供給しうる程度にしかない。脳のようにグルコースを常に必要としている臓器があるので，食物の消化・吸収，グリコーゲンの分解や糖新生などにより糖を補給し，ホルモン調節により血糖を一定範囲に保つ恒常性維持（ホメオスタシス）機構が働いている。

　生体内での糖の貯蔵はグリコーゲンの形でなされており，肝臓中に約100gと筋肉中に約250g貯蔵され，細胞外液に約10g含まれている。構造多糖類も存在するがこれらはエネルギー源としては利用されない。フルクトースやガラクトースは腸粘膜上皮細胞や肝臓でグルコースに変えられたのち，グリコーゲンに合成されたり，解糖系などで代謝されたり，血液中に分泌され他の組織に運ばれ利用される。

　糖の一部は構造多糖類に変えられ，複合タンパク質や糖脂質の合成に用いられ，また可欠アミノ酸の合成材料にもなる。過剰の糖は脂肪組織や肝臓において中性脂肪に変換され，エネルギー源として蓄えられる。したがって過剰は肥満につながる。

血　　糖 血液中の糖はほとんどがグルコースで，血糖（blood sugar）値は血液中のグルコース濃度をさす。血糖値はインスリン，グルカゴン，エピネフィリン，グルココルチコイド，成長ホルモンなどのホルモンによって調節され，正常では一定範囲に保たれている（図5-2）。空腹時血糖値は70〜110 mg/dl，食後あるいは経口75gグルコース負荷後2時間値で110〜140 mg/dlになるが，3時間あまりで空腹時値にもどる。絶食状態では60〜70 mg/dlまで下がるが，病的な状態でない場合それ以下には下がらない。血糖値が180 mg/dlを超えるような高血糖になると，尿糖が出現する。この値を腎臓の糖排泄閾値という。脳細胞のエネルギー源は，グルコースが主体なので，血糖値の低下（30 mg/dl以下）は昏睡・意識障害を招き，低血糖性のけいれんが起こり生命も危険になる。真正糖尿病は空腹時高血糖，血糖値低下の遅延があり，重大な合併症を伴う疾患である（171頁参照）。

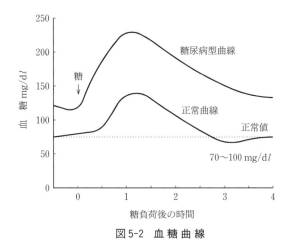

図 5-2　血 糖 曲 線

糖質代謝　糖質代謝には，（1）糖の貯蔵・供給に関与するグリコーゲン回路，（2）エネルギー生成に関与する解糖系（TCA 回路−電子伝達酸化的リン酸化系を経る ATP の生成系），（3）糖の供給を保障している糖新生経路，（4）脂肪酸合成，核酸合成などに必要な材料を供給するペントースリン酸回路，（5）グルクロン酸抱合による解毒や複合糖質生成に関与するウロン酸回路などがある（図 5-3）。

（1）　グリコーゲンの合成と分解（metabolism of glycogen）（図 5-4）

a）　グリコーゲンの合成

グリコーゲンは動物に共通な貯蔵多糖（グルコースの重合体グリカン）で，肝臓（5〜6 ％）や筋肉（0.5〜1.0 ％）に多く含まれ，肝臓のそれは血糖維持に，筋肉のそれは筋肉運動のエネルギー源として重要な役割を演じている。合成と分解が絶えず繰り返されており，一定の貯蔵量が保たれるように調節されている。

吸収されたグルコースが細胞内で代謝される場合，まずリン酸化を受ける。肝臓ではヘキソキナーゼおよびグルコキナーゼにより，他の細胞ではヘキソキナーゼにより，ATP の γ 位のリン酸を転移して，グルコース-6-リン酸（G-6-P）が生成される。グリコーゲン合成においては，G-6-P はホスホグルコムターゼの触媒により，グルコース-1-リン酸（G-1-P）となり，ウリジン三リン酸（UTP）と反応してウリジン二リン酸グルコース（UDPG）が生成される（図 5-5）。

グリコーゲン合成は，グリコーゲン合成酵素の触媒により，UDPG のグルコース残基をグリコーゲンプライマー（重合度の低いグリコーゲン前駆体）の非還元末端 C-4 に移し，α-1,4 グリコシド結合で直鎖状に 1 個ずつグルコース単位を延長して行く。グルコース残基 8〜12 個の直鎖ごとに，分枝酵素の触媒で α-1,6 グリコシド結合の分枝が形成され高分子に合成される。

b）　グリコーゲンの分解　　（図 5-4，図 5-6）

グルコースが不足するとまずグリコーゲンを加水分解してグルコースを供給する。グリコーゲンの分解は，グリコーゲンホスホリラーゼ（glycogen phosphorylase）に

74

よりグリコーゲンの非還元末端から α-1,4 結合を加リン酸分解して G-1-P を生成
する。α-1,6 結合部位には，脱分枝酵素の活性が必要で，共同作業で G-1-P を生成

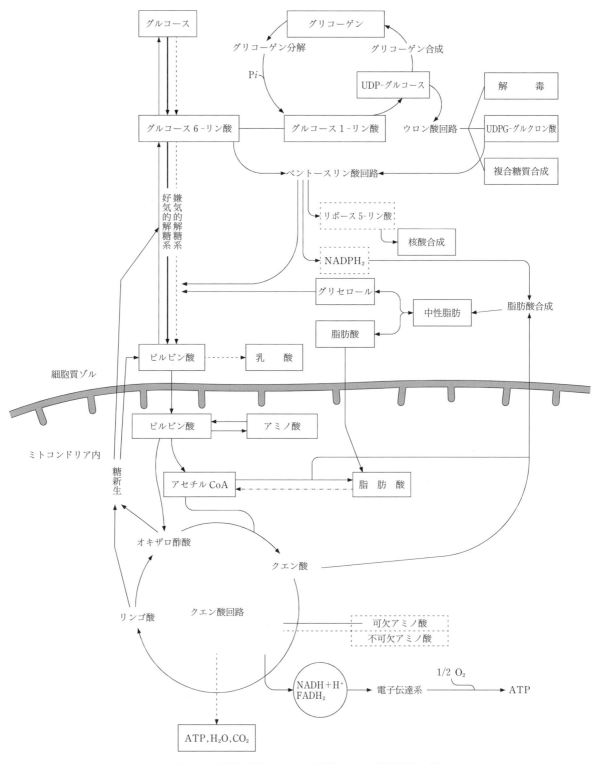

図 5-3　糖質代謝を中心とした物質のおもな代謝経路[18] 改変

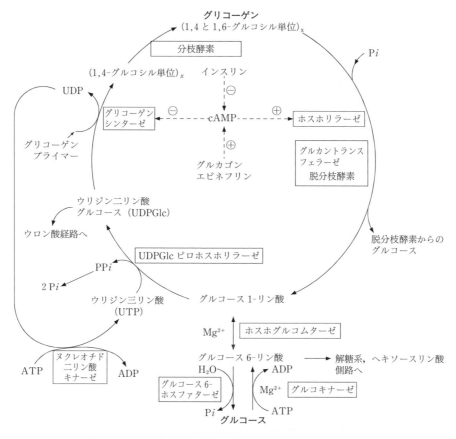

図5-4　肝臓のグリコーゲン合成とグリコーゲン分解の経路[4) 改変]
1分子のグルコースがグリコーゲンに取り込まれるとき，2個の高エネルギーリン酸が使われる。

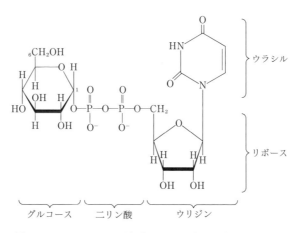

図5-5　ウリジン二リン酸グルコース（UDPG）

する。リン酸化された状態では細胞膜を透過できないので，肝細胞ではG‐1‐PはG‐6‐Pを経て，グルコース‐6‐ホスファターゼにより脱リン酸されてグルコースとなり，血管内に分泌され血糖を補充する。筋肉ではこの酵素がないため，G‐1‐Pは筋

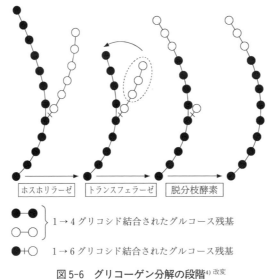

図5-6　グリコーゲン分解の段階[4) 改変]

細胞内で利用される（リン酸化された状態では細胞膜を通過できない。）。

　c）　グリコーゲンの合成と分解の調節

　グリコーゲン合成酵素とグリコーゲンホスホリラーゼの活性は，ホルモンにより逆の活性調節を受ける（図5-7）。血糖濃度の上昇により膵臓からインスリンが分泌され，これが肝細胞に作用することにより，グリコーゲン合成酵素が活性化される。空腹，血糖濃度の低下時にはグルカゴンが分泌され，肝細胞膜の受容体に作用し，アデニル酸シクラーゼが活性化され，環状AMP（cyclic　AMP；cAMP）を生成する。

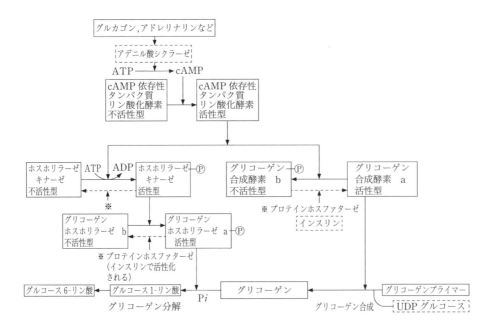

図5-7　グリコーゲンの合成と分解の調節[18) 改変]

cAMP は cAMP 依存性タンパク質リン酸化酵素（プロテインキナーゼ；protein kinase）を活性化し，この酵素のリン酸化作用により，ホスホリラーゼキナーゼは活性型になり，これがグリコーゲンホスホリラーゼをリン酸化して活性型にする。また，同じキナーゼによりグリコーゲン合成酵素はリン酸化されて活性を失う。逆に脱リン酸化によりグリコーゲン合成酵素は活性化され，グリコーゲンホスホリラーゼは不活化される。副腎から分泌されるアドレナリンは，筋肉や肝臓に作用し，cAMP を介し，ホスホリラーゼを活性化し，グリコーゲンの分解を促進する。このようにグリコーゲンの合成と分解は，ホルモンによって調節されており，直接的には酵素タンパク質のリン酸化と脱リン酸化により酵素活性を制御する方法で調節されている。

(2)　解　糖　系

　解糖系（glycolysis）でグルコースを分解し，取り出されたエネルギーを ATP の γ 位のリン酸結合のエネルギーとして蓄え，生体に必要な運動，電気，合成，熱エネルギーなどに利用する。この経路は，呼吸（酸素）を要しない過程である嫌気的解糖（anaerobic glycolysis）と酸素を要する好気的解糖（aerobic glycolysis）とからなっている。嫌気的解糖経路は一分子のグルコースを一連の酵素系で，ピルビン酸を経て 2 分子の乳酸にまで分解する過程をいい，この経路を解明した研究者達にちなんで Embden-Meyerhof-Parnas の経路（狭義の解糖系）とよばれる。好気的解糖経路は，嫌気的経路に加えて，ピルビン酸（←乳酸）を酸化して炭酸ガスと水にまで，酸化分解する過程を含めた経路をいう。短距離競走のような激しい筋肉運動では酸素の供給が間に合わないため主として嫌気的解糖が行われ，乳酸が蓄積する。普通の労作やマラソンのような場合は好気的解糖が行われている。この項では，嫌気的解糖経路について述べ，好気的解糖経路については，クエン酸回路，電子伝達酸化的リン酸化経路のところで述べる。

a)　解糖系（狭義）

　グルコースはヘキソキナーゼ（hexokinase）① （肝臓ではグルコキナーゼ；glucokinase）によって ATP をつかってリン酸化（phosphorylation）され，G-6-P を生成する（図5-8）。G-6-P はグルコースリン酸イソメラーゼ② の触媒でフルクトース 6-リン酸（F-6-P）になる。F-6-P はホスホフルクトキナーゼ③ によりさらに ATP を 1 モル消費してフルクトース 1,6-二リン酸となる。この反応は不可逆的な反応で，解糖系で速度調節を受ける主要な反応である。F 1,6-二リン酸はアルドラーゼ④ により C_3 と C_4 の間の結合が切断されて 2 種類のトリオースリン酸（グリセルアルデヒド 3-リン酸とジヒドロキシアセトンリン酸）に解裂する。これらの三炭糖リン酸はホスホトリオースイソメラーゼ⑤ の触媒で容易に相互に変換されるので，1 分子のグルコースからグリセルアルデヒド 3-リン酸 2 分子生成したとみなしてよく，以後の反応はすべて 2 分子の反応と考えるとよい。

　グリセルアルデヒド 3-リン酸は NAD^+ を補酵素とするグリセルアルデヒド 3-リン酸脱水素酵素⑥ によってリン酸の存在下で 1,3-二ホスホグリセリン酸に酸化され，$NADH＋H^+$ が生じる。この際 1 位のリン酸は高エネルギーリン酸結合（〜P と示

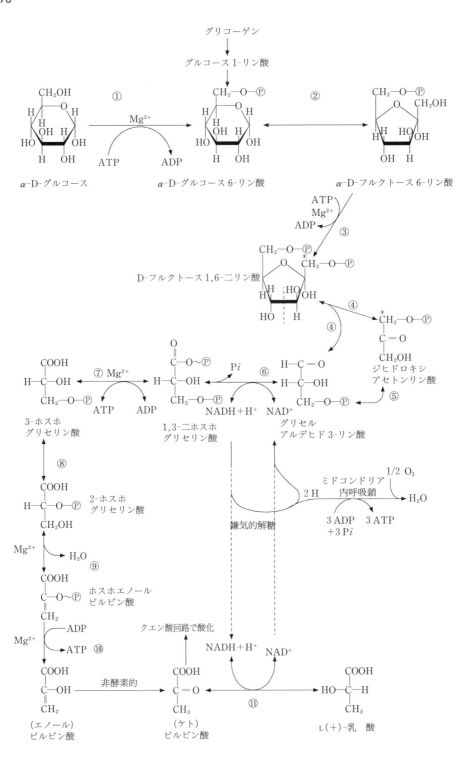

図5-8 解 糖 系（狭義）[4] 改変

①ヘキソキナーゼ（肝グルコキナーゼ）　②ホスホヘキソースイソメラーゼ　③ホスホフルクトキナーゼ　④アルドラーゼ　⑤ホスホトリオースイソメラーゼ　⑥グリセルアルデヒド-3-リン酸脱水素酵素　⑦ホスホグリセリン酸キナーゼ　⑧ホスホグリセロムターゼ　⑨エノラーゼ　⑩ピルビン酸キナーゼ　⑪乳酸脱水素酵素　Pi＝無機リン酸，Ⓟ＝リン酸，〜Ⓟ＝高エネルギーリン酸結合

す）でATP生成に必要なエネルギーを留保しており，ホスホグリセリン酸キナーゼ⑦反応でATPを生成する。3-ホスホグリセリン酸はホスホグリセロムターゼ⑧反応によりグリセリン酸-2-リン酸になり，ついでエノラーゼ⑨の作用で脱水されてホスホエノールピルビン酸が生成するが，その際2位の炭素とリン酸との結合は高エネルギーリン酸結合となる。ついでピルビン酸キナーゼ⑩の反応でリン酸をADPに転移し，ATPとピルビン酸を生成する。ピルビン酸は乳酸脱水素酵素（lactic acid dehydrogenase）により，$NADH+H^+$で還元されて乳酸となる。

　解糖系では六炭糖のグルコースやフルクトースは，ATPの消費によりリン酸化された中間体として代謝される。1分子のグルコースから生成した2分子の三炭糖リン酸が代謝される過程中，ホスホグリセリン酸キナーゼとピルビン酸キナーゼの2段階で，それぞれATPを生成する。嫌気的解糖全体からみると，グルコース1分子からATP2分子を消費し，4分子生成する結果，正味2分子のATPが生成されることになる。解糖系の中間で2分子の$NADH+H^+$が生成されるが，ピルビン酸から乳酸への還元反応においてこの$NADH+H^+$が消費されてNAD^+が再生され，⑥の反応に再び使用される。

　b）解糖系の調節

　ヘキソキナーゼが，反応生成物であるG-6-Pでアロステリック阻害を受けるため，血糖が多量にあっても肝臓以外の細胞では無制限に利用されないように調節されている。肝臓ではヘキソキナーゼよりグリコキナーゼ（ヘキソキナーゼⅣ）がよく働いている。この酵素は，グルコースに対するK_m（約10 mM）が他組織のヘキソキナーゼ値（約0.1 mM）に比べ顕著に大きく，またG-6-Pの阻害を受けない。血中グルコース濃度が上昇する（食後など）と，その刺激で上昇するインスリンによって肝臓のグリコキナーゼは活性化され能率よくG-6-Pを生成し，グリコーゲンとして蓄えることができる。ホスホフルクトキナーゼの活性は，細胞内のATP，クエン酸，長鎖の脂肪酸のレベルが高くなると阻害され，ADPやAMPのレベルが高くなると活性化され，エネルギー代謝が必要に応じて効率的に行われるように調節されている。

　(3)　糖　新　生

　細胞，特に脳神経細胞や赤血球はグルコースの代謝によってエネルギーを得ている。そこで，グルコースが十分に供給されず，血糖値が低下するようなことになると，意識障害やけいれんが起きる。正常な個体では，絶食してもそのようなことにはならない。これは，ピルビン酸，乳酸，グリセロール，クエン酸回路の中間体，糖原性アミノ酸などの糖でない物質からグルコースが生成され，血糖を維持し，必要とする細胞へ供給されるからである。このように生体が糖以外の物質から糖を合成することを糖新生（gluconeogenesis）という（図5-10）。哺乳類では，糖新生はおもに肝臓と腎臓で行われる。

　糖新生は大体解糖の逆反応で行われるが，不可逆な反応が3つある。(1) ピルビン酸キナーゼの反応は逆行できず，ピルビン酸からホスホエノールピルビン酸への反応は，次の2つの酵素で触媒される。ミトコンドリア内のピルビン酸はピルビン酸カル

80

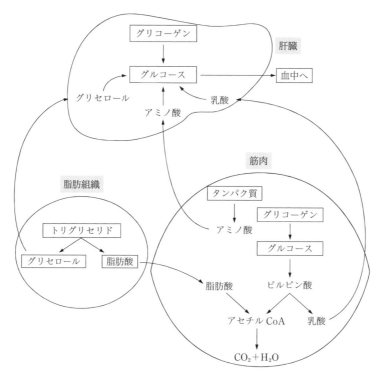

図 5-9　食間・食前における各組織でのおもな代謝[34]

ボキシラーゼ ① により，ATP と炭酸ガスからオキサロ酢酸を経てリンゴ酸になる。オキサロ酢酸はミトコンドリア膜を通過できないため，リンゴ酸でミトコンドリアの膜輸送系を経て細胞質へ出る。リンゴ酸は細胞質でオキサロ酢酸に変換されて，ホスホエノールピルビン酸カルボキシキナーゼ ② によってホスホエノールピルビン酸（PEP）に転換する。この酵素はビオチン依存性である。(2) フルクトース 1,6-二リン酸からフルクトース 6-リン酸への転換は，ホスホフルクトキナーゼではなく，フルクトース 1,6-ジホスファターゼ ③ によって触媒される。(3) グルコース 6-リン酸のグルコースへの転換はグルコース 6-ホスファターゼ ④ による。生成したグルコースは血糖として血中に放出される。このグルコース 6-ホスファターゼ（glucose 6-phosphatase）は肝臓や腎臓には存在するが筋肉や脂肪組織には存在しない。糖原性アミノ酸は，アミノ基転移または脱アミノ反応を受けてピルビン酸かクエン酸回路の中間体に転換されて糖新生に利用される。

　赤血球や骨格筋などで嫌気的解糖で生じた乳酸は，血液を介して肝臓に送られ糖新生経路でグルコースに再生される。グルコースは血液を介して，筋肉に送られ利用される。この経路をコリサイクル（Cori cycle）という。筋肉では，解糖で生じたピルビン酸が，嫌気的条件で乳酸になるだけでなく，アラニンアミノトランスフェラーゼの触媒でアミノ基転移を受けてアラニンになり，血液を介して肝臓に取り込まれ，再びアミノ基転移反応を受けて生じたピルビン酸から糖新生される経路があり，これをアラニンサイクルという。

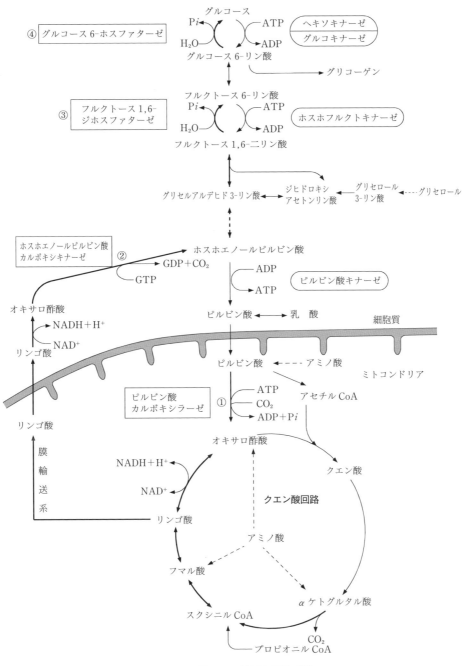

図 5-10　糖新生経路[4] 改変

（4）　ペントースリン酸回路（五炭糖リン酸回路）

　ペントースリン酸回路（pentose phosphate cycle）では，グルコース 6 -リン酸が
酸化されて 6-ホスホグルコン酸と NADPH＋H⁺（reduced nicotinamide adenine
dinucleotide phosphate），さらに酸化されてリブロース 5 -リン酸と NADPH＋H⁺
を生じる。このペントース 5 -リン酸は，異性化酵素によってリボース 5 -リン酸
（ribose 5-phosphate），キシルロース 5 -リン酸に変えられ，炭素鎖の一部が交換さ

82

れて七炭糖リン酸，三炭糖リン酸，四炭糖リン酸ができ，フルクトース 6‐リン酸からグルコース 6‐リン酸と連絡する。キシルロース 5‐リン酸からウロン酸回路とも連絡する。この過程で生じるリボース 5‐リン酸は核酸合成に必要な化合物であり，$NADPH+H^+$は脂肪酸合成，ステロイド合成，核酸合成のような生体内の合成反応において利用される還元剤である（図 5-11）。この回路の活性は肝臓，脂肪組織，副腎皮質などで高い。

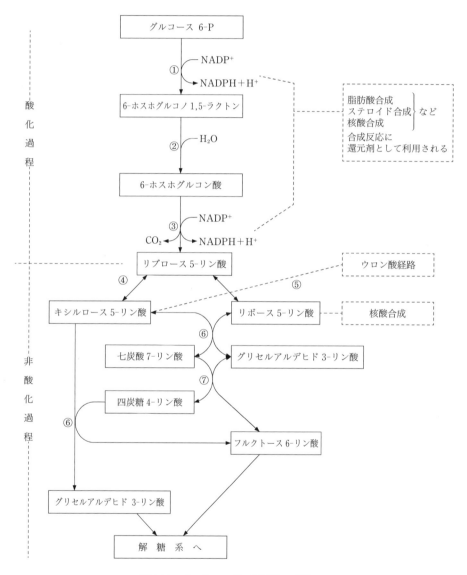

図 5-11　ペントースリン酸回路[18)] 改変

① グルコース 6‐リン酸脱水素酵素　② グルコノラクトン加水酵素　③ 6‐ホスホグルコン酸脱水素酵素
④ リブロース 5‐リン酸 3‐エピメラーゼ　⑤ リボース 5‐リン酸ケトイソメラーゼ　⑥ トランスケトラーゼ
⑦ トランスアルドラーゼ

（5）ウロン酸回路

　ウロン酸回路（uronate cycle）は，グルコースの代謝経路の1つで（図5-12），グルクロン酸（glucuronic acid），アスコルビン酸，ペントース5-リン酸に転換する側路である。グルコースが酸化を受けるとき，通常はアルデヒド基がまず酸化されカルボン酸になる。ペントースリン酸回路で生じるグルコン酸6-リン酸はその一例である。アルデヒド基側を保護しておくと，C6の位置が酸化されたカルボン酸，グルクロン酸ができる。一般にこのような糖酸をウロン酸という。ウロン酸回路では，グルコース1-リン酸とウリジン三リン酸とからウリジン二リン酸グルコース（UDPG）ができ，これがNADを補酵素とするUDPG脱水素酵素の触媒で酸化され，ウリジン二リン酸グルクロン酸（UDPGA）を生じる。UDPGAは構造多糖であるムコ多糖類の原料となる。またグルクロン酸転移酵素の触媒で，各種の毒物（フェノール，安息香酸類など）や胆汁色素のグルクロン酸抱合体をつくり解毒に関与する。一般の動

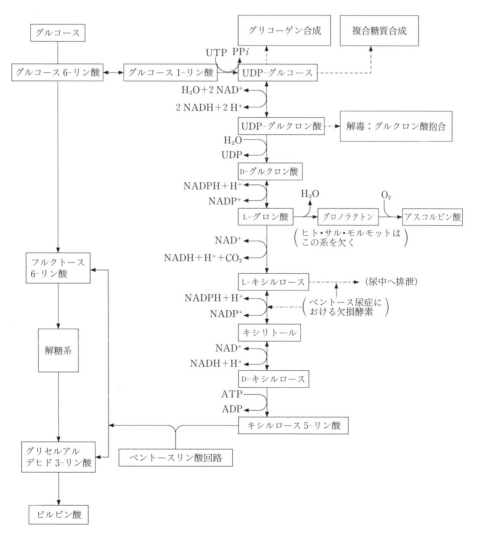

図5-12　ウロン酸回路（グルクロン酸経路）

物ではこの経路でできる L-グロン酸からアスコルビン酸が作られるが，霊長類（ヒト，サル）やモルモットはアスコルビン酸を合成する酵素（グロノラクトン酸化酵素）を欠きアスコルビン酸が合成されない。したがってアスコルビン酸（ビタミンC）の摂取が必要となる。また L-グロン酸はキシルロース，キシルロース 5-リン酸をへてペントースリン酸回路に入る。

(6) フルクトース，ガラクトースの代謝

　フルクトース（果糖）は果実に存在し，スクロース（ショ糖）が加水分解されても生じる。一日あたりの摂取量は約 12 g である。促進拡散で小腸から吸収されたフルクトースは，肝臓でヘキソキナーゼやフルクトキナーゼでリン酸化されて，解糖経路に入る。ガラクトースは乳汁中に存在するラクトース（乳糖）にラクターゼが働いて生じる。間接能動輸送で小腸から吸収され，肝臓に運ばれる。肝臓でガラクトキナーゼによって ATP でリン酸化され，ガラクトース 1-リン酸になる。ガラクトース 1-リン酸はガラクトース 1-リン酸ウリジルトランスフェラーゼによって，UDP-グルコースの UDP とリン酸を交換し，UDP-ガラクトースとグルコース 1-リン酸になる。UDP-ガラクトースはエピメラーゼによって UDP-グルコースに転換され，ガラクトース 1-リン酸と，再びガラクトース 1-リン酸ウリジルトランスフェラーゼの基質になり，グルコース 1-リン酸を生成する。この過程で生じたグルコース 1-リン酸はホスホグルコムターゼによってグルコース 6-リン酸に変換され，解糖経路に入る。ガラクトース 1-リン酸ウリジルトランスフェラーゼ（遺伝子座 9 p 13）が欠損する遺伝子病では，ガラクトース血症が起こる。その結果，過剰のガラクトースが細胞内に取り込まれ，ガラクトース 1-リン酸になるが，円滑に代謝されず蓄積するため有害である。このような場合，食事から乳汁と乳製品（ラクトースを含む）を除く必要がある。

キーワード

同化，異化，エネルギー，代謝，物質代謝，血糖，真性糖尿病，グリコーゲン回路，解糖系，糖新生経路，ペントースリン酸回路，ウロン酸回路，リン酸化，合成，分解，G-1-P，G-6-P，UDPG，環状 AMP，タンパク質リン酸化酵素，嫌気的解糖，好気的解糖，ホスホリラーゼ，ヘキソキナーゼ，グルコキナーゼ，乳酸脱水素酵素，グルコース 6-ホスファターゼ，コリサイクル，リボース 5-リン酸，$NADPH_2$，グルクロン酸

5-2　クエン酸回路と電子伝達酸化的リン酸化系

ピルビン酸の代謝　　細胞質の解糖系で生成したピルビン酸が好気的過程で代謝される場合には，ミトコンドリア（mitochondria）のマトリックスに移行し，ピルビン酸脱水素酵素複合体の働きでアセチル（酢酸）CoA となり，後で述べるクエン酸回路で代謝される。

ピルビン酸脱水素酵素複合体（pyruvate dehydrogenase）は，3つの成分酵素と5つの補酵素（TPP，リポイシルリシン，CoA，FAD，NAD^+）からなっており，その反応は複雑であるが，この全過程の収支を式で示すと次のようになる。

ピルビン酸＋NAD^+＋CoA ──→ アセチル CoA＋NADH＋H^+＋CO_2

この酸化的脱炭酸反応は不可逆反応である。

クエン酸回路（TCA cycle）

アセチル CoA はオキサロ酢酸と縮合してクエン酸になり，クエン酸回路（citric acid cycle）で代謝される（図5-13）。この回路は，TCA 回路（Tricarboxylic acid cycle），またはこの回路の完成に貢献した研究者の名前をとって Krebs のサイクルともよばれる。

クエン酸合成酵素の触媒でできたクエン酸は，アコニターゼの働きで OH 基の位

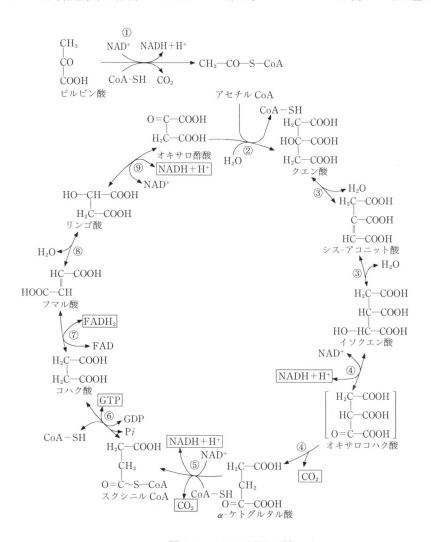

図 5-13　クエン酸回路[4) 改変]

① ピルビン酸脱水素酵素複合体，② クエン酸合成酵素，③ アコニターゼ（脱水，水和），④ イソクエン酸脱水素酵素（酸化的脱炭酸），⑤ α-ケトグルタル酸脱水素酵素複合体，⑥ スクシニル CoA 合成酵素（基質レベルのリン酸化），⑦ コハク酸脱水素酵素（酸化），⑧ フマル酸ヒドラターゼ（水和），⑨ リンゴ酸脱水素酵素（酸化）

置が異なるイソクエン酸に変換される。イソクエン酸は NAD^+ を補酵素とするイソクエン酸脱水素酵素により酸化的脱炭酸を受け，α-ケトグルタル酸と CO_2 になる。この反応で一分子の $NADH+H^+$（reduced nicotinamide adenine dinucleotide）ができる。α-ケトグルタル酸は，ピルビン酸脱水素酵素複合体と酷似した酵素（α-ケトグルタル酸脱水素酵素）で同様の酸化的脱炭酸を受け，スクシニル CoA と CO_2 になり，一分子の $NADH+H^+$ が生成される。スクシニル CoA はチオエステル型高エネルギー化合物で，スクシニル CoA 合成酵素の反応でコハク酸と CoA に分解する際のエネルギーで一分子の GTP が生成される。この GTP の γ 位のリン酸は，ヌクレオシド二リン酸キナーゼにより ADP に容易に転移できるので，ATP が生成されたとみなすことができる。コハク酸は，ミトコンドリアのクリステにある FAD を補酵素とするコハク酸脱水素酵素によりフマル酸になる。ここで一分子の $FADH_2$ が生成される。フマル酸は，フマル酸ヒドラターゼの触媒で加水されリンゴ酸になる。リンゴ酸は NAD^+ を補酵素とするリンゴ酸脱水素酵素の作用で脱水素され，オキサロ酢酸になる。この反応で一分子の $NADH+H^+$ が生成される。こうしてサイクルが一巡し，アセチル基が代謝され，オキサロ酢酸は再生され，新たにアセチル CoA と縮合して同じ回路の再回転が始まる。クエン酸回路の一サイクルの収支は次のようになる。

$$CH_3CO\text{-}CoA+3\,NAD^++FAD+GDP+Pi+2\,H_2O \longrightarrow$$
$$2\,CO_2+3\,(NADH+H^+)+FADH_2+GTP+CoA$$

この回路上の α-ケトグルタル酸は，アミノ基転移を受けてグルタミン酸に，またこの逆反応も起こる。回路上の基質が消費されてオキサロ酢酸が再生されないと回路が再回転できなくなるが，オキサロ酢酸は必要に応じてピルビン酸の炭酸固定，アスパラギン酸の脱アミノなどで供給される。ここで述べた2種のアミノ酸の例からも知られるように，クエン酸回路はアミノ酸の代謝とも関係している。スクシニル CoA はヘムの合成原料にもなり，逆に奇数脂肪酸を β 酸化した結果できるプロピオン酸からも生成される。脂肪酸を β 酸化してできるアセチル CoA も，このクエン酸回路で代謝される。このようにクエン酸回路は糖質，タンパク質の構成成分である可欠アミノ酸や脂肪酸の代謝の要になっている。

　ピルビン酸からアセチル CoA 生成の過程とクエン酸回路では，ピルビン酸脱水素酵素複合体，クエン酸合成酵素，イソクエン酸脱水素酵素と α-ケトグルタル酸脱水素酵素複合体が触媒する反応は，不可逆的過程で代謝調節を受ける。ATP の上昇すなわちエネルギーの充足によってこの経路によるピルビン酸の代謝が抑制され，ADP の上昇すなわちエネルギーの不足で促進される。

エネルギー代謝　　　生活活動はエネルギーの消費の上に成り立っている。体温の維持，心臓の作動，筋肉の運動，高分子物質の合成，物質輸送，刺激伝達などすべてエネルギーを必要とする。私たちはそのために外界から取り入れた物質に含まれている化学エネルギーを転換し利用している。その源は太陽のエネルギーで，植物が光合成によって炭酸ガスと水から合成したグルコースが基本になってい

る。

　植物や藻類のように無機質から光のエネルギーを利用してグルコースのような有機質を生合成し，これをもとにさらにタンパク質，核酸のような高分子化合物を生合成して個体を構成できる生物を独立栄養生物という。ヒトのように，無機質から有機物を合成できない生物は，すでに形成された有機物を外界から食物として取り入れ利用して生活活動を行っている。このような生物を従属栄養生物という。

　焚火をすると熱や光が得られるが，これは有機質（この場合主として植物の構造多糖であるセルロース）を空気中の酸素で酸化して炭酸ガス，水などの無機質に分解することによって，化学エネルギーが熱エネルギーと光のエネルギーに転換されたものである。酸化燃焼させてエネルギーが得られていることからわかるように，還元度の高い化合物ほど酸化によって高いエネルギーを放出することが推定される。後で述べるように，脂肪酸とグルコースを熱量素として比較した場合，脂肪酸の方がカロリーが高いのは，グルコースより脂肪酸の方が還元度が高いことによる。生体も有機質を酸化してエネルギーを得ているが，エネルギーの転換・利用効率をよくするための工夫がなされている。それは酵素系による多段階の分解と生じたエネルギーを ATP の高い化学エネルギーに変換した上で利用している点である。このように物質代謝と連動して起こるエネルギーの転換・利用をエネルギー代謝という（図 5-14）。

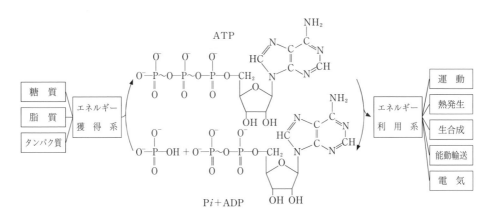

図 5-14　エネルギーの流れ　獲得と利用[8] 改変

　生体におけるように，定温（37℃）・定圧（一気圧）下で進行する化学変化に伴って発生する総熱量のうち，仕事に利用し得るエネルギーを自由エネルギー（free energy；G で表す）という。G を直接に測定することはできないが，反応前後における自由エネルギーの変化量（ΔG）を求めることができる。

$$A \rightleftharpoons B$$

$$\Delta G = G_B - G_A$$
$$= （G_A > G_B ならば）負$$

　自由エネルギーが減少するような反応（$\Delta G < 0$）は自然に起こりうる反応で発エルゴン反応（exergonic reaction）とよばれる。逆に増加するような反応（$\Delta G > 0$）

は吸エルゴン反応（endergonic reaction）とよばれ，自然には起こりえない。吸エルゴン反応が起こるには，発エルゴン反応と共役して系全体としては発エルゴン反応にならねばならない。

　エネルギー代謝において通貨のような役割をしている ATP（adenosine triphosphate）は，加水分解において高い自由エネルギーの変化を伴う。

$$ATP + H_2O \longrightarrow ADP + Pi$$

$$\Delta G = -7.3 \ (kcal/mol)$$

このような性質があるから，栄養素を異化して生じたエネルギーを ATP の化学エネルギーに一度変換して，生合成エネルギー，能動輸送エネルギー，筋収縮エネルギー，刺激伝達エネルギー，体温維持などに利用しているのである。

電子伝達酸化的リン酸化系

解糖の過程，クエン酸回路や脂肪酸の β 酸化の過程で生じた $NADH + H^+$ や $FADH_2$ は，それぞれの過程で基質を酸化し，自らは還元状態になっている。これらの物質が酵素系の触媒で酸素によって酸化され，その際遊離したエネルギーを ATP の化学エネルギーに変換する経路が電子伝達酸化的リン酸化系である。この酵素系はミトコンドリアのクリステにある。

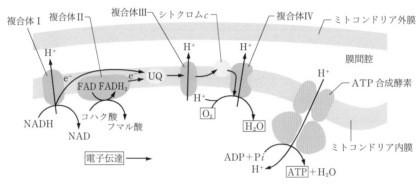

図 5-15　ミトコンドリア内膜の電子伝達系における電子伝達と ATP 産生[34]

　電子伝達系（electron transport system）（図 5-15，図 5-16）で，$NADH + H^+$ の水素は NADH 脱水素酵素複合体（複合体 I）に渡され，次いで CoQ に渡されて $CoQH_2$ となる。次いで $2H^+ + 2e^-$ に分離し，$2e^-$ のみがシトクロム（cytochrome）b，c_1 複合体（複合体 III），シトクロム c，還元型シトクロム c 酸化酵素（複合体 IV）を経て，さきの $2H^+$ と一緒に O_2 に渡され，H_2O を生じる。この一連の過程で，複合体 I，III，IV の 3 つのステップは，ATP 合成可能な自由エネルギーの変化を伴っている。したがって ATP 合成と共役した条件では，次の式のように 3 分子の ATP ができる。

$$NADH + H^+ + 3 ADP + 3 Pi + 1/2 O_2 \longrightarrow$$

$$NAD^+ + 3 ATP + 4 H_2O$$

$FADH_2$ はそれぞれの脱水素酵素（例えばコハク酸脱水素酵素複合体；複合体 II）

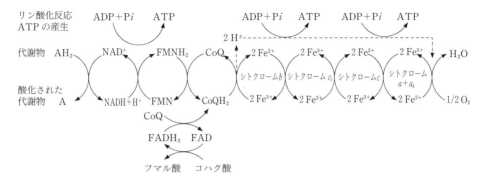

図 5-16　酸化的リン酸化（oxidative phosphorylation）と共役する電子伝達系

に結合しており，その水素は直接に CoQ の還元に用いられる。生じた $CoQH_2$ の酸化は上に述べたと同様である。この場合，ATP 合成可能な自由エネルギーの変化を伴ったステップは，複合体 III，IV の 2 つで，ATP 合成と共役した条件では次の式のように 2 分子の ATP ができる。

$$FADH_2 + 2\,ADP + 2\,Pi + 1/2\,O_2 \longrightarrow$$

$$FAD + 2\,ATP + 3\,H_2O$$

　これまで述べてきたことをもとに，グルコースが解糖系，クエン酸回路，電子伝達酸化的リン酸化系を経て酸化され，炭酸ガスと水になったときの ATP 生成量は表 5-1 のようになる（図 5-17 も参照）。計算上は 1 分子のグルコースから嫌気的解糖で 2 分子の ATP が生成され，好気的解糖で 38 分子の ATP が生成されることになる。しかし，解糖過程で細胞質で生じた 2 分子の $NADH + H^+$ はミトコンドリアに移行するときグリセロールリン酸シャトルを経ると考えられており，その場合ミトコンドリア内では $FADH_2$ になるので，ATP の生成量が 2 分子減り，36 分子となる。

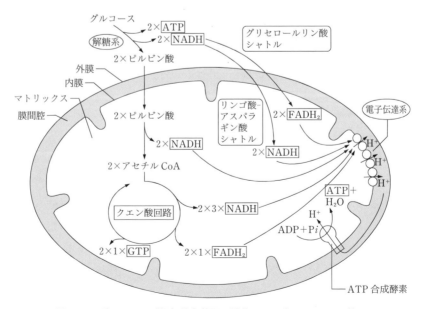

図 5-17　グルコースが好気的条件下で酸化されて生じる ATP の数[34]

表 5-1　グルコース 1 分子の代謝による ATP の生成

反　応　系			補酵素	ATP 生成数
細胞質	解糖反応	グルコース　　　——→G-6-P		−1
	〃	F-6-P　　　　　——→フルクトース 1,6-二リン酸		−1
	〃	1,3-ニホスホグリセリン酸		
		——→　3-ホスホグリセリン酸		1×2
	〃	2-ホスホエノールピルビン酸 ——→　ピルピン酸		1×2
	グリセロールリン酸シャトル	ジヒドロキシアセトンリン酸		
		——→グリセロール 3-リン酸	NADH+H⁺	
ミトコンドリア		〜〜〜〜（グリセロールリン酸シャトル）〜〜〜〜	FADH₂	2×2
	TCA サイクル	ピルビン酸　　　——→アセチル CoA	NADH+H⁺	3×2
	〃	イソクエン酸　　——→オキサロコハク酸	NADH+H⁺	3×2
	〃	α-ケトグタル酸　——→サクシニル CoA	NADH+H⁺	3×2
	〃	サクシニル CoA ——→コハク酸	（GTP）	1×2
	〃	コハク酸　　　　——→フマル酸	FADH₂	2×2
	〃	リンゴ酸　　　　——→オキサロ酢酸	NADH+H⁺	3×2

ATP 生成数／グルコース 1 分子　　　36 分子

グルコースが酸化されて炭酸ガスと水になったときの自由エネルギーの変化量は

$$\varDelta G = -686\ \text{kcal/mol}$$

36 分子の ATP が ADP と Pi に加水分解されたときの自由エネルギーの変化量は

$$\varDelta G = -7.3 \times 36 = -262.8\ \text{kcal/mol}$$

エネルギー転換効率は　$262.8/686 \times 100 = 38.3\ \%$

このように生体内のエネルギー代謝は，多くの酵素反応を経ているにもかかわらず，非常に効率がよい。

　上に述べた電子伝達・酸化的リン酸化系による ATP 生成反応を酸化的リン酸化反応ともいうが，生体内 ATP の大部分はこの機構で生成される。この酸化的リン酸化は，解糖系やスクシニル CoA 合成酵素反応における ATP 合成のような基質レベルのリン酸化と異なり，ミトコンドリア内膜に生じた水素イオン（H⁺；プロトン）の電気化学的ポテンシャル（electrochemical potential）を利用してなされる（図 5-15,図 5-17）。さきに述べた電子の流れ（酸化還元）で生じたエネルギーでミトコンドリアのマトリックス側からミトコンドリアの外区画の方にプロトンが汲みだされ，内膜を介するプロトン勾配（電気化学的ポテンシャル）が生じる。汲みだされたプロトンがミトコンドリア内膜に局在する ATP 合成酵素のプロトンチャンネルを通りマトリックス側に移動する過程で，その電気的エネルギーを利用して ADP と Pi とから ATP が合成される。したがって，内膜が傷害され膜を介する電気化学的ポテンシャルが生じない状態になると，たとえ電子伝達が行われても ATP 合成は行われない。電子伝達と ATP 合成が伴うことを共役といい，電子伝達のエネルギーが ATP 合成に用いられない場合を脱共役という。

> **キーワード**
>
> ピルビン酸脱水素酵素，クエン酸回路，TCA 回路，ミトコンドリア，$NADH_2$，エネルギー代謝，自由エネルギー，発エルゴン反応，吸エルゴン反応，ATP，電子伝達系，酸化的リン酸化系，シトクローム，電気化学的ポテンシャル

5-3　脂質の代謝

脂質の消化と吸収　　脂質には，2 章で述べたように，構造の異なるいろいろな物質が含まれているので，その消化，吸収，代謝の様式も，それぞれの脂質によって異なっている。しかし，食物として摂取される脂質の大半は，動・植物体の貯蔵脂肪であるトリアシルグリセロールである。トリアシルグリセロールは主として小腸上部において，脂肪分解酵素膵リパーゼ（ステアプシンともいう）の作用によって加水分解され，脂肪酸を遊離し，ジ-およびモノ-アシルグリセロール，さらにグリセロールとなる。このとき，完全に脂肪酸とグリセロールに分解されるのは，摂取された脂肪の 1/4 以下で，大部分はモノアシルグリセロール（monoacyl glycerol）と脂肪酸になる。この消化作用には，胆嚢から十二指腸に送出された胆汁による乳化作用，および腸液アルカリの助けが必要である（膵リパーゼの至適 pH は 8.0）。リン脂質はホスホリパーゼにより，コレステロールエステルはコレステロールエステラーゼにより加水分解され，それぞれ小腸の粘膜上皮細胞に吸収される。小腸の粘膜上皮細胞に吸収された脂肪酸のうち，炭素数 10 以下のものは毛細血管に移行して，門脈から肝臓に送り込まれる。また，炭素数 12 以上の長鎖脂肪酸やモノアシルグリセロールは，細胞内で再びトリアシルグリセロールに合成され，リン脂質・コレステロール・タンパク質とともにキロミクロンとよばれる微粒子となって，中心乳び管よりリンパ系に移行し，胸管をへて左鎖骨下静脈から大循環に入る。

血液による脂質の運搬　　脂質は水に溶けないため，トリアシルグリセロール，コレステロールエステル，コレステロール，リン脂質などは，タンパク質と複合体をつくり，親水性の「リポタンパク質」(lipoprotein) とよばれる構造（図 5-18）をつくり，また遊離脂肪酸は血中のアルブミンと結合して，各臓器や組織内に，血流によって運搬されている。リポタンパク質はその密度によって，表 5-2 に示すように，密度の軽い方から，キロミクロン（chylomicron），超低密度リポタンパク質（VLDL；very low density lipoprotein），低密度リポタンパク質（LDL；low density lipoprotein），高密度リポタンパク質（HDL；high density lipoprotein）の 4 種に分類されている。

　キロミクロンは，食事によって小腸粘膜上皮細胞内に吸収された「外因性」の脂肪を，肝組織などに運搬する役割をもっている。

　大循環に入ったキロミクロンは，末梢組織で毛細血管壁に存在するリポタンパク質リパーゼ（lipoprotein lipase；LPL）の働きで，トリアシルグリセロール（TG）の

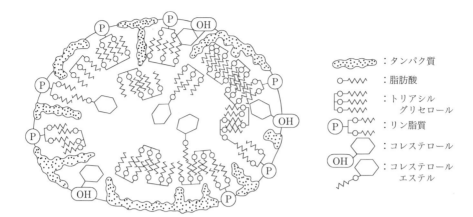

図5-18　リポタンパク質の構造

一部が加水分解され脂肪酸を末梢組織に与える。残ったキロミクロン残余体（キロミクロンレムナント）は肝臓に取り込まれ，肝臓で VLDL，LDL，HDL に作り変えられ，血液中に分泌され，末梢組織に運ばれる。VLDL や LDL はおもに肝臓で合成された「内因性」の TG やコレステロールを組織に運搬する役割をもっている。キロミクロンは TG の占める比率が大きく（表5-2），タンパク質の比率が小さいために，密度が最も低い（参考：タンパク質の比重，約1.27；脂肪の比重，約0.93）。VLDLは TG を組織にわたし LDL に変化する。LDL はコレステロールを多く含み，肝臓から末梢組織へコレステロールとそのエステルを運搬する役割を果たしており，LDL レセプターを介して細胞に取り込まれ代謝される。HDL はタンパク質の占める比率が最も高く，VLDL の組成を調節したり，末梢組織からコレステロールを回収する役割をもっている。HDL の脂質部分は，リン脂質とコレステロールエステルが多い。

表5-2　血液中のリポタンパク質の種類

超遠心法による分画の名称	キロミクロン	VLDL（超低密度リポタンパク質）	LDL（低密度リポタンパク質）	HDL（高密度リポタンパク質）
電気泳動法による分画の名称	キロミクロン（原点）	プレβ-リポタンパク質	β_1-リポタンパク質	α_1-リポタンパク質
組成（%）タンパク質	1	10	20	50
TG	85〜90	50〜60	10	2〜5
コレステロール	4〜6	12〜19	45	18
PL	4	19	24	30
比重	0.96以下	0.96〜1.006	1.006〜1.063	1.063〜1.21
直径（nm）	50〜500	約40	約20	約10
血液中の濃度 mg/dl	空腹時には原則として存在しない	5〜30	50〜170	35〜80

TG：トリアシルグリセロール，PL：リン脂質

血漿中で脂質の大部分はリポタンパク質の状態で存在するが，その組成は大体以下のようである。

リン脂質	150〜230 mg/dl
トリアシルグリセロール	30〜150 mg/dl
総コレステロール	120〜220 mg/dl
LDL コレステロール	80〜140 mg/dl
HDL コレステロール	40〜100 mg/dl
遊離脂肪酸	5〜10 mg/dl

トリアシルグリセロールの代謝　体内において貯蔵脂肪として存在するトリアシルグリセロールがエネルギー源として利用される場合は，まず組織リパーゼにより，脂肪酸とグリセロールに加水分解される。このリパーゼの反応は，グルカゴン，ACTH，TSH，成長ホルモンによって促進され，インスリンにより阻害される。血中に放出された脂肪酸は血清アルブミンと結合して可溶化され，各組織（臓器）に運ばれる。グリセロールは血清に溶解して運ばれる。

(1) グリセロールの酸化分解

利用される細胞に取り込まれたグリセロールは，図5-19のように細胞質でATP

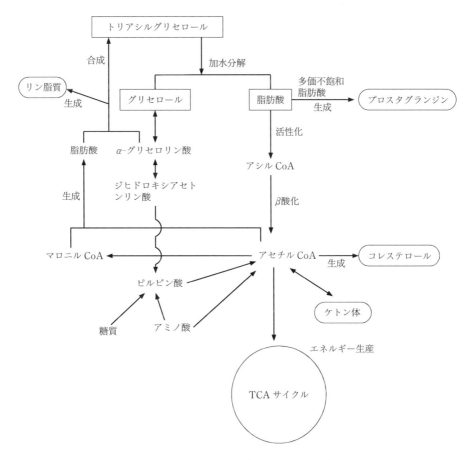

図5-19　トリアシルグリセロールの代謝

および Mg^{2+} の存在下グリセロキナーゼの作用によってリン酸化され，α-グリセロリン酸となる。さらに，α-グリセロリン酸デヒドロゲナーゼの作用によって酸化され，ジヒドロキシアセトンリン酸となり，解糖系で代謝され，ピルビン酸となり，ミトコンドリアに輸送され，TCAサイクル，電子伝達酸化的リン酸化系で代謝される（図5-15）。その結果，グリセロール1分子から，20分子のATPが生成される。

(2) 脂肪酸の酸化分解－β酸化

　細胞内に取り込まれた脂肪酸は，アシルCoAシンテターゼの作用で活性化され，アシルCoA（acyl coenzyme A）となる（図5-20）。アシルCoAシンテターゼはミトコンドリア外膜，小胞体膜，ペルオキシソーム膜などに存在する。アシルCoAはそのままではミトコンドリア内膜を通過できないので，ミトコンドリア内膜でL-カルニチンと反応して，CoA残基をカルニチン残基と交換し，アシルカルニチンとなり，ミトコンドリア内膜を通過し，再びカルニチンはCoAと交換されて，アシルCoAとなる（図5-20）。アシルCoAはミトコンドリアマトリックスに存在するβ酸化の酵素系で図5-21に示すように酸化される。アシルCoAはアシルCoAデヒドロゲナーゼにより，2（α）位と3（β）位において脱水素され不飽和結合をもつエノイルCoAとなる。このとき水素はFADにわたされる。次にエノイルCoAの二重結合に水が加わり，3-ヒドロキシアシルCoAが生じ，さらに3-ケトアシルCoAに脱水素される。その際，水素はNAD$^+$にわたされる。3-ケトアシルCoAはCoA-SHにより加硫分解（チオール開裂）を受け，炭素数が2個短いアシルCoA化合物を生じ，それが再び前記の反応経路に入る。同時に，1分子のアセチルCoA（acetyl coenzyme A）が切り離されて，ミトコンドリア内の一般のアセチルCoAプールに入る。

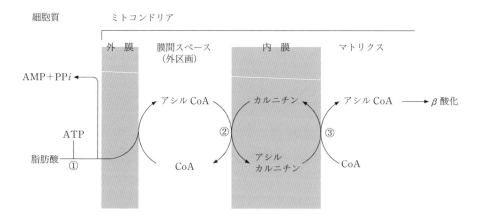

図5-20　脂肪酸の細胞質からミトコンドリアへの輸送[15) 改変]

① アシルCoAシンテターゼ，② カルニチンアシルトランスフェラーゼ I，
③ カルニチンアシルトランスフェラーゼ II

　要約すると，脂肪酸はカルボキシル基末端のβ(3)位が酸化を受け，炭素2個ずつをアセチルCoAとして切り離す反応を繰り返すことによって炭素数が2個ずつ短く

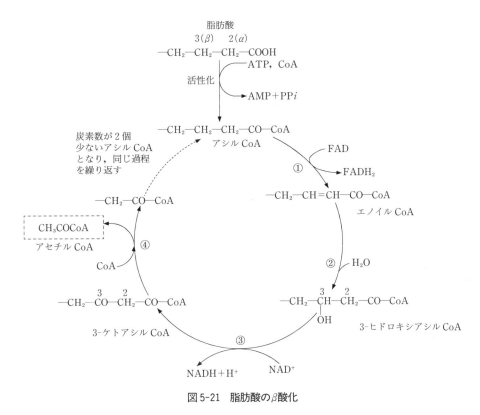

図5-21　脂肪酸のβ酸化

①　アシル CoA デヒドロゲナーゼ，②　エノイル CoA ヒドラターゼ，③　3-ヒドロキシアシル CoA
デヒドロゲナーゼ，④　3-ケトアシルチオラーゼ

なる。例えば，パルミトイル CoA が7回の β 酸化を受けると，次式のように8分子
のアセチル CoA を生じる。

$$パルミトイル CoA + 7\,CoA + 7\,FAD + 7\,NAD^+ + 7\,H_2O \longrightarrow$$
$$8\,アセチル CoA + 7\,FADH_2 + 7(NADH + H^+)$$

　生成した8アセチル CoA は TCA サイクルおよびそれと共役している電子伝達酸
化的リン酸化系により酸化される。また，$7\,FADH_2$ と $7(NADH + H^+)$ も電子伝達
酸化的リン酸化系で酸化される。その結果，1分子のパルミトイル CoA から131分
子の ATP が生成される。パルミチン酸を活性化してパルミトイル CoA に変換する
のに2分子の ATP が消費されるので，パルミチン酸からは，差し引き129分子の
ATP が生成されることになる。

（3）　ケトン体の生成と分解

　ケトン体（ketone body）とはアセト酢酸（acetoacetic acid），3-ヒドロキシ酪酸
（3-hydroxybutylic acid；β-ヒドロキシ酪酸ともいう），アセトン（acetone）の3
つの化合物の総称であり，アセチル CoA から生成される。アセチル CoA は肝臓の
ミトコンドリアにおいて，2分子結合してアセトアセチル CoA となり，さらにアセ
チル CoA が結合して，3-ヒドロキシ-3-メチルグルタリル CoA となる。これが，リ

アーゼの作用により，アセト酢酸とアセチル CoA に分解される。アセト酢酸が還元されると 3-ヒドロキシ酪酸となり，脱炭酸されるとアセトンを生じる。

　アセト酢酸と 3-ヒドロキシ酪酸は，肝臓以外の組織（とくに骨格筋，心筋，腎臓など，常に多大なエネルギーを必要とする組織）に運ばれて，エネルギー源として利用される。これらの細胞に取り込まれた 3-ヒドロキシ酪酸は可逆的にアセト酢酸に転換される。アセト酢酸は，3-（あるいは β-）ケト酸 CoA トランスフェラーゼ作用によって，スクシニル CoA からの CoA 転移でアセトアセチル CoA になる。さらに，アセトアセチル CoA チオラーゼ作用で 2 分子のアセチル CoA に分解され，TCA 回路で代謝される。アセトンは，主として肺から呼気として体外に排泄される。糖尿病や飢餓時のように，TCA サイクルにおける糖代謝が円滑に行われず，トリアシルグリセロールの分解が盛んな場合には，ケトン体の生成が増加する（図 5-22）。ケトン体の血中濃度（空腹時基準値：28〜100 μM；1 mg/dl 以下）があまりに高い〔これをケトン血症（ketonemia）という〕と，ケトアシドーシス（ketoacidosis）となり，酸・塩基平衡を損なう。同時に尿中へのケトン体排泄が増加（ケトン尿症という）する。アセト酢酸や 3-ヒドロキシ酪酸は大部分塩の形で尿中に排出されるため，血中余備アルカリが減少し，酸血症（アシドーシス）に向かう（151 頁参照）。

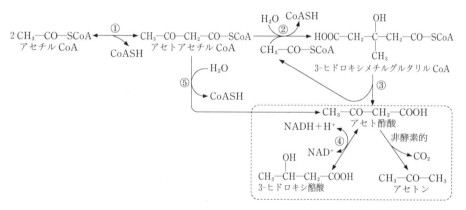

図5-22　ケトン体の生成

① アセチル CoA アシルトランスフェラーゼ，② ヒドロキシメチルグルタリル CoA シンターゼ，③ ヒドロキシメチルグルタリル CoA リアーゼ，④ 3-ヒドロキシ酪酸デヒドロゲナーゼ，⑤ アセチル CoA ヒドロラーゼ

高級脂肪酸の生合成

　ヒトのからだの中で，飽和脂肪酸（主としてパルミチン酸，ステアリン酸，ミリスチン酸）と，二重結合を 1 個もつ不飽和脂肪酸（主としてパルミトオレイン酸，オレイン酸）などは生合成されている。飽和脂肪酸の生合成は主として細胞質で行われる（図 5-23）。

　アセチル CoA は ATP を 1 個使って，CO_2 と反応し，マロニル CoA（malonyl coenzyme A）になる。この反応はビオチンを補酵素とするアセチル CoA カルボキシラーゼによって触媒される。長鎖脂肪酸の合成は，脂肪酸合成酵素（fatty acid synthetase）とよばれる複合酵素の上で行われる（図 5-24）。この酵素複合体は，アシルキャリアータンパク質（acyl carrier protein；ACP）を含み，マロニル CoA の

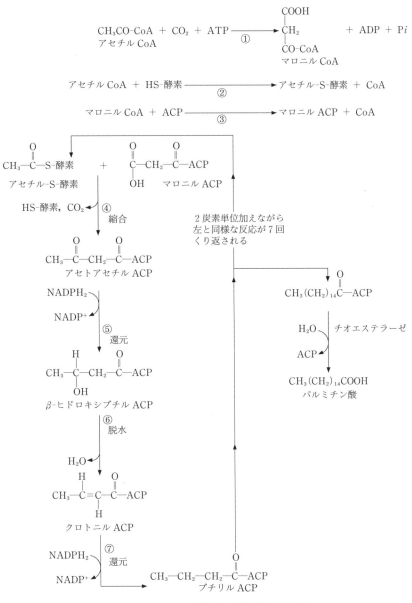

図 5-23　脂肪酸の生合成

① アセチル CoA カルボキシラーゼ，② ACP アシルトランスフェラーゼ，③ ACP マロニルトランスフェラーゼ，④ β-ケトアシル ACP シンターゼ（HS-酵素と略す），⑤ β-ケトアシル ACP レダクターゼ，⑥ エイノル ACP ヒドラターゼ，⑦ エイノル ACP レダクターゼ

マロニル基は，この ACP のホスホパンテテイン末端の SH 基に転移・結合する。一方アセチル（またはアシル）CoA は脂肪酸合成酵素複合体のシステイン残基の SH 基と反応して CoA を放す。マロニル基とアセチル基（またはアシル基）が縮合脱炭酸し，NADPH＋H⁺により還元され，脱水さらに還元反応をうけて，1 サイクルごとに，炭素鎖が 2 つ長い脂肪酸-ACP を生成する。これを繰り返すことによって長鎖脂肪酸-ACP が生成され，最後に加水分解をうけて ACP からはなれ，遊離脂肪酸が

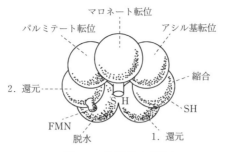

図 5-24　脂肪酸合成酵素[8]

生成される。脂肪酸合成に必要な大量の NADPH は五炭糖リン酸経路で生じたものを利用している。

　高級脂肪酸の生合成を，最初に合成されるパルミチン酸を例に，式で示すと以下のようになる。

アセチル CoA＋7 マロニル CoA＋14(NADPH＋H$^+$)──→

パルミチン酸＋8 CoA＋7 CO$_2$＋14 NADP$^+$＋6 H$_2$O

　ミトコンドリアで生じたアセチル CoA から脂肪酸が合成される場合，アセチル CoA は TCA 回路でオキサロ酢酸と縮合してクエン酸になって，ミトコンドリアから細胞質に運ばれる。細胞質で ATP-クエン酸リアーゼによってオキサロ酢酸とアセチル CoA に分解されて脂肪酸合成に使用される。マロニル CoA 合成を触媒するアセチル CoA カルボキシラーゼは典型的なアロステリック酵素で，クエン酸で活性化され，長鎖脂肪酸 CoA で阻害され，これによって脂肪酸合成が調節される。また本酵素は，酵素タンパク質のリン酸化により不活性化され，脱リン酸化により活性化される方法でも脂肪酸合成調節に関与する。インスリンは脱リン酸化を促進し，グルカゴンやアドレナリンはこれを阻害する。

　パルミチン酸からの炭素鎖伸長反応は，ミクロソーム（小胞体）ではマロニル CoA を，ミトコンドリアではアセチル CoA を 2 個の炭素供与体として使用し行われる。

　オレイン酸やパルミトオレイン酸などの不飽和化は，ミクロソームに存在する不飽和化酵素（アシル CoA デサチュラーゼ）により，二重結合が導入されることにより行われる。すなわち，ステアリン酸からオレイン酸が，パルミチン酸からパルミトオレイン酸が合成される。不飽和脂肪酸合成能には限界があって，例えば，メチル基末端から 7 番目の炭素原子までの間には新たな二重結合を導入することができない。そのため，リノール酸やリノレン酸は合成できず，したがってこれらは食物から摂取しなければならない。アラキドン酸は直接合成できないが，リノール酸があれば，リノール酸からアラキドン酸を，また α-リノレン酸からエイコサペンタエン酸（EPA）を合成することができる。これらの多不飽和脂肪酸は，細胞膜のリポタンパク質，リン脂質の成分となるほか，プロスタグランジン類の前駆体として重要である（図 5-25）。

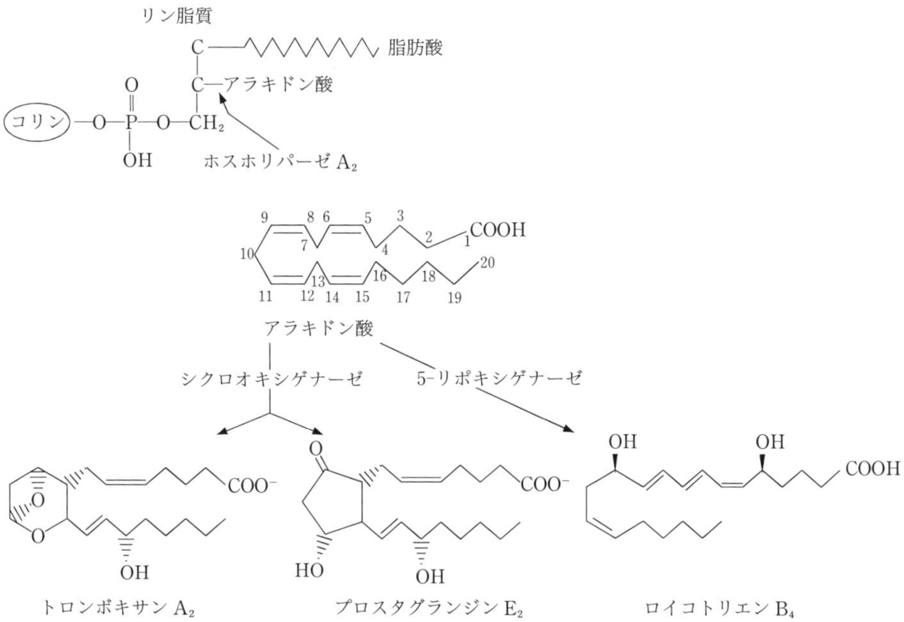

図5-25　プロスタグラジンの生成

リン脂質の分解とアラキドン酸カスケード

グリセロリン脂質はホスホリパーゼにより加水分解される。ホスホリパーゼは，その作用部位によってホスホリパーゼA_1，A_2，C，D と分類されている（図5-26）。動物細胞の膜系には，ホスホリパーゼA_1，A_2が存在しており，グリセロリン脂質はこれらで分解される。ホスホリパーゼC の酵素作用により生成されるジグリセリドはC キナーゼを活性化し，細胞内情報伝達に関与する反応として重要である。

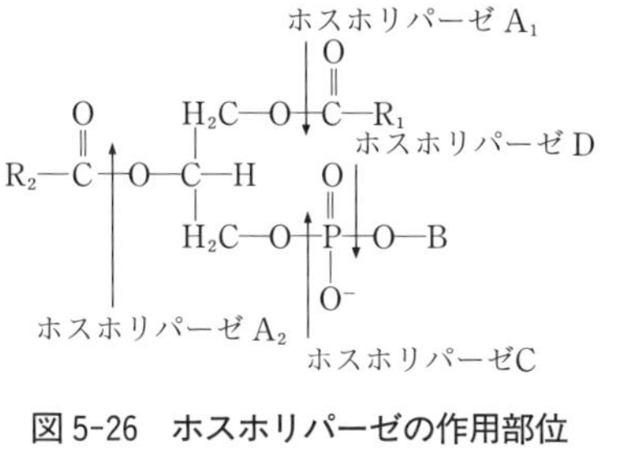

図5-26　ホスホリパーゼの作用部位

R，アルキル基；B，コリン，エタノールアミンまたはセリン

　肝臓や脳のリソソームには，スフィンゴミエリナーゼが存在し，スフィンゴミエリン（図2-22）のセラミドとリン酸（ホスホ）コリンとのエステル結合を加水分解する。

細胞膜を構成するリン脂質の2位のアシル基はアラキドン酸であることが多い。細胞に与えられた刺激で，細胞膜に存在するホスホリパーゼA_2が活性化されて，膜リン脂質のアラキドン酸を遊離する。この酵素活性はcAMPおよびCa^{2+}により調節されている。遊離したアラキドン酸を出発点としてエイコサノイド（またはプロスタノイド）と総称される生理活性物質（局所ホルモン；オータコイド）が生成される。一連の流れをもって多種類系統的に生成されるので，アラキドン酸カスケードとよばれている。プロスタグランジン（PG），プロスタサイクリン（PGI），トロンボキサン（TX），ロイコトリエン（LT）などがこれに属する（図2-26，図5-25参照）。生成されるプロスタノイドの種類は，それを産生する細胞によっておおよそ決まっている。$PGF_{2\alpha}$やPGE_2は子宮でつくられ，子宮筋を収縮させる。血小板はTXA_2を産生し，血小板凝集を促進するのに対し，血管内皮細胞はPGI_2を産生し，血管壁に血小板が凝集するのを抑制する。白血球や肥満細胞はLTC_4，LTD_4を産生するが，これらは強い気管支収縮作用を示し，気管支喘息発作の起因物質と考えられている。炎症の際に白血球などから産生されるロイコトリエンB_4は，顆粒白血球の遊走（走化性，運動性），脱顆粒，粘着性を亢進する。

トリアシルグリセロールおよびリン脂質の生合成

トリアシルグリセロール（図5-27）やリン脂質（図5-28）の合成はミクロソームで行われる。解糖系の中間に生ずるジヒドロキシアセトンリン酸が還元され，グリセロール3-リン酸となり，これにアシルCoAが2分子結合して，ホスファチジン酸を生じた後，リン酸を離して，ジアシルグリセロールを生成する。

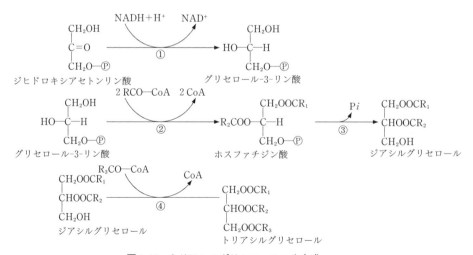

図5-27 トリアシルグリセロールの生合成

① グリセロール-3-リン酸デヒドロゲナーゼ，② グリセロリン酸アシルトランスフェラーゼ，③ ホスファチジン酸ホスファターゼ，
④ ジアシルグリセロールアシルトランスフェラーゼ

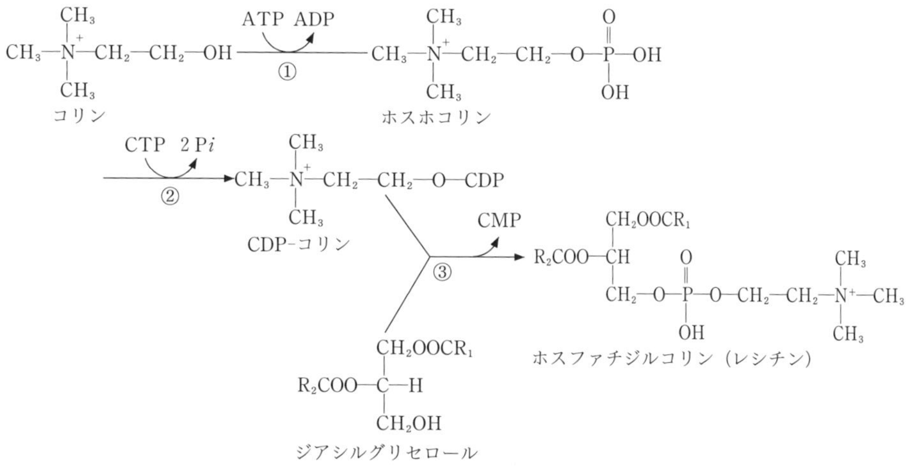

図 5-28　ホスファチジルコリンの生合成
① コリンキナーゼ，② ホスホコリンシチジルトランスフェラーゼ，③ ホスホコリントランスフェラーゼ

これにもう 1 分子のアシル CoA が反応して，トリアシルグリセロールとなる。また，リン脂質も，ジアシルグリセロールをもとに合成される。例えばホスファチジルコリンは，シチジン二リン酸コリン（CDP コリン）のリン酸コリンが転移することによって生じる（図 5-28）。

コレステロールの生合成と異化

コレステロール（cholesterol）は，主として肝臓で作られるが，アセチル CoA を原料にして細胞内の滑面小胞体で合成される（図 5-29）。アセチル CoA 2 分子からアセトアセチル CoA が作られ，さらに 1 分子のアセチル CoA と反応して，β-ヒドロキシ-β-メチルグルタリル CoA（HMG-CoA）となり，HMG-CoA レダクターゼ（HMG-CoA reductase）の作用で NADPH で還元を受けメバロン酸となる。このメバロン酸は CO_2 1 分子を失って，イソペンテニルピロリン酸（活性イソプレン）となり，それが 6 分子結合するとスクアレンとなる。このスクアレンが折れ曲がって 4 個の環を形作り，ステロイド構造ができあがり，ラノステロール，7-デヒドロコレステロール（プロビタミン D_3）を経てコレステロールが合成される。HMG-CoA レダクターゼはコレステロール生合成の律速酵素で，最終産物であるコレステロールにより，フィードバック制御を受けコレステロール生合成が調節されている。HMG-CoA レダクターゼ阻害薬（フラバスタチンなど）が，高コレステロール血症の治療薬として臨床応用されている。

コレステロールは生合成のほかに，食物中のコレステロールも吸収・利用される。生合成および腸管での吸収ともに調節を受けており，通常は一定範囲に保たれている。一般に，食品由来のコレステロールは通常生体で合成される量の 10〜20 ％程度に過ぎない。ヒトの血漿総コレステロール濃度は 130〜220 mg/dl である。コレステロールの約 65〜80 ％は高級脂肪酸とのエステルとなっており，血漿中ではリポタンパク質に結合して輸送される。このコレステロールからさらにビタミン D，胆汁酸，男性

102

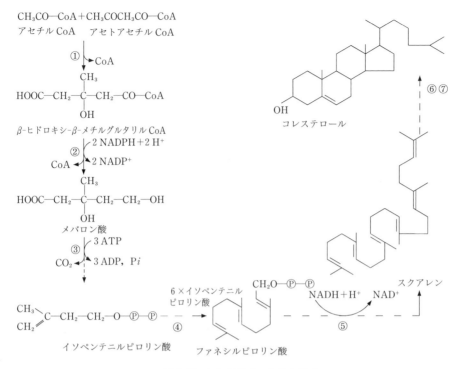

CH₃CO—CoA＋CH₃COCH₃CO—CoA
アセチル CoA　　アセトアセチル CoA

①→CoA

　CH₃
HOOC—CH₂—C—CH₂—CO—CoA
　OH

β-ヒドロキシ-β-メチルグルタリル CoA

② 2 NADPH＋2 H⁺
CoA　2 NADP⁺

　CH₃
HOOC—CH₂—C—CH₂—CH₂—OH
　OH
メバロン酸

③ 3 ATP
CO₂　3 ADP, Pi

CH₃
　C—CH₂—CH₂—O—Ⓟ—Ⓟ　－－
CH₂
④
イソペンテニルピロリン酸

6×イソペンテニル
ピロリン酸

CH₂O—Ⓟ—Ⓟ

ファネシルピロリン酸

NADH＋H⁺　NAD⁺
⑤

スクアレン

⑥⑦

OH
コレステロール

図5-29　コレステロールの生合成

①ヒドロキシメチルグルタリル CoA シンターゼ　②ヒドロキシメチルグルタリル CoA レダクターゼ
③メバロン酸キナーゼ他　④ゲラニルトランスフェラーゼ他　⑤スクアレンシンテターゼ他　⑥スクア
レンエポキシダーゼ　⑦オキシドスクアレンシクラーゼ他（閉環酵素）

ホルモン，女性ホルモン，副腎皮質ホルモンなどが誘導される（図5-30）。

　糖尿病，肥満，遺伝的要因などで起こる高コレステロール血症（173頁「リポタンパク質の代謝異常」の項参照）は，動脈硬化の誘因となる。

胆汁酸の代謝　胆汁酸（bile acid）は肝臓でコレステロールから合成される（図5-30）。肝臓で生成した一次胆汁酸（コール酸とケノデオキシコール酸）は，胆汁とともに腸管に排出されたのち，腸内微生物の作用で二次胆汁酸（デオキシコール酸，リトコール酸）になる。

　抱合した一次胆汁酸は回腸下部で能動輸送により，ほとんど完全に吸収される。吸収されなかったものは大腸において腸内細菌の酵素により抱合が解かれ，7位が脱水酸化を受ける。これらの二次胆汁酸の中で，デオキシコール酸は受動輸送で吸収され，腸肝循環に入る。循環が何度も繰り返される間に，1日当たり約0.5 gの胆汁酸が大便中に排泄される（図5-31）。

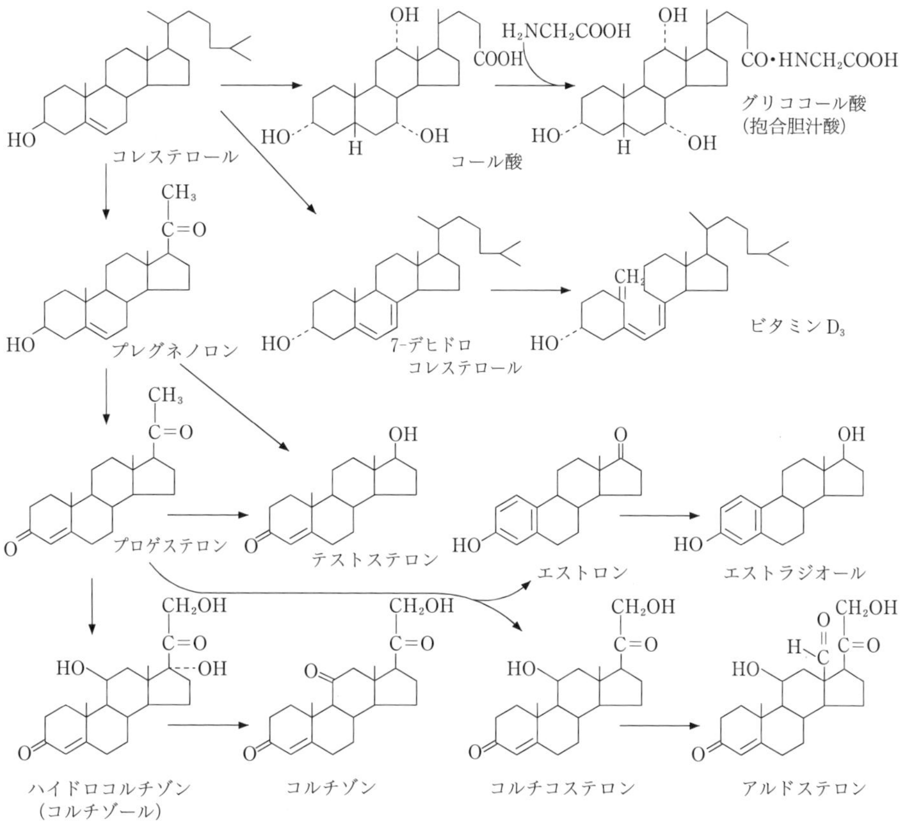

H₂NCH₂COOH
COOH

コレステロール

コール酸

$CO \cdot HNCH_2COOH$
グリココール酸
（抱合胆汁酸）

CH_3
$C=O$

プレグネノロン

7-デヒドロ
コレステロール

CH_2

ビタミンD_3

CH_3
$C=O$

プロゲステロン

テストステロン

エストロン

エストラジオール

CH_2OH
$C=O$
OH

CH_2OH
$C=O$

CH_2OH
$C=O$

CH_2OH
$C=O$

ハイドロコルチゾン
（コルチゾール）

コルチゾン

コルチコステロン

アルドステロン

図 5-30　コレステロールからの異化

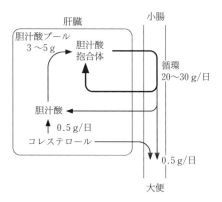

胆汁酸プール
$3 \sim 5\,g$

肝臓

小腸

胆汁酸
抱合体

循環
$20 \sim 30\,g/日$

胆汁酸

$0.5\,g/日$

コレステロール

$0.5\,g/日$

大便

図 5-31　胆汁酸の腸肝循環

キーワード

トリアシルグリセロール，リパーゼ，モノアシルグリセロール，リポタンパク質，キロミクロン，VLDL，LDL，HDL，リポタンパク質リパーゼ，カルニチン，アセチルCoA，アシルCoA，β-酸化，ケトン体，アセト酢酸，3-ヒドロキシ酪酸，アセトン，ケトン血症，ケトアシドーシス，マロニルCoA，脂肪酸合成酵素，アシルキャリアータンパク質，コレステロール，HMG-CoAレダクターゼ，ステロイドホルモン，胆汁酸

5-4　タンパク質・アミノ酸の代謝

　食物中のタンパク質は消化吸収され体タンパク質に合成される。それぞれの役目を終えてアミノ酸に分解された個々のアミノ酸が体タンパク質合成に再利用されたり，他のアミノ酸やアミノ酸以外の含窒素化合物に変身したり，完全に分解されエネルギーを産生する過程を学習する。

タンパク質の消化と吸収　タンパク質は，胃および小腸で消化を受けアミノ酸にまで加水分解されて吸収される。消化にかかわるタンパク質分解酵素(消化酵素；digestive enzyme)を表5-3にまとめた。ペプチドの内部の結合を切断する酵素をエンド型とよび，一方ペプチド鎖の末端よりアミノ酸1個ずつ遊離させるものをエキソ型という（図5-32）。

表5-3　消化にかかわるタンパク質分解酵素

酵素	存在	基質（作用形式）	主な切断部位
ペプシン	胃液	タンパク質（エンド型）	芳香族,酸性アミノ酸のN末端側
トリプシン	膵液	タンパク質（エンド型）	塩基性アミノ酸のC末端側
キモトリプシン	膵液	タンパク質（エンド型）	芳香族アミノ酸のC末端側
エラスターゼ	膵液	タンパク質（エンド型）	アミノ酸に対する特異性は低い
カルボキシペプチダーゼ	膵液	ポリペプチド（エキソ型）	アミノ酸に対する特異性は低い
アミノペプチダーゼ	腸粘膜	ポリペプチド（エキソ型）	アミノ酸に対する特異性は低い
ジペプチダーゼ	腸粘膜	ジペプチド	

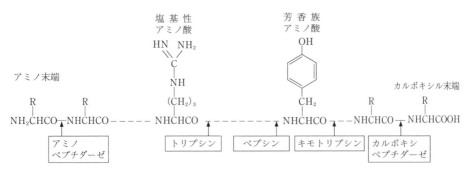

図5-32　タンパク質分解酵素の作用

　それぞれ作用点の異なるエンド型の酵素で分解されたタンパク質は短いペプチド鎖となる。カルボキシペプチダーゼはこれらのペプチドのカルボキシル基末端からアミノ酸を1個ずつ遊離させる。最終的に小腸粘膜上皮細胞の表面にあるアミノペプチダーゼやジペプチダーゼ作用により遊離アミノ酸になる。消化により生じた遊離アミノ酸は小腸粘膜上皮細胞に取り込まれ，さらに門脈を経て肝臓に運ばれる。アミノ酸の吸収は物理的拡散によるものでなく，能動的に吸収される。中性アミノ酸輸送担体，塩基性アミノ酸輸送担体，グリシンとイミノ酸輸送担体および酸性アミノ酸輸送担体が知られている。したがって，同じ担体によって輸送されるアミノ酸どうしの間で競合が起こり，吸収が抑えられることがある。

　タンパク質がアミノ酸までに分解されることなしに，ペプチドの状態でそのまま吸収されることがある。ことに新生児の小腸では起こりやすい。また特殊なタンパク質を食べて起こるアレルギー現象も，未消化のペプチドが吸収されて起こる場合がある。

身体全体としてのアミノ酸の出入り　体内のアミノ酸はタンパク質の消化・吸収により得られたものばかりでなく，体タンパク質の分解でも生成する。また非必須のアミノ酸（可欠アミノ酸ともいう）（なかでもアラニンとグルタミン酸が多い）は体内でも合成される。これらの遊離アミノ酸をアミノ酸代謝プールとよび，区別されることなく利用される（図5-33）。

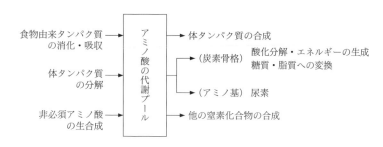

図5-33　身体全体のアミノ酸の出入り

アミノ酸の利用は主に次のように行われる。

a)　体タンパク質合成の原料となる。
　　（タンパク質の生合成については5-6　参照）

b)　脱アミノ反応を受けた炭素骨格は，酸化分解されてエネルギーとして利用されるか，糖質や脂質に変換される。アミノ基の方は尿素に変えられ，尿中に排泄される。

c)　タンパク質以外の含窒素化合物（ヌクレオチド，核酸，低分子生理活性物質など）の合成原料となる。

体タンパク質の動的平衡　生体内のタンパク質は分解される一方合成され常につくりかえられている。このような動的状態において，合成量と分解量が釣り合っている状態を動的平衡(dynamic equilibrium)とよぶ。この合成・分解速度，すなわち新旧タンパク質の交替する速度（回転率）は体タンパク質

の種類によって異なる。例えば血清や肝臓のタンパク質代謝回転は速いが筋肉タンパク質は遅い。ヒトの体タンパク質の代謝半減期（存在量の半分が更新される期間）は70〜80日，肝臓では約10日である。

窒素平衡（nitrogen balance）　動物が摂取する窒素化合物のほとんどはタンパク質である。排泄される窒素化合物はほとんどすべてがタンパク質に由来し，主に尿素の形で尿中に排泄される。常態では，成人の窒素排泄量は摂取した窒素量と等しく，いわゆる窒素平衡の状態にある。成長期，妊娠期，病気の回復期では体タンパク質が蓄積され，排泄される窒素の方が摂取した窒素量より少なくなる。この状態を正（＋）の窒素平衡という。逆に絶食，外傷，骨折，発熱，火傷，手術などで身体が消耗していく場合は，摂取した窒素の量より排出した窒素の量が増加する。この状態を負（−）の窒素平衡にあるという。

アミノ酸の代謝　アミノ酸の代謝はアミノ基部分の代謝と炭素骨格部分の代謝に大別することができる。

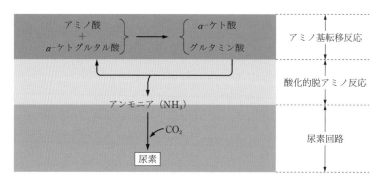

図5-34　肝臓におけるアミノ酸からの尿素の生成[34]

（1）アミノ基転移反応（transamination）

α-アミノ酸のアミノ基が，他のα-ケト酸に転移して，それぞれに対応するα-ケト酸とα-アミノ酸ができる反応である（図5-35）。この反応は，アミノ基転移酵素（アミノトランスフェラーゼ）が触媒する可逆反応で，補酵素としてピリドキサールリン酸（PLP）を必要とする。

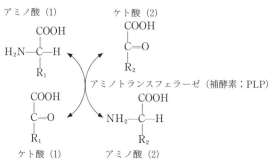

図5-35　アミノ基転移反応

　アミノ基転移反応は，多くの場合，グルタミン酸をアミノ基供与体，または α-ケトグルタル酸をアミノ基受容体として行われる。図5-36に示した①の反応は，アスパラギン酸のオキサロ酢酸への変換反応で，アスパラギン酸アミノトランスフェラーゼ(AST)［グルタミン酸―オキサロ酢酸トランスアミナーゼ(GOT)ともいう］が触媒する。②の反応は，アラニンをピルビン酸に変換する反応で，アラニンアミノトランスフェラーゼ(ALT)［グルタミン酸－ピルビン酸トランスアミナーゼ（GPT）ともいう］が触媒する。

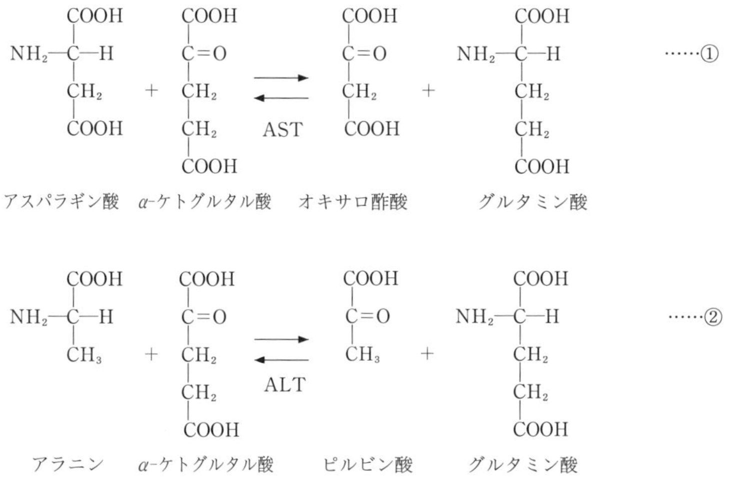

図5-36　アスパラギン酸およびアラニンアミノトランスフェラーゼ

　このように，グルタミン酸と α-ケトグルタル酸の系は，アミノ酸のアミノ基代謝の中心的な働きをしている。AST や ALT は組織障害（肝臓，心臓，筋肉などの障害）の指標となる逸脱酵素として，臨床検査によく用いられる（表8-3，付表1参照）。

(2)　酸化的脱アミノ反応(oxidative deamination)

　さまざまなアミノ酸からアミノ基を受け取ったグルタミン酸は，ミトコンドリアの内膜を通過して酸化的脱アミノ反応を受ける（図5-37）。この反応はグルタミン酸脱水素酵素によって触媒され，補酵素として NAD（または NADP）を必要とする可逆反応である。この反応でグルタミン酸はアンモニアと α-ケトグルタル酸になる。アンモニアは生体にきわめて有害であるため，次に述べる尿素回路で解毒される。α-

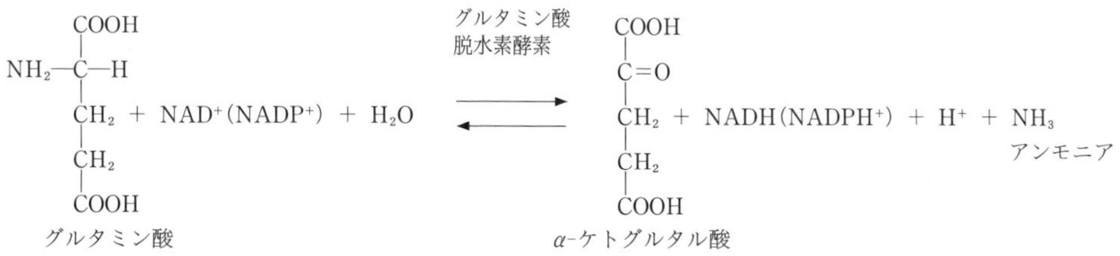

図5-37　グルタミン酸の酸化的脱アミノ反応

108

ケトグルタル酸は再びアミノ基転移反応などに使われる。

(3) アミノ酸脱炭酸反応(amino acid decarboxylation)

アミノ酸すべてに共通の反応ではないが，アミノ酸のカルボキシル基がCO_2として脱炭酸される反応がある（図5-38）。ピリドキサールリン酸(PLP)を補酵素とする基質特異的脱炭酸酵素により触媒され，アミンを生じる。アミンの多くは強い薬理作用を持ち，ホルモンの前駆体となったり，生理活性物質となる(生理活性アミン)。例えば，チロシンからカテコールアミン(ドーパミン，ノルアドレナリン，アドレナリン)，ヒスチジンからヒスタミン，グルタミン酸からγ-アミノ酪酸(GABA)が生成する。

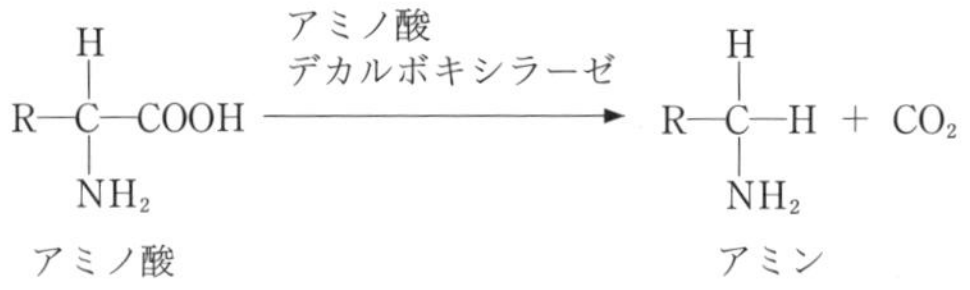

$$
\begin{array}{ccc}
\overset{\displaystyle H}{\underset{\displaystyle NH_2}{R-C-COOH}} & \xrightarrow{\text{アミノ酸}\atop\text{デカルボキシラーゼ}} & \overset{\displaystyle H}{\underset{\displaystyle NH_2}{R-C-H}} + CO_2
\end{array}
$$

アミノ酸　　　　　　　　　　　　　　　　　アミン

図5-38　アミノ酸の脱炭酸反応

(4) 尿素の合成

尿素の合成経路は尿素回路(urea cycle) またはオルニチン回路(ornithine cycle)と

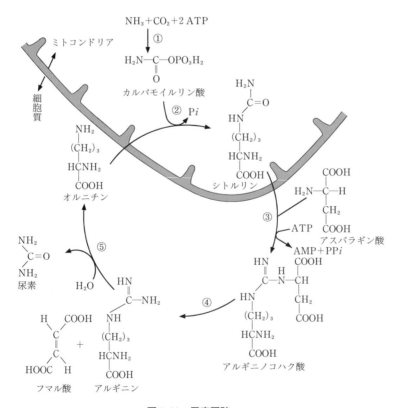

図5-39　尿素回路

①カルバモイルリン酸シンテターゼ　②オルニチントランスカルバモイラーゼ
③アルギノコハク酸シンテターゼ　④アルギノスクシナーゼ　⑤アルギナーゼ

　よばれ，エネルギーを消費して，図 5-39 の経路のように，二酸化炭素(CO_2)，アンモニア(NH_3)およびアスパラギン酸のアミノ基(-NH_2)とから尿素を生成する。

　この尿素の生成は主に肝臓で行われる。この反応の開始では，2 分子の ATP を消費して，アンモニアが二酸化炭素と反応し，カルバモイルリン酸を生成する。次にカルバモイルリン酸がオルニチンと反応してシトルリンになる。これらの反応はミトコンドリア内で起こる。シトルリンはミトコンドリアから細胞質へ移行して，アスパラギン酸のアミノ基と結合する。この反応でも 2 分子の ATP が消費される。生じたアルギニコハク酸はアルギニンとフマール酸に分解される。アルギニンは尿素とオルニチンに加水分解される。再生されたオルニチンは再びカルバモイルリン酸と結合して尿素サイクルに合流する。生成した尿素は血中に出て，腎臓から尿中に排泄される。

─── アンモニアの処理ができない ───

　重症の肝炎や肝硬変症では，肝臓でのアンモニアの処理が十分行われず，血液中のアンモニア濃度が上昇し（高アンモニア血症），意識障害（肝性昏睡）をきたす。

(5)　アミノ酸の炭素骨格の代謝

　アミノ酸から α-アミノ基の離脱によって生じた炭素骨格部分は，解糖系あるいは直接クエン酸回路に入り，酸化分解されてエネルギーを生成するか，糖質や脂質に変換される。アミノ酸は炭素骨格部分の代謝のされ方により，糖原性のアミノ酸とケト

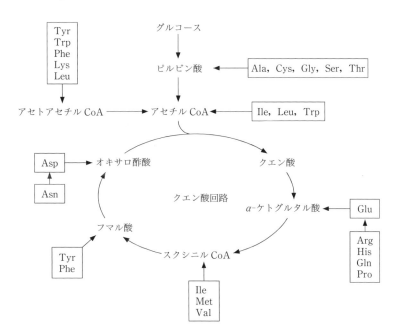

図 5-40　アミノ酸の炭素骨格の代謝
（おもな代謝中間体のみを記した）

110

原性のアミノ酸に分けられる（図5-40）。

　糖原性のアミノ酸の炭素骨格は，解糖系の中間代謝産物であるピルビン酸，あるいはクエン酸回路の中間体であるオキサロ酢酸，スクシニル CoA，α-ケトグルタル酸となり，酸化分解されて ATP 産生にかかわる。またこれらの物質から糖新生経路によりグルコースに合成される。糖原性という言葉はこれに由来する。ケト原性アミノ酸の炭素骨格はアセチル CoA やアセト酢酸を経て脂肪酸やステロイドの合成素材となる。あるいは生じたアセチル CoA はオキサロ酢酸と縮合してクエン酸回路に入り，酸化分解されて ATP 生成にかかわる。例えば，フェニルアラニンやロイシンなどはピルビン酸を経由せず直接アセチル CoA になる。純粋にケトン体のみを生じるアミノ酸はロイシンである。イソロイシン，リジン，フェニルアラニン，トリプトファン，チロシンはケト原性であると同時に糖原性でもある。

（6）　非必須アミノ酸の生合成

　アミノ酸のうち，可欠アミノ酸は体内で合成される，すなわち糖質や脂質の代謝中間産物である α-ケト酸にグルタミン酸のアミノ基が主に転移されて，個々のアミノ酸となる。（図5-41）。

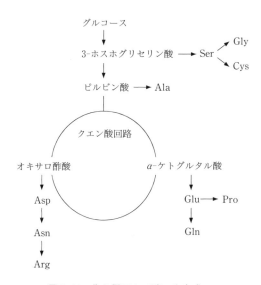

図5-41　非必須アミノ酸の生合成

| アミノ酸の代謝と合成される生理活性物質 |

　代謝産物が生理活性物質として重要な働きをするチロシンの代謝とメチオニンからのシステイン生成について，代謝の要点を説明する。

（1）　チロシンの生成と分解

　チロシンは，フェニルアラニンをテトラヒドロビオプテリンを補酵素とするフェニルアラニンモノオキシゲナーゼの作用で水酸化して生成される。

　チロシンは，アミノ基転移，脱炭酸を経てホモゲンチジン酸となり，開環後アセト酢酸を経てアセチル CoA に代謝される。

(2)　チロシンから生理活性物質の生成

　チロシンは水酸化〔酵素チロシンヒドロキシラーゼ；補酵素テトラヒドロビオプテリン〕を受け，ジヒドロキシフェニルアラニン（DOPA）となり，脱炭酸〔酵素ドーパデカルボキシラーゼ；補酵素 PLP〕によりドーパミン（dopamine），さらに水酸化〔酵素ドーパミンオキシダーゼ；補因子 Cu^{2+}，ビタミン C〕を受けノルアドレナリン（ノルエピネフリン）となり，さらにアデノシルメチオニンのメチル基を受け取り〔酵素フェニルエタノールアミン N-メチルトランスフェラーゼ〕，アドレナリン（エピネフリン）となる。ドーパミン，ノルアドレナリン（noradrenaline），アドレナリン（adrenaline）の3つをカテコールアミン（catecholamine）という。メラニンは DOPA からチロシナーゼなどの作用を受けて生成される。

　甲状腺ホルモン（チロキシン，トリヨードチロニン）はヨード化チロシン残基をもつチログロブリンから生成される。

━━━━━━━ カテコールアミンの生理作用と受容体 ━━━━━━━

ドーパミンの生理作用：神経伝達物質（neurotransmitter），ノルアドレナリン，アドレナリンの前駆物質，不足するとパーキンソン病（Parkinson's disease）となる。

ノルアドレナリンの生理作用：交感神経伝達物質，細動脈を収縮させ血圧を上げる。

アドレナリンの生理作用：副腎髄質でノルアドレナリンから合成される神経伝達物質。グリコーゲン分解を促進し，血糖を上げる。酸素消費を増加させ，発熱量を増加させる。脂肪の分解を促進する。心拍数，拍出量共に増加させ血圧を上げる。

カテコールアミン受容体：カテコールアミン受容体はサブクラスを含め4種（α_1，α_2，β_1，β_2）ある。

α_1に結合するとグリコーゲンの分解を促進，平滑筋（血管）の収縮。

α_2に　〃　平滑筋（胃，腸，血管支持組織）を弛緩し，脂肪分解，血小板凝集，インスリン分泌阻害

β_1に　〃　脂肪分解，心筋収縮促進

β_2に　〃　肝臓における糖新生増加，グリコーゲン分解促進，膵臓ホルモン分泌促進，平滑筋（気管支，血管，胃，腸）の弛緩

---

(3)　メチオニンの代謝とシステイン生成

　メチオニンはアデノシルメチオニンシンテターゼの作用でアデノシンと結合し，S-アデノシルメチオニン（活性メチオニン：硫黄原子は sulfonium ion）となり，種々の反応でメチル基供与体として働き，多くの生理活性物質（コリン，アドレナリン，クレアチンなど）の生成に関与する。

　S-アデノシルメチオニンは，メチル基を転移してアデノシルホモシステインとなり，アデノシルホモシステインはアデノシンを切り離しホモシステインとなり，シスタチオニン−シンターゼによりセリンと結合しシスタチオニンを生成する。シスタチ

112

オニンはシスタチオニンリアーゼによりシステインと α-ケト酸になる。

アミノ酸から含窒素化合物の合成　アミノ酸を原料として多くの生理的に重要な化合物が生合成される。表 5-4 にそれらの化合物をまとめた。

アミノ酸由来生理活性物質

セロトニン：5-ヒドロキシトリプトファンの脱炭酸したもの。血管，平滑筋の収縮作用がある。

カルノシン（carnosine）：ミオシン ATPase の活性化を促進する β-アラニルヒスチジンのことでカルノシンシンテターゼによって触媒され，ATP を要求する反応で，β-アラニンとヒスチジンから合成される。骨格筋にあり心筋にはない。

ヒスタミン（histamine）：血管収縮作用を持つ物質で，ヒスチジンがヒスチジンデカルボキシラーゼの作用で脱炭酸されたもの。

クレアチン（creatine）の合成：腎臓において尿素回路で生成したアルギニンとグリシンからグリシンアミジノトランスフェラーゼの作用によりグリコシアミン（グアニジノ酢酸）が合成され，肝臓で活性メチオニンからメチル基を受け取りクレアチンとなる。尿中にはクレアチンの排泄形態であるクレアチニン（creatinine）が存在している。クレアチニンの生成量は筋肉量に対応し一定であるので，その尿中排泄量は腎機能検査（腎糸球体の濾過速度検査）に重要である。

クレアチンの生理活性：筋肉，脳，血液中に存在し，筋肉中ではエネルギー貯蔵体としてクレアチンリン酸（creatinephosphate）の形で存在する。筋肉運動に必要なエネルギー（ATP）は次の反応で得ている。

クレアチンリン酸 + ADP ⇌ ATP + クレアチン

表 5-4　アミノ酸から誘導される窒素化合物

アミノ酸	窒素化合物	アミノ酸	窒素化合物
グリシン	ポルフィリン，プリン	グルタミン酸	γ-アミノ酪酸，葉酸
セリン	コリン	グルタミン	プリン，ピリミジン
トリプトファン	ニコチン酸，セロトニン，メラトニン	ヒスチジン	ヒスタミン
チロシン	エピネフリン，サイロキシン，メラニン	アルギニン	ポリアミン
アスパラギン酸	プリン，ピリミジン		

ヘモグロビンやチトクロームの構成要素であるポルフィリンの前駆物質 δ-アミノレブリン酸は，グリシンとスクシニル CoA から作られる（図 5-42）。

ヌクレオチドのプリン塩基は核酸代謝（5-5 参照）でも述べるようにグリシン，アスパラギン酸，グルタミンの炭素や窒素を用いて作られる。

アミノ酸代謝異常　これまで述べたアミノ酸の代謝反応はすべて酵素によって行われている。したがってある酵素の活性が弱かったり，先天的に欠如している場合には，特定のアミノ酸の代謝が円滑に行われず，病気になること

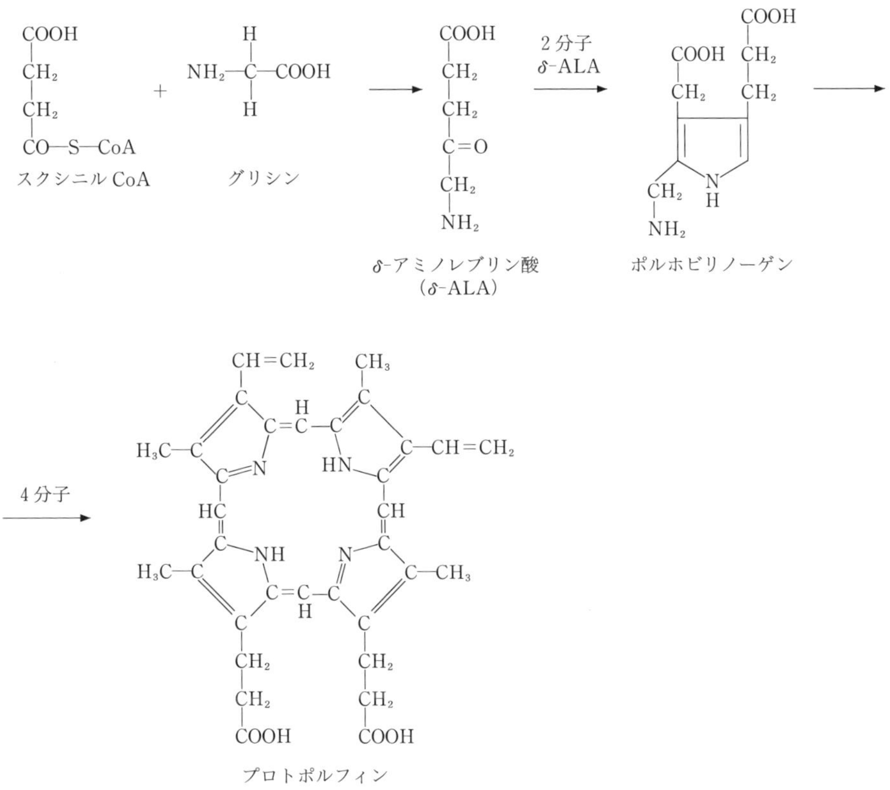

図 5-42　ポルフィリンの合成

がある（アミノ酸代謝異常症）。代謝異常症では尿中に排泄されるアミノ酸中間代謝産物が増加し，多くの場合精神・神経発達障害によって精神・神経症状を示す。代表的なものにフェニルケトン尿症，メープルシロップ尿症，ホモシスチン尿症などがある。これらの疾患は，新生児マススクリーニングの対象であり，新生児のほぼ全員が検査を受けている。

─── アミノ酸代謝異常症を示す分子病の例 ───

アルカプトン尿症（alcaptonuria）：チロシンの代謝でできるホモゲンチジン酸を分解する酵素ホモゲンチジン酸オキシダーゼの常染色体劣性遺伝による欠損でホモゲンチジン酸が体内に蓄積する。尿中のホモゲンチジン酸は空気に触れると黒変する。結合織に溜まったものは黒い色素となって沈着する（オクロノーシス）。

シスタチオニン尿症（cystathioninuria）：シスタチオナーゼの先天性異常症

ホモシスチン尿症（homocystinuria）：シスタチオニンシンターゼの先天性異常症

メープルシロップ尿症（maple syrup urine disease）：分岐アミノ酸由来の α-ケト酸を脱炭酸する分岐ケト酸デヒドロゲナーゼの先天性異常症

114

キーワード

消化酵素， 動的平衡， 窒素平衡，アミノ基転移反応，酸化的脱アミノ反応，アミノ酸
脱炭酸反応，尿素回路，クレアチン合成，生理活性アミン，活性メチオニン，チロシン
代謝，カテコールアミン，アミノ酸の代謝異常

5-5　核酸の代謝

ヌクレオチドの生合成　ヌクレオチドの成分であるリボースは，糖質代謝経路の
一つであるペントースリン酸回路（図5-11参照）で生成
されるリボース5-リン酸に由来する。ヌクレオチドの生合成過程では，リボース5-
リン酸とATPが反応してできるホスホリボシルピロリン酸（phosphoribosyl
pyriphosphate，PRPP）が出発材料となる（図5-43）。

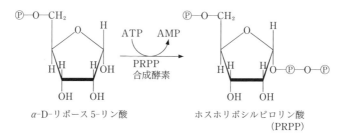

図5-43　ホスホリボシルピロリン酸の合成

　プリンヌクレオチドの合成では，図5-44に示すようにPRPPにアミノ酸などから
種々の基が順々に転移・変換され，その結果最初のプリンヌクレオチドとしてイノシ
ン一リン酸（IMP）を生じる。IMPからAMPおよびGMPが合成される。さらに
これらがATPとキナーゼにより可逆的にリン酸化され，ADP，GDPを経て，最終
的にATPおよびGTPが作られる（図5-45）。
　ピリミジンヌクレオチドの合成では，まずカルバモイルリン酸（CO_2とグルタミン
とATPから生じる）とアスパラギン酸が結合し，閉環・脱水素された後，オロチン
酸（orotic acid）となる（図5-46）。オロチン酸はPRPPと結合し，次いで脱炭酸さ
れウリジル酸（UMP）が生成する。これからさらに変換されて，UTPおよびCTP
ができる。
　DNA合成の基質であるデオキシリボヌクレオチドはADP，GDP，CDPおよび
UDPのリボースが還元されて生じたdADP，dGDP，dCDP，dUDPを元にして作
られる。
　プリン，ピリミジンヌクレオチドの合成過程でいくつかの反応は，水溶性ビタミン
である葉酸の誘導体（テトラヒドロ葉酸：tetrahydrofolate，THF）を必要とする。

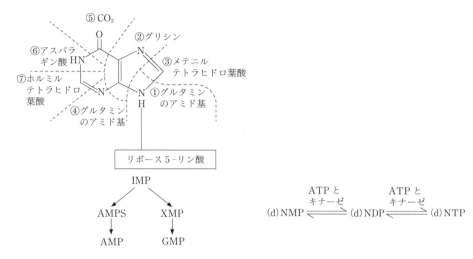

図5-44　プリンヌクレオチドの合成

図5-45　ヌクレオチドのリン酸化
N が A,G,U,C または T でも同じように可逆的にリン酸化される。

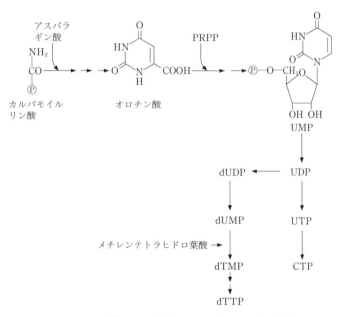

図5-46　ピリミジンヌクレオチドの合成

DNA の複製　細胞が分裂・増殖するためには，遺伝情報を担う DNA が正しく2倍にならなければならない。このような遺伝情報倍加のための DNA 合成を DNA 複製という（図5-47）。DNA の複製において，遺伝情報を子孫に正しく伝えるためには，親の DNA と全く同じものが正確に合成される必要がある。もし複製が正確になされなかったら，子孫は死ぬか突然変異を起こす。DNA 複製はその塩基相補性に基づいてなされる。すなわち DNA は通常2本のポリヌクレオチド鎖が逆向きに並んだ二重らせん構造をとり，互いの鎖の間で A-T，G-C の組み合わ

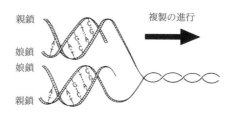

親鎖

娘鎖
娘鎖

親鎖

複製の進行

図 5-47　DNA の半保存的複製

せで水素結合を形成している（2-48 参照）。DNA 複製でまず相補的塩基対を持つ 2 本の鎖が離れ，次におのおの元の鎖と相補的な塩基対ができるように新しい鎖が作られる（半保存的複製，semiconservative replication）。したがって元の鎖は鋳型とよばれる。その結果，元の DNA 分子と正確に同じ DNA が 2 つできる。この合成反応はデオキシリボヌクレオシド三リン酸を基質として，DNA ポリメラーゼ（DNA polymerase）という酵素により触媒される（原核生物，真核生物ともに複数種の DNA ポリメラーゼが存在するが，複製に関わる主な酵素は大腸菌では DNA ポリメラーゼⅢで，真核生物では DNA ポリメラーゼ α や δ，ε である）。DNA ポリメラーゼは 5′→3′方向にしか DNA 合成できないので，一方の鎖は連続的に，他方の鎖は不連続的に合成される（図 5-48）。連続的に合成される鎖をリーディング鎖（leading strand），不連続に合成される鎖をラギング鎖（lagging strand）とよぶ。また，ラギング鎖合成で生じる短い DNA 断片を岡崎断片（Okazaki fragment）とよび，原核生物では 1000～2000 ヌクレオチド，真核生物では約 200 ヌクレオチドの長さをもつ。岡崎断片の合成開始にはプライマーゼによって作られる短い RNA 分子がプライマーとして使われる。岡崎断片の合成が先につくられた岡崎断片の RNA プライマーにまで到達すると，酵素的にその RNA プライマーが除かれる。その後，断片的に合成された DNA 鎖間のギャップが DNA ポリメラーゼ δ の働きで埋められたのち，DNA リガーゼにより連結され連続的 DNA となる。

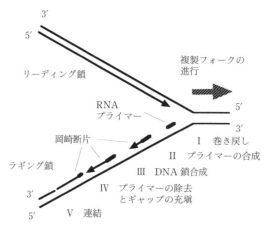

図 5-48　ラギング鎖における DNA の不連続合成の過程

核酸の分解　RNA はリボヌクレアーゼ（RNase）で DNA はデオキシリボヌクレアーゼ（DNase）などにより加水分解され，ヌクレオチドを生じる。生じたヌクレオチドは次に述べるように分解されるか，再利用される。

ヌクレオチドの分解　プリンヌクレオチドはプリンヌクレオシド，プリン塩基を経て肝臓で尿酸（uric acid，図 5-49）に代謝されたのち，腎臓から尿中に排泄される。尿酸はもとより尿酸塩も溶解度が低く，血中濃度が増加すると尿酸塩の結晶が関節や組織に沈着し，痛風（gout）の原因となる。ピリミジンヌクレオチドは CO_2，NH_3 や水溶性の代謝産物に分解され排泄される。

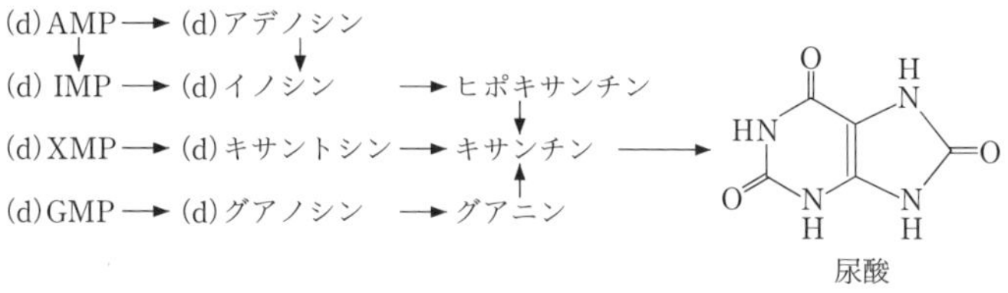

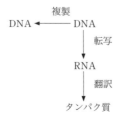

(d)AMP ⟶ (d)アデノシン

(d)IMP ⟶ (d)イノシン ⟶ ヒポキサンチン

(d)XMP ⟶ (d)キサントシン ⟶ キサンチン ⟶

(d)GMP ⟶ (d)グアノシン ⟶ グアニン

尿酸

図 5-49　ヌクレオチドの分解

キーワード

ホスホリボシルピロリン酸，テトラヒドロ葉酸，オロチン酸，尿酸，痛風，DNA ポリメラーゼ，リーディング鎖，ラギング鎖，岡崎断片，プライマー

5-6　遺伝子発現の調節

遺伝情報の流れ　メンデルの法則に示されているように，ある生物またはある個体の持つ遺伝的な形質は，遺伝子を介して親から子孫に伝えられる。遺伝子の化学的実体は 2-4 で述べたように DNA である。すなわち，すべての遺伝情報は親から受け継いだ DNA 分子上にある。

大腸菌などの単細胞生物では，親細胞の DNA と全く同一の DNA が合成され，2つの娘細胞にわたされる。ヒトなどの動物では，両親からの DNA を持つ 1 個の受精卵から，細胞分裂を繰り返して約 37 兆個もの細胞（体細胞と生殖細胞）からなる成体が作られるが，細胞分裂のたびに基本的には受精卵と同一の DNA が合成され，2つの娘細胞にわたされる。この現象を DNA の複製という（5-5 参照）（図 5-50）。

複製
DNA ⟵ DNA
　　　　↓ 転写
　　　 RNA
　　　　↓ 翻訳
　　 タンパク質

図 5-50　遺伝情報の流れ

　DNA 上にある遺伝情報は RNA を介してタンパク質の形で発現される。まず DNA 上の情報がメッセンジャー（伝令）RNA（mRNA）に写し取られ（転写），次いでその情報を元にタンパク質が作られる（翻訳）。後で詳しく述べるが，DNA 上のヌクレオチドの配列に遺伝情報が書き込まれており，その情報はタンパク質（例えば酵素）のアミノ酸配列を規定している。他の生体物質である糖質や脂質は酵素の働きにより作られ，遺伝子上に直接の情報はないが，酵素は遺伝子の情報に基づいて作られる。この DNA → RNA →タンパク質という遺伝情報の流れは，一部の例外を除いて普遍的なものであり，セントラルドグマ（central dogma）とよばれている。

RNA とタンパク質の生合成

DNA 分子上の情報がタンパク質分子のアミノ酸配列へ変換される過程を，いくつかに分けて述べる。

(1) 転　写

　DNA の遺伝情報は，RNA ポリメラーゼ（哺乳類の場合は RNA ポリメラーゼ II）によっていったん mRNA に写し取られる。転写の起こる DNA 領域のどちらか一方の鎖が鋳型となり，リボヌクレオシド三リン酸を基質として塩基相補性の原理で mRNA の前駆体が合成される（図 5-51）。このとき DNA 上のアデニン(A)に対して，RNA ではチミン(T)の代りにウラシル(U)が塩基対を作る。タンパク質をコードしている遺伝子の上流には転写プロモーター(transcriptional promoter)とよばれる塩基配列があり，これを目印として RNA ポリメラーゼが鋳型 DNA に結合し，転写を開始する（図 5-52）。転写プロモーター配列は，後述する遺伝子発現の調節に関与し，発生や分化においてその遺伝子を"いつ""どこで"発現させるかを決める因子のひとつである。RNA の合成は 5′→ 3′方向に起こる。タンパク質をコードしてい

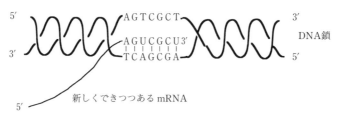

図 5-51　RNA への転写過程

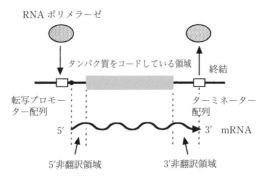

図 5-52　RNA の転写の過程

る領域が転写された後，ターミネーター（terminator）とよばれる配列により RNA ポリメラーゼが鋳型 DNA から離れ，転写が終結する。これらの過程は，ヒトなどの真核生物では細胞の核内で行われる（図 5-53）。合成された mRNA は後述するような修飾を受けて成熟し，核から細胞質へ出て，タンパク質合成の情報を伝える。原核生物には核膜がないので，転写された mRNA はすぐにタンパク質に翻訳される。

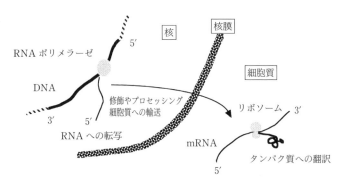

図 5-53　真核生物で転写と翻訳が起こる場所

　DNA の塩基配列のすべてがタンパク質のアミノ酸配列の情報を持っているわけではない。例えばヒトではほんの数％が転写・翻訳されるに過ぎない。また多くの遺伝子は成熟した mRNA になる部分とならない部分を含んでいる。成熟した mRNA になる部分をエキソン（exon），ならない部分をイントロン（intron）とよんでいる（図 5-54）。転写された直後の mRNA の前駆体にはまだイントロンが含まれている。

　mRNA の前駆体はいくつかの過程を経て成熟した mRNA になる（図 5-54）。まず 5′末端に 7-メチルグアノシンが付加され（キャップ構造，mRNA のリボソームへの結合に関与），3′末端にはポリアデニル酸（ポリ（A））が付加される。つづいてスプライシング（splicing）とよばれる現象でイントロンが除去され，エキソンがつなぎ

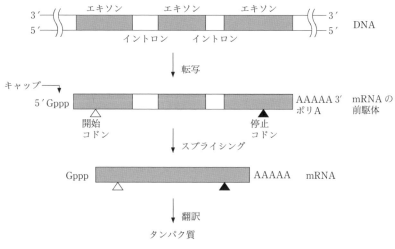

図 5-54　mRNA の生成過程

合わされる。スプライシングは RNA によって触媒される。

（2）　翻　　訳

　DNA 上の遺伝情報を写し取った mRNA から，どのようにしてタンパク質のアミノ酸配列が決められるのであろうか。この遺伝暗号は，mRNA 上の塩基 3 つの並び（コドン，codon）が 1 個のアミノ酸に対応していることの実証により，解読された。表 5-5 に実際の塩基の組み合わせと対応するアミノ酸（遺伝暗号表）を示した。この表はごく一部の例外を除いてあらゆる生物に共通のものである。

表 5-5　遺伝の暗号表

第1塩基＼第2塩基	U	C	A	G	第3塩基
U	UUU UUC } Phe UUA UUG } Leu	UCU UCC UCA UCG } Ser	UAU UAC } Tyr UAA 終止 UAG 終止	UGU UGC } Cys UGA 終止 UGG Trp	U C A G
C	CUU CUC CUA CUG } Leu	CCU CCC CCA CCG } Pro	CAU CAC } His CAA CAG } Gln	CGU CGC CGA CGG } Arg	U C A G
A	AUU AUC AUA } Ile AUG Met	ACU ACC ACA ACG } Thr	AAU AAC } Asn AAA AAG } Lys	AGU AGC } Ser AGA AGG } Arg	U C A G
G	GUU GUC GUA GUG } Val	GCU GCC GCA GCG } Ala	GAU GAC } Asp GAA GAG } Glu	GGU GGC GGA GGG } Gly	U C A G

AUG は開始コドンでもある。

　翻訳に際して，mRNA のコドンに対応するアミノ酸を運んでくる分子がトランスファー（転移）RNA（tRNA）である。細胞内には終止コドンを除くすべてのコドンに対応する tRNA が存在し，それぞれのアミノ酸と結合する。tRNA 分子は図 5-55 に示すようなクローバー状の形をしている。その一つのループは mRNA 上のコドンと相補的な塩基対をつくることができるアンチコドンとよばれる塩基配列を持つ。また，3′ 末端はアンチコドンに対応したアミノ酸と共有結合することができる。アミノ酸の結合した tRNA（アミノアシル tRNA）はアミノアシル tRNA シンテターゼという酵素により，ATP のエネルギーを使って合成される。各アミノ酸と tRNA は非常に特異的に反応し，それぞれのコドンに対応したアミノアシル tRNA が作られる。

　実際にタンパク質の合成を行っているところは，リボソームという細胞内小器官である。リボソームはリボソーム RNA（rRNA）60 ％，タンパク質 40 ％からできている粒子である（図 5-56）。真核生物のリボソームは 80 S の大きさをもち，60 S と 40 S のサブユニットからできている。mRNA は 40 S リボソームと結合する。リボソームにはまた tRNA と結合する部位が 2 か所ある。一つは伸長しているペプチド

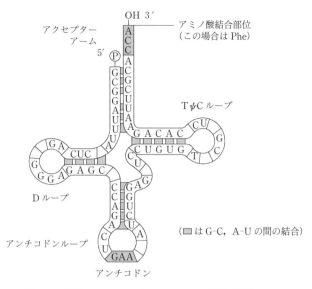

図 5-55　酵母フェニルアラニン tRNA の構造[14] 改変

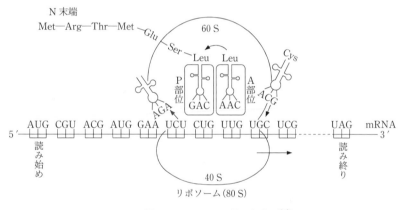

図 5-56　タンパク質の合成[1] 改変

　鎖の末端の tRNA と結合する部位（P 部位），もう一つは次のアミノ酸を持つ tRNA と結合する部位（A 部位）である。mRNA の翻訳はコドン AUG，すなわちメチオニンに対応するコドンから開始される。つづいて mRNA の 5′→3′ 方向に向かってコドンの翻訳がなされ，ペプチド鎖はアミノ基末端からカルボキシル基末端へと伸長して行く。mRNA 上の終止コドン（UAA，UAG，または UGA）のところでペプチド鎖合成は終り，ペプチド鎖が tRNA から切り離される。

　合成されたタンパク質は，特有の立体構造をとり，ある場合は修飾を受け，細胞内外の様々な場所に輸送され，生理機能を発揮する。

　医療に用いられるテトラサイクリン，クロラムフェニコール，エリスロマイシンなどの抗生物質は，タンパク質合成のいろんな過程を阻害して細菌などの生育を阻止する。

遺伝情報発現の調節　　遺伝子の発現は，高等生物においては，その発生や分化の過程で大きく変わる。また細胞内外の環境変化に応じて，絶えず遺伝子発現が調節されている。DNA 上の塩基配列は，タンパク質のアミノ酸配列をコードしているのみではなく，遺伝子の発現の制御に関する情報も含んでいる。タンパク質をコードしている遺伝子を構造遺伝子，発現を調節する機能をもつ遺伝子を調節遺伝子とよぶ。

　遺伝子発現の調節機構の一例を，詳しく解明されている大腸菌のラクトースオペロン（lactose operon）を用いて説明する（図 5-57）。大腸菌はまわりの栄養源によって，代謝酵素の誘導や抑制を行う。例えば，乳糖を炭素源として加えると，乳糖を分解する酵素，β-ガラクトシダーゼ（β-galactosidase）が誘導的に合成される。この酵素の合成はグルコースを加えたときには抑制される（カタボライト抑制）。ラクトースオペロン（乳糖の分解に関与した一つながりの遺伝子群，転写単位）は図 5-57 に示すような遺伝子群を持つ。構造遺伝子として β-ガラクトシダーゼなど，乳糖の代謝に関連した 3 つの酵素の遺伝子（z, y, a）がある。その上流にはオペレーター（o）とプロモーター（p）とよばれる調節遺伝子がある。オペレーターには調節タンパク質であるリプレッサーがその塩基配列を認識して結合する。プロモーターには RNA ポリメラーゼが結合し，オペロンの転写を行う。さらに上流にはリプレッサーの構造

A）乳糖がないとき（抑制状態）

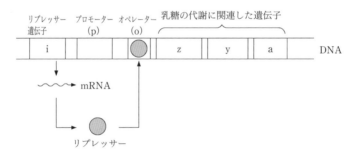

B）乳糖があるとき（抑制の解除）

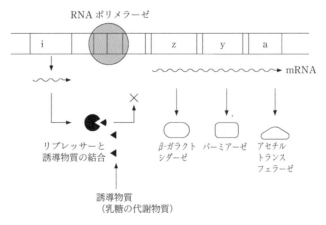

図 5-57　ラクトースオペロンの遺伝子発現調節

遺伝子（i）がある。培地に乳糖が存在しないとき，リプレッサーはオペレーターに結合し，RNAポリメラーゼのプロモーターへの結合が妨げられる。ところが乳糖が栄養源として存在すると，その代謝誘導物質がリプレッサーと結合し，リプレッサーを不活化する。リプレッサーがオペレーターから離れると，RNAポリメラーゼがプロモーターに結合し，オペロンの転写が開始され，下流にある構造遺伝子のタンパク質が合成される。

　高等生物ではさらに複雑な調節機構が存在するが，現在急速に解明されつつある。

遺伝子と病気

DNAの塩基配列は物理的，化学的，生物学的要因で変化することがある。塩基の置換，挿入，欠失などの変化を突然変異（mutation）という。遺伝子内に突然変異が起こると，その遺伝子がコードするタンパク質が変化する場合がある（図5-58）。1種類のアミノ酸が複数のコドンでコードされている場合があるため，塩基が置換してもコードするアミノ酸に変化を生じない場合がある（静的変異）。塩基の置換によってコードするアミノ酸が変化する場合をミスセンス変異，終止コドンに変化する場合をナンセンス変異とよぶ。これらの変化ではタンパク質のアミノ酸配列や構造に変化が起き，タンパク質の生理機能の喪失や低下をまねく。塩基の挿入，欠失ではコドンの読み枠の変化（フレームシフト変異）が起き，正規のタンパク質の合成ができなくなる。もし，変異が致死的でなければ，変異した遺伝子情報が次の世代にも伝わっていく。

		1	4	7	10	13	16	18
正常	5'-	ATG	GGA	GCT	CTA	TTA	ACC	TGA -3
		Met	Gly	Ala	Leu	Leu	Thr	終止
静的変異		ATG	GGA	GCT	CTA	TT**G**	ACC	TGA
		Met	Gly	Ala	Leu	**Leu**	Thr	終止
ミスセンス変異		ATG	**A**GA	GCT	CTA	TTA	ACC	TGA
		Met	**Arg**	Ala	Leu	Leu	Thr	終止
ナンセンス変異		ATG	GGA	GCT	CTA	**T**GA	ACC	TGA
		Met	Gly	Ala	Leu	終止		
フレームシフト変異		ATG	GG**G**	AGC	TCT	ATT	AAC	CTG A
		Met	Gly	**Ser**	**Ser**	**Ile**	**Asn**	**Leu**

図5-58　塩基の置換や挿入・欠失により起こる突然変異

　ヒトのような高等動物においても，DNA上の塩基配列の変化が生殖細胞に起きている場合，子孫にその異常が伝わる。遺伝子の変化により病気が起こる場合があり，これらは遺伝子病とよばれている。表5-6にヒトの代表的な遺伝子病をまとめた。異常ヘモグロビン症のひとつに鎌状赤血球貧血がある。図5-59に示すように，この病気のヒトのヘモグロビンのβ-サブユニットの6番目のアミノ酸は，正常ではグルタミン酸であるが，バリンに変化している。そのため酸素との結合能が低くなり，貧血を呈する。遺伝子の変化をみるとわずか1塩基が変化しているにすぎない。後述するように，現在，遺伝子の研究が進んだので，これらの遺伝子病が胎児の段階で検査できるようになった。

表 5-6　ヒトの代表的な遺伝子病の例

血液疾患	サラセミア，異常ヘモグロビン症，血友病 A，アデノシンデアミナーゼ欠損症
神経疾患	家族性アミロイドニューロパチー，デュシェンヌ型筋ジストロフィー，家族性アルツハイマー病，ゴーシェ病，ミトコンドリア筋脳症
代謝性疾患	フェニルケトン尿症，シトルリン血症，レッシュ-ナイハン症候群，先天性副腎過形成症，家族性高コレステロール血症
DNA 修復欠損	色素性乾皮症，コケイン症候群，ウェルナー症候群
その他の遺伝子疾患	嚢胞性線維腫，がん遺伝子（ras, myc など）異常，がん抑制遺伝子（Rb, p 53 など）異常

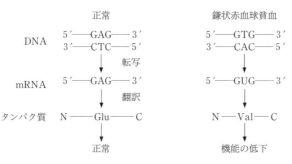

図 5-59　鎌状赤血球貧血にみられる遺伝子の変化

　がんは，現在日本人の最も多い死亡原因であるが，これも遺伝子の病気である。放射能や紫外線のような物理的要因，発がん性化学物質，ウイルスのような生物学的要因により DNA に何らかの異常が起きるとがんになる。もともと細胞には変化することによりがん化を誘導するがん遺伝子と，がん化を抑制するがん抑制遺伝子があることがわかっている。正常な細胞では，これらの遺伝子は細胞増殖の制御をつかさどるタンパク質をコードしているが，変異によりその機能が変化したり失活すると，細胞の増殖に変調をきたす。

　老化した細胞においても，さまざまな遺伝子に変異が蓄積していることが見いだされている。また，培養細胞を用いた実験で，ヒトの細胞には寿命があることが示され，約 50 回細胞分裂を行うとその細胞は死滅する。これは，染色体の末端にあるテロメア(telomere)とよばれる配列が，DNA 複製のたびに短くなることに原因している。一方，がん細胞にはテロメラーゼ(telomerase)とよばれる酵素が発現し，テロメアを合成しているので，永久に分裂することができる。ヒトの体細胞の大部分はテロメラーゼを発現していないが，生殖細胞系列の細胞や血球などの幹細胞にはテロメラーゼが発現している。

遺伝子診断　遺伝子を解析することによる診断法を遺伝子診断といい，遺伝子変化で起こる先天性疾患やがんなどの診断をはじめ，細菌やウイルス感染症の診断に用いられるようになってきた。また，法医学などでの個人識別（DNA鑑定）にも応用されている。遺伝子を解析する方法としては，核酸のハイブリダイゼ

ーションを利用した特定遺伝子の検出法や，PCR（polymerase chain reaction）法による特定DNA断片の増幅などがある。

　核酸の**ハイブリダイゼーション**(hybridization)を利用した遺伝子の検出法には，サザンハイブリダイゼーションなどがある（表5-7）。2本鎖のDNAに熱をかけると，鎖間にかかっていた水素結合が切断され，1本鎖になる。そこへ塩基配列が相補的な1本鎖DNAを混ぜて，ゆっくりと冷却すると，鎖間に水素結合が再び形成され2本鎖となる（塩基相補性については図2-48参照）。この現象をハイブリダイゼーションといい，この原理を特定の遺伝子の検出に利用することができる。**サザンハイブリダイゼーション**(Southern hybridization)では，まずDNAを制限酵素（DNA上の特定の塩基配列を認識し，切断する酵素）で切断し，アガロースゲル電気泳動によりDNA断片をその大きさにより分離する（図5-60）。分離したDNA断片を1本鎖に変性させ，ニトロセルロースなどの膜に移行させる（ブロッティング blotting）。DNA断片を膜に固定した後，アイソトープなどで標識した相補的配列をもつDNA（プローブ probeとよぶ）を加えて，ハイブリダイゼーションを行う。プローブDNAはそれと相補的配列をもつDNA断片と結合するので，膜を洗浄後，標識されたアイソトープを検出（オートラジオグラフィー）することで特異的な遺伝子を検出

表5-7　DNA，RNAおよびタンパク質の検出法

サザンハイブリダイゼーション	ゲルで分離したDNAを膜に移した後，核酸のハイブリダイゼーションで検出
ノーザンハイブリダイゼーション	ゲルで分離したRNAを膜に移した後，核酸のハイブリダイゼーションで検出
*in situ*ハイブリダイゼーション	染色体標本上でハイブリダイゼーションし，染色体上の遺伝子座を決める 組織切片上でハイブリダイゼーションし，mRNAの発現パターンを調べる
ウェスタンブロッティング	ゲルで分離したタンパク質を膜に移した後，抗原抗体反応で検出
酵素免疫測定法（ELISA）	酵素で標識した抗体を用いて，抗原タンパク質を定量的に測定

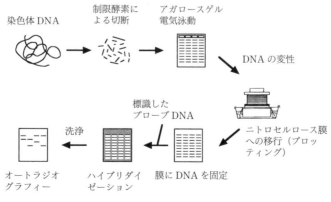

図5-60　サザンハイブリダイゼーション

することができる。DNA の変異により制限酵素の切断部位に変化が生じると，検出される遺伝子断片の長さが変わり，電気泳動のパターンが正常と異なってくる。

PCR 法は既知の配列の DNA 部分を酵素的に増幅する方法で，短時間に目的とする DNA 断片を大量に手に入れることができる（図5-61）。まず，鋳型となる DNA を94℃で熱変性させる。次に，目的とする DNA 部位を挟む位置に，それに相補的な短いオリゴヌクレオチド断片（プライマー）を，55℃で結合（アニーリング）させる。耐熱性 DNA ポリメラーゼ（Taq polymerase）を加え，72℃で DNA 合成を行わせる。この操作で，1つの鋳型 DNA から2本の DNA が合成される。通常，この一連の操作をサーマルサイクラーとよばれる装置を用い，自動的に 30 回程度くり返す。もしこの反応を n 回くり返すと，理論的には1つの鋳型 DNA から 2^n 個の DNA 分子を合成することができる。増幅した DNA 断片の塩基配列を決定すれば，直接遺伝子変化を見出すことができる。感染症の診断では，病原体を培養することなく，短時間で原因となる微生物やウイルスを同定することができる。食品検査で，遺伝子組換え作物を材料としているかどうか調べることにも応用されている。

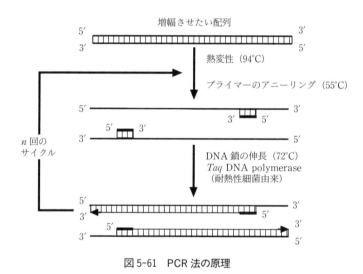

図 5-61　PCR 法の原理

遺伝子産物であるタンパク質も，抗原抗体反応（9章 参照）を用いることで鋭敏に検出することができる（表5-7）。ウェスタンブロッティングや酵素免疫測定法はヒトの病気の診断ばかりでなく，BSE（いわゆる狂牛病）感染牛の発見などにも応用され，食品の安全性を守るためにも使われている。

遺伝子工学　遺伝子の構造と機能，またそれに関連した酵素の研究が進んだ結果，遺伝子工学や遺伝子操作とよばれる技術が生まれた。これらの技術を用いると，試験管内で酵素を使って，任意の生物の DNA や化学合成した DNA を切断したり，連結したりして組換え DNA 分子を作ることができる。さらに組換え DNA 分子を生細胞に移して，新たな遺伝的形質を持った細胞（組換え体）を作ることができるようになった。

　組換え DNA 分子を作るのに必要な酵素には，DNA の塩基配列を認識して切断する制限酵素（restriction　enzyme）や，DNA 分子をつなぎ合わせる DNA リガーゼ（DNA　ligase）などがある。組換え DNA 実験において，細胞（宿主）に異種の DNA を運搬する機能を持つ DNA をベクター（vector）とよび，大腸菌を宿主とするときにはプラスミド（plasmid）やファージ（phage）の DNA が使われる。組換え DNA 実験の一例を図 5-62 に示した。

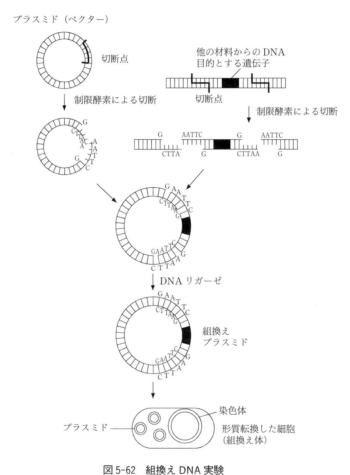

図 5-62　組換え DNA 実験

　遺伝子工学の技術を含むバイオテクノロジー分野の画期的な進歩により，これらの技術を使った医薬品の生産や遺伝子治療などがすでに実用段階に入っている。

キーワード

セントラルドグマ，転写プロモーター，エキソン，イントロン，スプライシング，キャップ構造，ポリ（A），遺伝暗号，コドン，アンチコドン，アミノアシル tRNA，リボソーム，突然変異，ミスセンス変異，ナンセンス変異，フレームシフト変異，がん遺伝子，がん抑制遺伝子，テロメア，テロメラーゼ，ハイブリダイゼーション，PCR，ウェスタンブロッティング，遺伝子工学，制限酵素，ベクター

6章　水と無機質

6-1　体内の水の分布

　人体を構成する成分のうち，最も多いのが水で，体重の55〜65％を占めている（表6-1）。しかし，水分量は体脂肪の量により異なり，脂肪が多いほど少なく，また高齢になるほど減少し，女性は男性に比べて少ない。体液とは液体成分の総称であり，水分がその主体をなしている。生体内の分布場所により，細胞内液（intracellular fluid）と細胞外液（extracellular fluid）に大別される。細胞外液はさらに表6-1のように管内液と細胞間隙にある間質液（interstitial fluid）に分けられる。血管内にあるものを血漿，細胞間隙にあるものを細胞間液という。体液の分布割合は年齢，性別，肥満度によって異なるが，成人の体内の水分含有量は，男子で約60％，女子で約50〜55％，そのうち15％が細胞と細胞の間（組織間）に存在し，5％が管内液として，残り30〜40％は細胞内液として存在している。

表6-1　正常男子体液量の体重に対する百分率

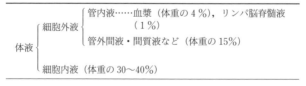

6-2　水の生理機能

　1）生体構成成分の溶媒としての機能：水は強く分極しているため体の成分を溶解したり，コロイド状に保つのに都合がよい。生体内での化学反応はほとんどすべて水溶液中での反応であり，栄養素の吸収，物質の代謝，排泄，分泌，運搬，拡散など，すべて水の存在下で行われている。

　2）器官や組織の保護：関節液，腱鞘内液，脳脊髄液などは周囲の組織との接触を滑らかにし，組織を保護している。

　3）感覚器での機能：眼が光を屈折したり，内耳における音波の伝播，三半規管の液の動きによる平衡感覚器の刺激にも水が関与している。また，味覚や嗅覚も刺激物質が水に溶けて伝達される。

　4）体温の調節：水の比熱は他の液体に比べて大きいので，体温の変化を少なくすることに役立ち，また，気化熱が大きいので，体温の調節に都合がよい。

6-3　生体における水分の出納

　生体にとって不可欠の水は，表6-2に示すように，絶えず出入りを繰り返している。

表6-2　成人1日の水の出納

摂取量（ml）		排泄量（ml）		
食物内	900〜1,200	尿		1,000〜1,500
飲　料	800〜1,000	糞　便		100
代謝水	300	不感蒸泄	呼気	400
			皮膚	500
合　計	2,000〜2,500	合　計		2,000〜2,500

　成人1日当りの水分の出納（water balance）は，活動量，環境，個人差などによって異なるが，代謝水を含めて毎日約2〜2.5 lの水が取り込まれ（water intake），同量の水が排出（water output）されている。代謝水（metabolic water）とは，体の中で栄養素が酸化された結果生じる水のことで，糖質100 gの酸化により55 ml，脂質100 gの酸化では107 ml，タンパク質100 gの酸化によって41 mlの水が生成される。

　水分の排出は4つの形で行われている。腎臓を通して尿として多量に排泄されるほか，腸管から糞便として，肺から呼気中に，また皮膚の表面から，特に汗をかかなくても常に水が蒸発により失われている。皮膚や肺からの水の蒸発を不感蒸泄といい，1日当り約900 mlが排出されている。

　成人の場合，交換される水の量は1日当たり平均して体重の約1/30であり，これに対して乳児の場合は約1/10である。したがって，乳児は成人に比べて特に水分の損失による影響が大きい。

6-4　水分代謝障害

　体内の組織では常に水の出入りが平衡を保って行われているが，この水分平衡が崩れて，皮下組織に水が貯ったものを浮腫（edema），体腔内に水が貯った状態を腔水症（腹水，胸水）といい，実質組織に水が貯った状態を水腫とよぶ。逆に，体内水分の減少した場合，例えば，大量の発汗が起きたにもかかわらず，水分の補給が十分に行われなかった時，あるいは下痢が続いて多量の消化液が損失した時などに，脱水症が起こる。

　水は生命の維持にきわめて重要である。食物が供給されない場合は，3〜4週間の生命維持が可能であるのに比べて，水の供給がまったくない場合は，ヒトは2〜3日，長くて約1週間で生命維持ができなくなる。

6-5　体液の電解質組成とホメオスタシス

　体液中の電解質（electrolyte）の組成は，図6-1に示すように，細胞内液と細胞外液とでは著しく異なっている。このような電解質分布の相違は，細胞の内外をへだてる細胞膜がイオンによって異なった透過性をもち，またイオンを能動的に輸送する生物的特性を備えているためである。細胞外液に含まれるイオンは主に Na^+，Cl^-，HCO_3^- のような1価のイオンであるのに対し，細胞内液は K^+ のほか，Mg^{2+}，SO_4^{2-}，HPO_4^{2-} などの2価のイオンやタンパク質が多い。これらのイオンは体液量の調節をはじめ，細胞内外の浸透圧(osmotic　pressure)のバランスや，酸-塩基平衡(acid-base balance)(pH)を保つ役割を果たしている。体液の電解質濃度は，ある一定範囲内に維持されるよう調節されている。このような生体の内部環境の恒常性をホメオスタシス(homeostasis)といっている（図6-1）。

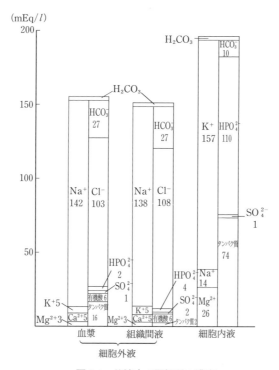

図6-1　体液中の電解質の濃度

6-6　生体内における無機質の役割と代謝

　人体を構成している生元素のうち，水と有機物の主要構成元素である酸素，炭素，

水素，窒素以外の元素を総称して無機質（ミネラル）（minerals）とよんでいる。無機質は生体の構成元素含有量の約４％を占め，表6-3に示すように，生体内に比較的多量に含まれるものと，極微量または痕跡程度しか存在しないものとがある。

　無機質の不適切な摂取は，健康の保持・増進のために好ましくないことから，無機質を摂取する場合には，過剰，不足，無機質相互の比率・ミネラルバランス（mineral balance），無機質以外の栄養成分の影響も受けることを考慮する必要がある。

　無機質は小腸粘膜上皮細胞を通して吸収される。骨や歯などの硬組織に含まれるものを除くと，無機塩類として体液中に溶けて存在し，一部はタンパク質と結合して，生命に関係のある多くの生理作用に関与している（表6-3）。生体における無機質の共通の役割は次の通りである。

表6-3　人体に含まれる元素

多量に含まれる元素 （生元素）		主要無機元素 （マクロミネラル）		微量無機元素 （ミクロミネラル）	
元素（記号）	含有量（%）	元素（記号）	含有量（%）	元素（記号）	含有量*
酸　素　(O)	65.0	カルシウム　(Ca)	1.5〜2.2	鉄　　　(Fe)	3〜5 g
炭　素　(C)	18.0	リ　ン　(P)	0.8〜1.2	フッ素　(F)	2〜3 g
水　素　(H)	10.0	カリウム　(K)	0.35	亜　鉛　(Zn)	1〜2 g
窒　素　(N)	3.0	硫　黄　(S)	0.25	銅　　　(Cu)	80〜90 mg
		ナトリウム　(Na)	0.15	セレン　(Se)	12〜18 mg
（水およびタンパク質，脂質，糖質などの有機化合物を構成する）		塩　素　(Cl)	0.15	マンガン　(Mn)	10〜18 mg
		マグネシウム　(Mg)	0.05	ヨウ素　(I)	10〜20 mg
				コバルト　(Co)	
				モリブデン　(Mo)	微量
				クロム　(Cr)	
合　計	96 %	合　計	3.25〜4.35 %		微　量

＊成人一個体当りの値

　1）水に難溶性の無機塩として，骨や歯などの硬組織を形成する。リン酸カルシウム，リン酸マグネシウムの形で存在している（Ca，P，Mg）。

　2）水に可溶性の無機塩（無機イオン）として，細胞内液および細胞外液中に存在し，浸透圧の調節，水分平衡，酸-塩基平衡の維持に働いている（K，Cl，Na，Mg，P）。

　3）有機化合物と結合して，生体にとって重要な物質，すなわち酵素，血色素，ビタミン，ホルモンなどの構成成分となっている。例えば，P：ホスホリラーゼ，Se：グルタチオンペルオキシダーゼ，Mo：キサンチンオキシダーゼ，Cu：セルロプラスミン，シトクロムオキシダーゼ，チロシナーゼ，Zn：カルボニックアンヒドラーゼ，アルコールデヒドロゲナーゼ，アルカリホスファターゼ，Ni：ウレアーゼ，Fe：カタラーゼ，ペルオキシダーゼ，チトクロムオキシダーゼ，ヘモグロビンやミオグロビン，Co：ビタミンB_{12}，I：甲状腺ホルモンの構成成分などとして重要である。

　4）各塩類に特有なイオン作用によって，酵素の活性化作用，血液の凝固（blood coagulation），筋肉の収縮（muscle contraction），神経伝達（neurotransmission）などに関与している（Ca，Mg，Mn，Na，K など）。

6-7 主な無機質の代謝

(1) カルシウム（Ca）

カルシウムは，生体の無機質量の半量を占め，その99％が骨および歯などの硬組織の構成成分として存在し，残り1％が体液中，筋肉その他の軟組織に含まれている。

血漿中のカルシウム濃度は主として血清リン量（血漿中のカルシウムイオンとリン酸イオンの積はほぼ一定しているため，一方が増加すると他方が減少する），副甲状腺ホルモン（PTH），カルシトニンおよび活性型ビタミンD（1,25-ジヒドロキシD）により調節され，正常では$4.5〜5.5\,mEq/l$に保たれている。骨のカルシウムも絶えず少しずつ入れかわり，体液のカルシウムプールと骨のカルシウムの間には動的平衡状態が維持されている。甲状腺より分泌されるカルシトニンは骨からのカルシウム放出を抑制して，血漿カルシウム濃度を下げるように働き，副甲状腺ホルモンは骨からの脱カルシウムを引き起こし，血漿中のカルシウム濃度を高め，尿中へのリン酸排泄を高めてリン量を低下させる。また，副甲状腺ホルモンは尿細管でのカルシウム再吸収率を高め，血漿カルシウム量を増大させ，活性型ビタミンDの生成を高める作用もある。活性型ビタミンDはカルシウムの吸収と骨への沈着に関与している。また，性ホルモンもカルシウム代謝に影響を及ぼすといわれ，骨粗鬆症（osteoporosis）に卵胞ホルモンを投与すると症状の回復がみられることがある。成長期にカルシウムが不足すると成長が抑制され，成長後不足すると骨がもろくなる。

(2) リン酸（P）

リンは，カルシウムについで体内に多く存在し，その80％がリン酸カルシウム，リン酸マグネシウムの形で，骨や歯などの硬組織を構成し，残りは核酸，リン脂質，リンタンパク質として，また種々の中間代謝産物やATPなどの高エネルギー化合物として代謝に関与している。また，リン酸塩として，血液および体液のpH調節を行っている。リン酸の代謝は上記のように，副甲状腺ホルモンの影響を受けている。腎機能低下によって摂取の制限が必要となる場合がある。

(3) マグネシウム（Mg）

マグネシウムの約70％はリン酸塩やカルシウムとの複塩として硬組織に存在し，残りは筋肉，肝臓，心臓などの軟組織の細胞内や体液中に存在している。マグネシウムは，骨の弾性維持，細胞のカリウム濃度調節，細胞核の形態維持に関与すると共に，細胞がエネルギーを蓄積，消費するときに必須の成分である。多くの生活習慣病やアルコール中毒の際に細胞内マグネシウムの低下が見られ，腎機能が低下すると高マグネシウム血症となる場合がある。マグネシウムで活性化される酵素（ホスホリラーゼ，ATPアーゼなど）の賦活剤として，また，筋肉や神経の機能維持に働いている。

(4) ナトリウム（Na）

ナトリウムは細胞外液中に高濃度に存在し，浸透圧を決定する重要な因子である。したがって，ナトリウム濃度の変動は細胞内外における水の分布に大きな影響を及ぼしている。正常では血清ナトリウム濃度は浸透圧の変動に応じて作動する水分平衡調

節系によって，約 140 mEq/l に安定しているが，ナトリウム濃度がわずかに増加すると抗利尿ホルモン（ADH）が分泌され，腎臓の集合管での水の再吸収を亢進させ，反対にナトリウム濃度が低下すれば，ADH 放出が抑制され，水分排泄を促すように調節されている。ナトリウムの平均 1 日摂取量は最小必要量に比べると著しく高く，腎糸球体からろ過され，大部分（90〜95 ％）は尿中に排泄される。副腎皮質ホルモンのミネラルコルチコイドは腎尿細管からのナトリウムの再吸収に関与することによって体内のナトリウム保持に働いている。ナトリウムは，細胞外液の浸透圧維持，糖の吸収，神経や筋肉細胞の活動などに関与すると共に，骨の構成要素として骨格の維持に貢献している。一般に，欠乏症として疲労感，低血圧，過剰症として浮腫（むくみ），高血圧などが知られており，食塩の過剰摂取は高血圧症の原因となることが指摘されている。なお，腎機能低下により摂取制限が必要とされる場合がある。

(5)　カリウム（K）

カリウムイオンは細胞内液の主要な陽イオンであり，ナトリウムイオンと同様に酸-塩基平衡，浸透圧，水分保留，細胞の活性維持などに関与している。細胞外液のカリウム濃度は腎臓の働きにより一定範囲内（4〜5 mEq/l）に維持されている。カリウムは糞便および汗の中に若干排泄されるが，90 ％が腎臓の遠位尿細管で，ナトリウム再吸収と交換の形で分泌され，尿中に失われる。この K^+，Na^+ 交換の機序はアルドステロン分泌で促進されるように調節されている。Na^+ 再吸収と交換されるイオンには K^+ のほかに H^+ があり，H^+ と K^+ は尿細管から管腔への分泌で競合している。代謝性アシドーシス（metabolic acidosis）では H^+ が細胞内へ移動し，細胞 H^+ 濃度が高いので，Na^+，H^+ の交換が優先し，K^+ 分泌は減少する。反対にアルカローシス（alkalosis）では，K^+ 排泄が増加する。食塩の過剰摂取や老化によりカリウムが失われ，細胞の活性が低下する，必要以上摂取したカリウムは，通常迅速に排泄されるが，腎機能低下によりカリウム排泄能力が低下すると，摂取の制限が必要になる。

(6)　塩　素（Cl）

塩素は細胞外液中の陰イオンの主要な部分を占め，食塩として細胞外液の浸透圧の維持に関与し，また，胃液中の胃酸（HCl）として分泌される。塩素イオンは主として食物から食塩として摂取され，腸でほとんど吸収され，腎臓から尿中へ，また汗として食塩の形で排泄される。塩素の体内での働きは Na^+ の動きに伴っており，血漿中の濃度もナトリウムと同様にほぼ一定に保たれている。

(7)　鉄（Fe）

成人における体内の総鉄量は約 4 g で，そのうち約 3 g は赤血球中のヘモグロビン（血色素：hemoglobin）を主とするヘム鉄（heme iron）として，残りはフェリチンを主とする非ヘム鉄（non heme iron）として存在している（表 6-4）。

食物中の鉄はほとんど Fe^{3+} の形で存在し，摂取後胃の中で還元されて Fe^{2+} となり，小腸上部で吸収される。血液中では，トランスフェリン（transferrin）と結合して運ばれる。骨髄，肝臓，脾臓中にフェリチン，ヘモジデリンとして貯えられ，必要に応じて，ヘモグロビンなどの合成に用いられる。赤血球の平均寿命は約 120 日で，壊れ

表 6-4　体内の鉄その働き

ヘム鉄
- ヘモグロビン ……………………… 酸素運搬
- 筋ミオグロビン ……………………… 酸素貯蔵
- チトクローム ……………………… 組織内酸化還元
- カタラーゼ，ペルオキシダーゼ……H_2O_2 分解

非ヘム鉄
- フェリチン ……………………… 鉄貯蔵（肝，脾，骨髄）
- トランスフェリン ……………… 鉄運搬（血漿）
- ヘモジデリン，その他 ………… 鉄貯蔵（肝，脾）

た赤血球から遊離した鉄は，網内系組織に貯蔵鉄として貯えられる。これらの貯蔵鉄は Fe^{3+} トランスフェリンとなって骨髄に運ばれ，再びヘモグロビンの合成に利用されるか，筋ミオグロビンやチトクロームのようなヘム鉄酵素の合成に利用される。

　体内で分離した鉄の一部は肝臓より胆汁中に排泄されるが，その大部分は腸で再吸収されるので，鉄が体外に失われる量は極めて少ない。そのほか，汗や失血により失われる鉄もあるが，著明な出血のない限り，摂取推奨量は1日当たり，男性（18〜49歳）7.5 mg，女性（18〜49歳）10.5 mg とされている。赤血球の寿命は約120日で，絶えず骨髄で造りかえられている。鉄の摂取不足により，鉄欠乏性貧血や組織の活性低下を起こし，鉄剤の過剰投与により組織に鉄が沈着すること（血色素症，ヘモジデリン沈着症）もある。

(8)　亜　鉛（Zn）

　亜鉛は，核酸やタンパク質の代謝に関与する酵素（DNA，RNA，ポリメラーゼやカルボキシペプチダーゼ）や炭酸脱水酵素等，多くの酵素の構成成分として重要である。

　欠乏により小児では成長障害，皮膚炎が起こるが，成人でも皮膚，粘膜，血球，肝臓などの再生不良や，味・嗅覚障害が起こるとともに，免疫タンパクの合成能が低下する。

(9)　銅（Cu）

　銅は，シトクロム酸化酵素，アスコルビン酸酸化酵素を始めいくつかの酵素の構成成分である。ヘモグロビン合成のためには鉄とともに銅が必要である。アドレナリンなどのカテコールアミン代謝酵素の構成要素として重要である。血漿中にタンパク質と結合してセルロプラスミン（ceruloplasmin）という形で存在する。吸収された2価鉄（Fe^{2+}）を3価鉄（Fe^{3+}）に変えて鉄の輸送型トランスフェリンに変える。赤血球中や脳などには銅タンパク質が存在する。

　遺伝的に欠乏を起こすメンケス病，過剰障害を起こすウィルソン病は銅を輸送して排泄する酵素の欠損で起こることが知られている。

(10)　ヨウ素（I）

　ヨウ素は小腸から吸収される。甲状腺にあるタンパク質チログロブリンのチロシンとヨウ素が結合して，甲状腺ホルモンのチロキシン，トリヨードチロニンとなる。

　ヨウ素の摂取不足で甲状腺腫が起こる。

（11）　マンガン（Mn）

マンガンは，乳酸脱炭酸酵素，ピルビン酸カルボキシラーゼ，アルギナーゼ，マンガンスーパーオキシドジスムターゼ（MnSOD）等の構成成分として物質代謝に重要な役割を果たしている。また，マグネシウムが関与するさまざまな酵素の反応に，マンガンも作用する。マンガンは植物には多く存在するが，ヒトや動物に存在する量はわずかである。

（12）　硫　黄（S）

硫黄はタンパク質の構成アミノ酸にシステイン，メチオニンの含硫アミノ酸があるので，体内のすべての細胞に含まれる。システインはタンパク質の構造維持のために重要な役割を果たしている。生理的活性を持つペプチド（グルタチオン，インスリン），ビタミン類などにも存在する。また胆汁中のタウリンや，尿中の解毒産物も硫黄を含む。ムコ多糖類のコンドロイチン硫酸は，軟骨，腱，骨などの礎質を構成し，ケラチンは硫黄含量の高いタンパク質で，毛髪や爪などを構成している。

（13）　セレン（Se）

セレンは酵素グルタチオンペルオキシダーゼに含まれ，動物の食事性肝臓壊死を防ぐ効果を持つ，ビタミンEと同様に不飽和脂肪酸などの過酸化を防御する。欠乏症として中国で克山病とよばれる心筋症が知られている。

（14）　モリブデン（Mo）

モリブデンはキサンチン・硫黄代謝に関わるフラビン酵素中に存在する。欠乏すると成長遅延，尿酸・硫黄代謝障害，脳神経障害を招く。

（15）　クロム（Cr）

クロムは細胞で糖の代謝，脂肪の代謝に関与している。不足すると耐糖機能の低下がみられる。

これらの無機質の1日摂取量はおおむね100 mg以上となるナトリウム，カリウム，カルシウム，マグネシウムおよびリンが多量ミネラル（macro minerals）として，100 mgに満たない鉄，亜鉛，銅，マンガン，セレン，クロム，およびモリブデンが微量ミネラル（micro minerals）として分類されている。無機質の不適切な摂取は，健康の保持・増進のために好ましくないことから，無機質を摂取する場合には，過剰，不足，無機質相互の比率・ミネラルバランス（mineral balance），無機質以外の栄養成分の影響も受けることを考慮する必要がある。

無機質の所要量については，巻末に「日本人の食事摂取基準（2020年版，厚生労働省）」に抜粋記載してある。

136

7章 ホルモンの生化学

7-1 ホルモンとは

　ホルモン（hormone）とは，内分泌腺（endocrine gland）から血液中に分泌され，血流にのってそのホルモンの作用を受ける特定の器官（標的器官）に運ばれ，そこで代謝などの生理機能を調節することにより個体の恒常性維持に働く物質の総称である。いいかえると，ホルモンは生命機能の調節に必要な情報を血液を介して各細胞や組織間で連絡しあうために必要な情報伝達物質である。ホルモンはその化学構造により，①タンパク質（ペプチド）性，②ステロイド性，および，③アミノ酸やアミン化合物に分けられる。主なホルモンの性質や作用を表7-1にまとめた。

　一般に生体機能は，神経的および化学的に調節されている。神経的調節は主に自律神経を介して行われ，化学的調節は主にホルモンによって行われている。神経のシナップスでは神経伝達物質による化学的情報伝達が行われており，また視床下部のニューロンからは向下垂体ホルモンが下垂体門脈系に分泌（神経内分泌）されており，神経情報伝達とホルモンによる情報伝達の間に類似の機構が存在している。

　ホルモンを分泌する内分泌器官には下垂体，甲状腺，副甲状腺，膵臓，副腎皮質および髄質，男女の性腺などがある（図7-1）。これら内分泌腺からのホルモンの分泌は，ホルモン相互によって調節し合っている（図7-2）。例えば下垂体前葉ホルモン

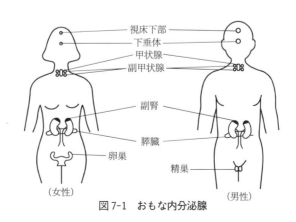

図7-1　おもな内分泌腺

138

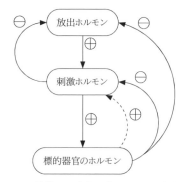

図 7-2　ホルモン分泌の正または負のフィードバック制御
---- 濃度低下刺激

は，特定の内分泌腺を刺激してそのホルモンの分泌を促す。しかし，刺激されて分泌されたホルモンの血中濃度が一定のレベルに達すると，今度はこれが下垂体前葉ホルモンの分泌を抑制するようになる。逆に分泌されたホルモンの血中濃度が低下すると，これが刺激になって下垂体前葉から当該刺激ホルモンの分泌を促進するようになる。このような機構を負または正のフィードバック制御（feedback control）という。ホルモンは微量でその生理活性を示す。血中濃度は低分子ホルモンで 10^{-6}〜10^{-8}M，ペプチドホルモンで 10^{-9}〜10^{-12}M 程度であり，多くの血液成分と比べると非常に低い。血液に不溶なものは血漿タンパク質と結合して運搬される。標的細胞にはホルモン受容体（タンパク質）があり，それを介して細胞はホルモンの情報を受け取る。この情報はさらに標的細胞内に伝えられ，細胞全体に及ぶような代謝の変化を起こさせる。つづいてこの変化は組織や臓器にまで及び，身体の発育・成長や恒常性の維持など，生命に欠くことのできない調節を行っている。

7-2　ホルモンの作用機構

　ホルモンは，補酵素として作用している水溶性ビタミン（2-5，45頁）や酵素の活性化などに必要なミネラル（6章）とは違った機構で代謝に影響を及ぼしている。現在までにわかっている作用機構の例を次にあげる。

(1)　アドレナリンやグルカゴンの場合

　ホルモン受容体（レセプター；hormone receptor）が細胞膜外側に存在し，これにホルモンが結合すると膜の内側にあるアデニル酸シクラーゼという酵素が活性化される。この酵素は ATP からサイクリック AMP（cAMP，図2-52参照）を生成する反応を触媒する。細胞内で増加した cAMP は，cAMP 依存性タンパク質リン酸化酵素を介して，特定の代謝に関与する酵素を不活性型から活性型へと変換する(図7-3)。cAMP などは，ホルモンのような外来の情報を細胞内に伝達する物質なのでセカンドメッセンジャー（second messenger）とよばれている。ホルモンによって受容体が異なり，また cAMP 以外のセカンドメッセンジャーを介して情報伝達を行う

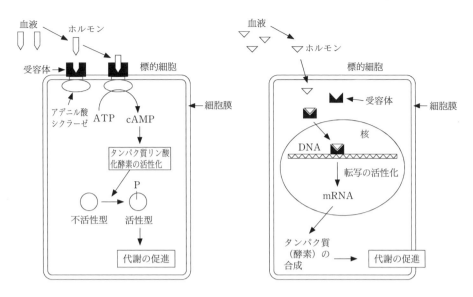

図7-3　cAMP を介するホルモンの作用機構　　図7-4　ステロイドホルモンの作用機構

場合もある。

　グルカゴンのみならず，ほとんどのペプチドホルモンは細胞膜に存在する受容体を介してその情報を伝達する。セカンドメッセンジャーとしては，前述のサイクリックAMP（cAMP），cGMP などのほかに，カルシウムを介するシステムやインスリン，成長ホルモン，プロラクチンのようにチロシンのリン酸化を介するシステムがある。

　（2）　ステロイドホルモン（steroid hormone）や甲状腺ホルモンの場合

　この場合のホルモン受容体は核における mRNA の転写に関与するタンパク質（転写因子）である。細胞に入ったステロイドホルモンは細胞質で受容体と結合し核に運ばれ，甲状腺ホルモンは核で受容体と結合し，さらにそれぞれ特定の遺伝子領域に結合することにより，その遺伝子の発現を促進する。すなわち，特定の mRNA の転写が促進され，それにコードされるタンパク質（酵素）の合成量が増加する（図7-4）。

7-3　ホルモンの種類と作用

視床下部ホルモン　視床下部（hypothalamus）からは，下垂体前葉から分泌される各ホルモンに対応して，その分泌を促進的または抑制的に制御するホルモン（放出ホルモンまたは放出抑制ホルモン）が分泌されている（表7-1）。

下垂体前葉ホルモン　下垂体前葉ホルモンには甲状腺刺激ホルモン（thyroid stimulating hormone；TSH），副腎皮質刺激ホルモン（adrenocorticotropic hormone；ACTH），性腺刺激ホルモン（卵胞刺激ホルモン，FSH と黄体形成ホルモン，LH），プロラクチン（prolactin；PRL），および成長ホ

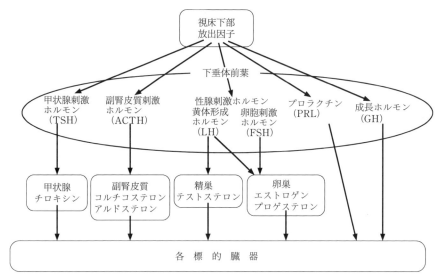

図7-5　下垂体前葉ホルモンの作用

ルモン（growth hormone；GH）が知られている。下垂体前葉ホルモンは刺激ホル
モン（上位ホルモン）といわれ，標的臓器に作用してそこからのホルモンの分泌を促
す（図7-5）。

　甲状腺刺激ホルモンは甲状腺細胞の成熟，甲状腺ホルモンの形成などを促進する。
副腎皮質刺激ホルモンのおもな作用は，副腎皮質の肥大とコルチコイドの分泌の促進
である。卵胞刺激ホルモンは卵胞の成熟を促し，エストロゲンの分泌を増加させる。
黄体形成ホルモンは女性では卵胞刺激ホルモンとともに発育卵胞に作用し成熟卵胞へ
発育させ，さらに排卵および黄体の形成を促す。一方，男性では精巣からのテストス
テロンの分泌を促進する。プロラクチンは妊娠中に発達した乳腺組織に作用して乳汁
分泌を促進する。成長ホルモンの作用で重要なのはタンパク質合成の促進（タンパク
質同化作用）と軟骨発育の促進，および脂肪分解作用である。

下垂体後葉ホルモン　　　　　下垂体後葉からはバソプレッシン（抗利尿ホルモン vaso-
pressin）とオキシトシン（oxytocin）という構造の類似し
た2種類のペプチド性ホルモンが分泌される。バソプレッシンは血圧を上昇させ，遠
位尿細管での水の再吸収を促進する。オキシトシンは子宮の平滑筋の収縮や，乳腺か
らの射乳を促進する。

甲状腺ホルモン　　　　　チロキシン（thyroxin；T 4）とトリヨードチロニン（triiodo-
thyronine；T 3）で，ヨウ素を含んでいる（図7-6）。チログロブ
リンという甲状腺のタンパク質はモノまたはジヨウ素化されたチロシン残基をもつが，
この残基が分子間でカップリングしたのち，リソソームのタンパク質分解酵素で加水
分解されてチロキシンとトリヨードチロニンを生じる。甲状腺ホルモンは代謝促進作
用を示し，熱産生，糖代謝，脂肪代謝を促進する。本ホルモンは，成長ホルモンの産
生および機能にも必要で，成長と成熟の促進，および基礎代謝の維持・促進作用をも

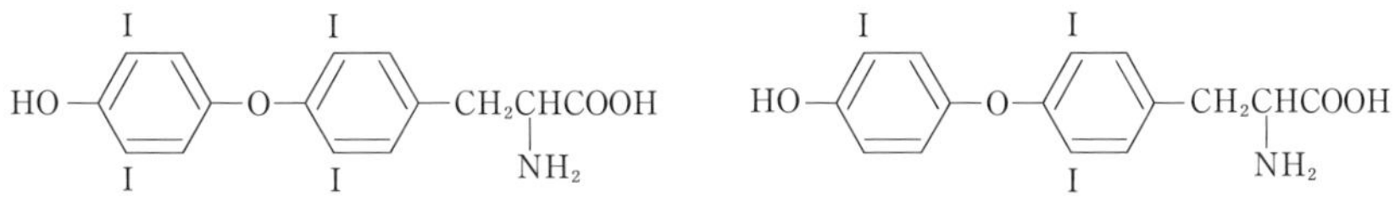

チキシン（T4）　　　　　　　　　　トリヨードチロニン（T3）

図7-6　甲状腺ホルモンの構造

つ。T4に比しT3の方が3～5倍生理活性が強く，一般にT4はT3に変換されて生理活性を示す。甲状腺機能低下により粘液水腫（基礎代謝の低下，脱毛，浮腫状の皮膚など）を引き起こす。胎児期，幼児期に不足すると，諸臓器および身体全体の発育が不十分になる（クレチン病）。逆にバセドウ病のような甲状腺機能亢進症では，基礎代謝率が上昇して体温が上がり，頻脈，心悸亢進，振戦，発汗，体重減少，眼球突出などの症状が現れる。甲状腺ホルモンは，オタマジャクシのような生物には，変態を促進する作用をもつ。

　甲状腺からはカルシトニン（carcitonine）とよばれるペプチド性のホルモンも分泌される。骨に作用して骨からのミネラルの放出を抑制し，血漿カルシウムの降下作用を発揮する。

副甲状腺ホルモン　副甲状腺（上皮小体）は甲状腺の裏側に4個存在する米粒大の内分泌腺で，血清カルシウム降下の刺激により，ペプチド性の副甲状腺ホルモン（パラトルモン；parathyroid hormone）を産生，分泌する。作用は血清カルシウム濃度を一定値にまで上昇させることで，この腺を除去すると低カルシウム血症をきたし神経や筋肉の興奮性が高まり，けいれんを起こしてテタニーとよばれる症状に陥る。おもな標的器官は骨と腎臓で，骨カルシウムの放出を促進し，腎臓ではリン酸の排泄とカルシウムの再吸収を促す。また，腎臓においてビタミンDの活性化反応を高める。

膵臓のホルモン　膵臓ランゲルハンス島のα細胞からはグルカゴン（glucagon），β細胞からはインスリン（insulin）とよばれる2種類のペプチド性のホルモンが分泌され，それぞれ血糖値の調節に関与している（図7-7）。

　インスリンは，2本のポリペプチドがS-S結合で連結された構造を持つ（図2-32）。作用としては肝臓においてグルコースからのグリコーゲンの合成を促進し，筋ではグルコースの取り込みと分解を促進し，脂肪組織では脂質の合成を促進することによって，血糖を低下させる。またタンパク質からの糖新生も抑制する。何らかの原因でインスリンの分泌不全や標的臓器でのインスリン作用の低下が起こると，糖尿病（diabetes mellitus）になる。インスリンの量的不足により1型糖尿病（インスリン依存性糖尿病）が起こり，若年者に比較的多く見られる。治療にはインスリン注射を必要とする。成人によく見られる2型糖尿病（インスリン非依存性の糖尿病）は，肝，筋，脂肪組織などのインスリン標的臓器における感受性の低下が原因で起こる（171

142

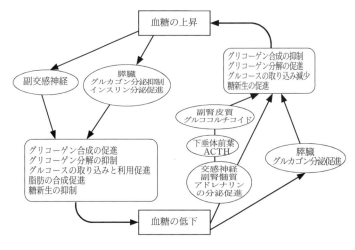

図 7-7　血糖を調節するホルモン

頁　参照）。

　グルカゴンは肝細胞に作用してグリコーゲンの分解を促進し，すみやかに血糖を上昇させる。また解糖系を抑制し，糖新生を促す作用を持つ。

副腎髄質ホルモン　　　　副腎髄質からはカテコールアミン（catecholamine）であるアドレナリン（エピネフリン）とノルアドレナリン（ノルエピネフリン）が分泌される（図7-8）。ノルアドレナリンはアミノ酸のチロシンから合成され，さらにこれがメチル化されてアドレナリンになる。これらのカテコールアミンは神経細胞でも作られ，神経伝達物質としても働く。

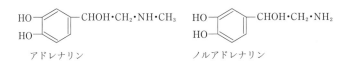

図 7-8　カテコールアミンの構造

　アドレナリンは血糖上昇作用，心拍出力増加作用，末梢血管抵抗低下作用を持つ。ノルアドレナリンは血糖上昇作用は弱いが，末梢血管抵抗を上昇し，血圧上昇作用はアドレナリンより顕著である。身体にストレスがかかるとアドレナリンの分泌が促される。アドレナリンは交感神経を刺激してその興奮を高める。また下垂体前葉を刺激してACTHの分泌を促し，その結果副腎皮質ホルモンが分泌され，ストレスに対して速やかに応答する。

副腎皮質ホルモン　　　　副腎皮質ホルモンはすべてステロイド化合物で，コルチコイドとよばれ（図7-9），コレステロールを原料として合成され，下垂体前葉ホルモンACTHにより分泌が促進される。化学構造の異なる数十種類のステロイドがあるが，その作用により，糖質の代謝に関与するグルココルチコイド，電解質の代謝に関与するミネラルコルチコイドおよび男性ホルモンに分類される。

　グルココルチコイド（glucocorticoid）は，タンパク質の分解の促進，貯蔵脂肪の

コルチゾン（グルココルチコイド）　アルドステロン（ミネラルコルチコイド）　アンドロゲン（男性ホルモン）

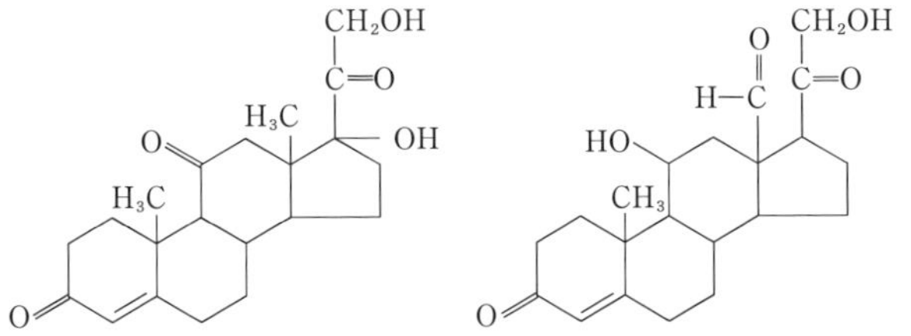

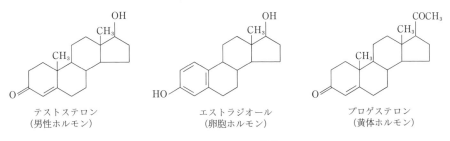

図 7-9　副腎皮質ホルモンの構造

動員，糖新生の促進，および解糖系の抑制により，血糖値を高める。抗炎症作用や免疫抑制作用をもつので，医薬品としてもよく用いられる。ミネラルコルチコイド（mineralcorticoid）のアルドステロンは腎臓の尿細管における Na^+ と Cl^- の再吸収を促進し，K^+ の排泄を促進する。副腎皮質ホルモンの欠乏により起こるアジソン病では，Na^+ 排出が増加し，K^+ が蓄積する。アルドステロンの分泌の調節は，主にレニン-アンギオテンシン系によって行われている。副腎皮質機能亢進症にクッシング症候群や原発性アルドステロン症がある（177 頁 参照）。

性ホルモン

下垂体の性腺刺激ホルモン（FSH と LH）により，精巣および卵巣から分泌されるステロイド性のホルモンである。男性ではアンドロゲン，女性では卵胞ホルモン（エストロゲン，エストラジオール；estrogen）と黄体ホルモン（プロゲステロン；progesterone）がある（図 7-10）。それぞれのホルモン名は，類似の作用をもち化学構造の少し異なった分子の総称である。人工的に合成されたホルモンも，治療などで使われる。

テストステロン（男性ホルモン）　エストラジオール（卵胞ホルモン）　プロゲステロン（黄体ホルモン）

図 7-10　性ホルモンの構造

アンドロゲンの作用をもつものはテストステロン（testosterone）が主体である。その作用は，男性性器の発達と二次性徴の形成を促進するだけでなく，タンパク質同化ステロイドホルモンとしてタンパク質合成を促進する。

卵胞ホルモンは女性性器や二次性徴の発達を促進する。性周期との関連では子宮内膜の増殖，腟粘膜の肥厚と角化をうながす。黄体ホルモンは，子宮内膜に作用して受精卵の着床を可能にする。受精が起こると黄体ホルモンの分泌はつづき，妊娠維持作用を示す。受精しないと黄体ホルモン分泌が中断し，子宮内膜の剥脱（月経）が起こ

144

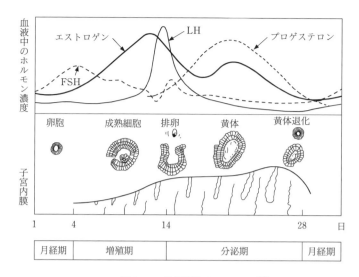

図 7-11　性周期とホルモン[14) 改変

る。性周期とホルモンの分泌の関係を図 7-11 に示した。

消化管ホルモン　　　　胃・十二指腸などの消化管からもペプチド性のホルモン（gastrointestinal hormone）が分泌される。胃前庭部粘膜の G 細胞から分泌されるガストリンは，摂食により放出が促され，血流を介して胃体部壁細胞に作用し，胃酸およびペプシンの分泌を促進する。セクレチンは十二指腸から分泌されるホルモンで，十二指腸や上部小腸の pH の低下によって分泌が促進される。作用は膵液分泌，とくに HCO_3^- の分泌を促進し，胃酸の分泌を抑制する。コレシストキニン（CCK）は十二指腸から分泌され，胆嚢収縮作用や膵臓酵素の分泌促進作用を持つ。

7-4　ホルモン異常と疾病

　内分泌臓器の障害や切除によるホルモンの欠乏，逆に腫瘍などによるホルモンの過剰分泌により，さまざまな症状が起こる。代表的なものを表 7-1 にまとめた。最近，多くのペプチド性ホルモンが遺伝子工学の技術で大量に生産されるようになり，ホルモン欠乏症の治療に利用されている（172 頁 参照）。

キーワード

ホルモン，内分泌腺，視床下部，フィードバック制御，ホルモン受容体，セカンドメッセンジャー，タンパク質リン酸化酵素，ステロイドホルモン，TSH，ACTH，FSH，LH，PL，GH，バゾプレッシン，オキシトシン，チロキシン，トリヨードチロニン，カルシトニン，パラトルモン，インスリン，グルカゴン，カテコールアミン，グルココルチコイド，ミネラルコルチコイド，エストロゲン，テストステロン，消化管ホルモン

表 7-1　ホルモンの種類，作用および内分泌疾患

内分泌	ホルモン	化学構造	生理活性	機能低下で起こる疾患	機能亢進で起こる疾患
松下体	メラトニン	アミン	日周リズム（生体リズム）		
視床下部	甲状腺刺激ホルモン放出ホルモン	ペプチド	甲状腺刺激ホルモン分泌の促進		
	副腎皮質刺激ホルモン放出ホルモン		副腎皮質刺激ホルモン分泌の促進		
	性腺刺激ホルモン放出ホルモン		性腺刺激ホルモン分泌の促進		
	黄体形成ホルモン放出ホルモン		黄体形成ホルモン分泌の促進		
	プロラクチン放出ホルモン		プロラクチン分泌の促進		
	成長ホルモン放出ホルモン		成長ホルモン分泌の促進		
	プロラクチン放出抑制ホルモン（ドーパミン）		プロラクチン分泌の抑制		
	成長ホルモン放出抑制ホルモン（ソマトスタチン）		成長ホルモン分泌の抑制		
下垂体前葉	甲状腺刺激ホルモン	ペプチド	チロキシン分泌促進		
	副腎皮質刺激ホルモン		グルココルチコイド分泌促進		
	卵胞刺激ホルモン		卵胞発育促進		
	黄体刺激ホルモン		黄体形成促進		
	プロラクチン		乳汁分泌促進		
	成長ホルモン		成長促進　タンパク質合成促進	小人症	巨人症　末端肥大症
下垂体中葉	メラニン細胞刺激ホルモン	ペプチド	皮膚の色を黒くする		
	β エンドルフィン		鎮痛作用		
下垂体後葉	バソプレッシン	ペプチド	水の尿細管再吸収促進	尿崩症	
	オキシトシン		子宮収縮，乳汁排出		
甲状腺	甲状腺ホルモン（チロキシン，トリヨードチロニン）	ヨードアミノ酸	基礎代謝亢進，成長の促進	粘液水腫　クレチン病	バセドウ病
	カルシトニン	ペプチド	血中カルシウム減少		
副甲状腺	パラトルモン	ペプチド	血中カルシウム増加	テタニー	
膵臓	インスリン	ペプチド	血糖低下，糖利用促進	糖尿病	
	グルカゴン		血糖上昇，肝臓より糖動員		
副腎髄質	アドレナリン	アミン	血糖上昇，心拍出力増加		(褐色細胞腫)
	ノルアドレナリン		血圧上昇，血管抵抗上昇		
副腎皮質	（グルココルチコイド）コルチコステロンコルチゾール	ステロイド	血糖上昇，筋タンパク質分解促進，抗炎症作用	アジソン病	クッシング症候群
	（ミネラルコルチコイド）アルドステロン		Na$^+$の尿細管再吸収促進		
性腺	（男性ホルモン）テストステロン	ステロイド	男性器発達，タンパク質合成促進		
	（女性ホルモン）エストロゲン(卵胞ホルモン)		女性器発達，卵胞発育促進，子宮内膜肥厚		
	プロゲステロン(黄体ホルモン)		受精卵着床準備，妊娠維持		
消化管	ガストリン	ペプチド	胃液分泌促進		
	セクレチン		膵液分泌促進		
	コレシストキニン		膵液分泌促進，胆嚢収縮		

8章 臓器の生化学

8-1 血液の生化学

血液の組成

　　　　　血液(blood)は，リンパ液と共に脈管系を持つ動物に特異的な液体
で，心臓血管系で全身を循環している体液のことで，組織細胞の代謝
や内部環境恒常性維持に重要な働きを果たしている。ヒトの体では，体重の約
1/13（8％）を占め，表8-1のように，液体成分の血漿(plasma)と有形成分の血球・
血小板からなる。

表8-1　血液の組成

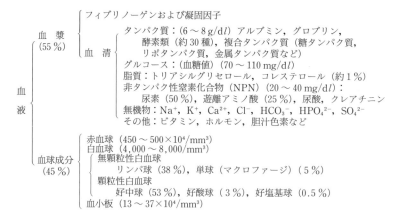

血液の機能

(1) 物質の運搬

○肺から各組織へ酸素 O_2 を運搬し，組織から肺へ二酸化炭素 CO_2 を搬出して，呼
　吸（ガス交換）を行う。

○消化管から吸収された栄養素を組織へ運び，組織で生成した代謝産物を他の組織
　に移動する。代謝老廃物の排泄・除去のため腎，肺，皮膚，腸管へ運搬する。

○内分泌器官で分泌されたホルモンを各標的器官へ運ぶ。

(2) 内部環境の維持

○緩衝能によって体液の pH を調節し，酸・塩基平衡の維持に働く。

○循環体液と組織液との間の浸透圧を守り，水分代謝を調節する。

○体温の調節に働く。

(3) 生体の防御

○白血球および循環抗体により，感染防御に働く。

○外傷などによる出血に際して，血液凝固作用により失血を防ぐ。

| 血液成分 |　血液が血管内を循環しているとき，その血漿（プラズマ）中に有形成分である赤血球，白血球，および血小板が浮遊している。有形成分のほとんどは，赤血球である。全血液中の赤血球の容積は 45％で，この比率をヘマトクリット値という。全血の比重は 1.035〜1.075（平均 1.056）で，pH は常に 7.4 付近(7.35〜7.45）になるように酸・塩基平衡で保たれている。浸透圧は 0.9％食塩水（生理的食塩水 275〜290 mOsm/kgH$_2$O）に等しく維持されて，それらにより内部環境の恒常性（ホメオスタシス）が維持されている。

(1) 液体成分（血漿，血清）

血液は血管外に出ると凝固し，凝血塊の収縮した血餅(clot)と，透明な血清(serum)とに分離してくる。凝固を阻止する処置をして遠心分離すると液体成分の血漿と有形成分（血球成分）に分画することができる。血漿から凝固因子（フィブリノーゲン，fibrinogen)が取り除かれたものが血清である。血清の主成分は表 8-2 の通りである。

表 8-2　人血清の主成分

成　分	含　量	成　分	含　量
総タンパク質	7.3〜8.1 g/dl	非タンパク質性窒素	20〜40 mg/dl
アルブミン	3.5〜5.5 g/dl	総ビリルビン	0.2〜1 mg/dl
トリアシルグリセロール	30〜150 mg/dl	無機化合物	
リン脂質	150〜250 mg/dl	Na$^+$	140 mEq/l
総コレステロール	150〜220 mg/dl	K$^+$	5 mEq/l
遊離脂肪酸	0.2〜0.6 mEq/l	Ca^{2+}	5 mEq/l
グルコース*	70〜90 mg/dl	Mg^{2+}	2 mEq/l
フルクトサミン	210〜290 μmol/l	Cl$^-$	104 mEq/l
乳　酸	8〜17 mg/dl	HCO$_3^-$	20 mEq/l
アミノ酸	35〜65 mg/dl	HPO$_4^{2-}$	4 mEq/l
尿　素	8〜20 mg/dl	鉄	80〜120 μg/dl
尿　酸	3〜6 mg/dl	銅	70〜100 μg/dl
クレアチニン	0.8〜1.2 mg/dl	亜　鉛	60〜130 μg/dl

＊全血で測定した値

血漿は淡黄色をしている。これは胆汁色素のビリルビンなどによる。

血漿に含まれるタンパク質は 6〜8 g/dl，8 g/dl 以上で高タンパク血症，6 g/dl 以下で低タンパク血症という。アルブミン(albumin)，グロブリン(globulin)，フィブリノーゲンの 3 種に分類される血清タンパク質は，電気泳動で易動度の違いにより，アルブミン，グロブリン（α_1，α_2，β，γ）などに分画される(図 8-1)。アルブミン

148

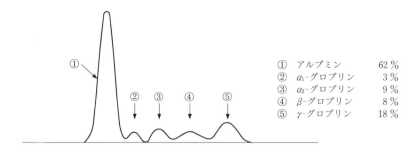

①	アルブミン	62 %
②	α_1-グロブリン	3 %
③	α_2-グロブリン	9 %
④	β-グロブリン	8 %
⑤	γ-グロブリン	18 %

図8-1　セルロース・アセテート膜による正常血清タンパク質の電気泳動分画

とグロブリンの含量比（A/G比）の基準値は 1.1〜2.0 で，栄養状態や免疫異常で変動する。フィブリノーゲンは分子量40万の細長い分子で，血液凝固に際し凝血塊を作るフィブリンの前駆体である。

　a）　アルブミン：単純タンパク質で比較的低分子量であり，水に溶けやすく水分の保持，浸透圧の維持に働く。血清タンパク質の約60％をしめる。肝臓で合成され，血中の脂肪酸，胆汁色素，各種薬剤，微量元素などと結合し，それらの運搬の役割を果たしている。栄養失調，肝機能障害時，ネフローゼなどでは，血清アルブミン濃度が低下して，浸透圧が下がり浮腫を生じる。

　b）　グロブリン：血清タンパク質の約40％をしめる。血清中で比較的塩析されやすいタンパク質である。純粋な水には不溶であるが希塩類溶液には可溶である。電気泳動の易動度によって分画される複雑なタンパク分子の集合体として存在している。α_1-，α_2-グロブリンの中には，抗原活性を持つ血液型物質など重要な役割を持つ糖タンパク質が含まれている。γ-グロブリンは体液性免疫の免疫グロブリンとして重要である（9章参照）。

　c）　その他の血清タンパク：微量金属の運搬体としての役割を果たしているトランスフェリン，セルロプラスミンなどの金属結合性グロブリン，脂質運搬の担体としてのグロブリンである血清リポタンパク質（脂質の章参照），酵素類，タンパク質性ホルモン，血液凝固関連タンパク質が含まれる。免疫グロブリンはリンパ組織で，タンパク質性の各ホルモン類はそれぞれの特定の臓器で，その他のグロブリン系のタンパク質は，ほとんどが肝臓で合成分解が行われている。血清タンパク質の代謝回転は速く，アルブミンの半減期は約20日，α_1-グロブリンの半減期は約6日，γ-グロブリンの半減期は約20日である。

　d）　非タンパク質性窒素化合物（NPN）

　タンパク質以外の窒素化合物は非タンパク性窒素化合物（nonprotein nitrogen）とよばれる。尿素（約55％），遊離アミノ酸（約25％），クレアチン（クレアチニン）や尿酸などである。

（2）　有形成分（細胞成分）

　血球の産生とその機能：赤血球，白血球（リンパ球，顆粒球），血小板などの血球は，造血幹細胞（血液細胞になるもとの細胞）が増殖分化してつくられ，寿命がきて

破壊された血球に置き換えられる。

a) 赤血球：赤血球は骨髄内で赤血球系幹細胞の分化によって産生され，核を失って成熟赤血球になり末梢血流中に現れる。正常赤血球は直径が $7.5\,\mu\mathrm{m}$ の，中央部がへこんだ円板形をしている，その内部に，酸素運搬に重要な役割を果たすヘモグロビン（hemoglobin）を含んでいる。寿命は約 120 日で，老化した赤血球は脾臓・骨髄などの網内系細胞で破壊される。赤血球膜には，血液型の決定に関与する血液型物質（糖タンパク質の一種）が存在する。

b) 白血球：白血球（リンパ球，顆粒球）は骨髄でつくられる有核細胞で，一部は胸腺やリンパ組織でもつくられる。寿命は 10 日から 20 日である。細菌感染などに際して生体防御の働きをしている。その形態により，無顆粒性白血球（リンパ球，単球）と，顆粒性白血球に大別される。顆粒性白血球はその染色性により好中球，好酸球，好塩基球の 3 種に分類される。顆粒球や単球はアメーバー様の運動をし，毛細血管から組織に入り，異物を貪食して消化する。リンパ球は T 細胞と B 細胞があり免疫に関係する。

c) 血小板：骨髄の巨核球の一部が削り落ちたもので，寿命は 8 日から 10 日である。出血により血液が血管外に出ると血小板は破壊され，トロンボプラスチンが遊離し血中のプロトロンビンをトロンビンに変え血液凝固に働く。

(1) ヘモグロビンの構造と機能

ヘモグロビン　　　赤血球の約 1/3 はヘモグロビンで，2/3 は水分である。ヘモグロビンはオリゴマー性ヘムタンパク質で，2 価鉄を含む赤い色素・プロトヘム（配合族）（図 8-2）とグロビン（アポタンパク質）が結合したヘムタンパク質サブユニット（単量体）が基本となっている。

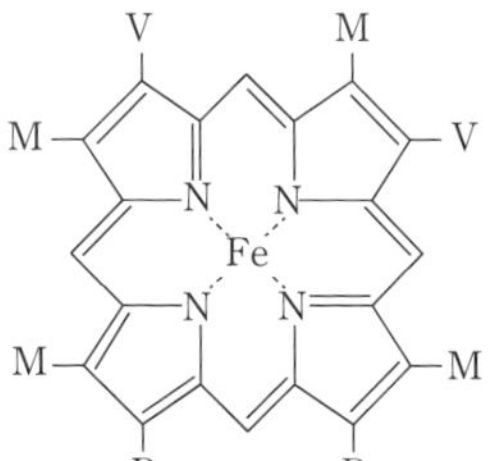

プロトヘム

$M\cdots\cdots CH_3$ 　　　$V\cdots\cdots CH=CH_2$ 　　　$P\cdots\cdots CH_2\text{-}CH_2\text{-}COOH$

図8-2　プロトヘム

成人ヘモグロビン HbA は，ヘテロ 4 量体で，ヘムの配位した α 鎖（141 個のアミノ酸）2 本と β 鎖（146 個のアミノ酸）2 本で構成され，代表的な立体構造を持っている。その組成は $\alpha_2\beta_2$ と記される。分子量は約 68,000（17,000×4）で球状のタンパク質である。

赤血球のヘモグロビンは，酸素分子 O_2 と可逆的に結合する性質を持っていて，各組織で行われる酸化反応に必要な酸素を，肺から組織へ運ぶ。ヘモグロビンは血中タ

ンパク質の 45 ％を占めている。

グロビン鎖の一次構造は生物種間で相違があり，系統発生をたどることができる。異常ヘモグロビン血症が報告されており病的症状を示す場合もある。

ヘモグロビンの2価鉄は構造上安定で自動酸化しないで2価の状態を保ち続ける。O_2と結合したヘモグロビンを酸素ヘモグロビン HbO_2（オキシヘモグロビン），O_2と結合していないヘモグロビンを還元ヘモグロビン Hb とよぶ。ヘム鉄が酸化されて3価となっているものをメトヘモグロビン（MetHb）といい，これは O_2 と結合することができない。

動物にとって一酸化炭素 CO の毒性は，2価のヘム鉄と CO とが結合して，一酸化炭素ヘモグロビン HbCO をつくり O_2 の運搬を妨げることにある。ヘモグロビンとCO との結合の親和性は O_2 とのそれに比べて 200〜300 倍も高く，ほぼ不可逆的にHbCO となり，貧血と同じ結果を招く。ヘム鉄には CO のほか，CN^-，F^-，N_3^- なども不可逆的に結合して酸素の運搬を妨げる。

(2) ヘモグロビンの合成と分解

ヒト成熟赤血球の寿命は約 120 日で毎日 1/120 が更新されている。ヘモグロビンは，骨髄の造血組織にある赤芽球で合成される。一方，赤血球の破壊に伴い，毎日約 7〜8 g のヘモグロビンが分解されている。分解後，グロビン部分は，アミノ酸プールに入り再利用される。ヘム部分は2価鉄とプロトポルフィリン部分に分解され，鉄は鉄プールに入り再利用されるが，ポルフィリン部分は変化を受けて肝臓の網内系細胞で分解されて，間接ビリルビン（緑色）になり，肝臓でグルクロン酸と抱合して，ビリルビンジグルコナイド（直接ビリルビン）となり胆汁色素として胆汁中へ排泄される（図 8-3）。

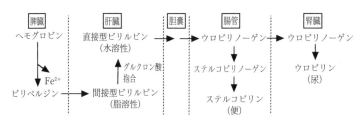

図 8-3　胆汁色素の形成と排泄

血漿中の酵素　病気の診断や予後の判定のために，血液中の酵素活性を測定することが頻繁に行われている。血漿中には血液に特有な酵素のほか，さまざまな臓器組織からもれでたものも存在する。臓器にはそれぞれ臓器特有の酵素がある。もし病気によりある臓器の細胞が傷害されると，血液中にその細胞の酵素（逸脱酵素）が増加する。したがって，血液中の酵素活性を測定すると，傷害された臓器や障害の程度がわかる。この原理に基づいて，臨床診断に用いられている酵素名とそれに関連する疾病名を表 8-3 に示した。

血　糖　血液中の糖は空腹時約 60〜100 mg/dl で，健康な人では食後30〜60 分でほぼ 150 mg/dl の高い値を示すが，90〜180 分で空腹時

表 8-3　臨床診断に用いられる血中酵素とおもな疾患[10] 改変

酵素名	基準値	関連疾患
アミラーゼ	50〜170 U/l	急性すい炎
リパーゼ	7〜120 U/l	すい疾患
アルカリホスファターゼ（ALP）	110〜360 U/l	胆道疾患，骨疾患
酸性ホスファターゼ（ACP）	<14.4 U/l	前立腺がん
乳酸脱水素酵素（LDH）	100〜225 U/l	肝臓疾患，心筋梗塞，悪性腫瘍
アスパラギン酸アミノトランスフェラーゼ（AST：GOT）	8〜 33 U/l	肝臓疾患，心筋梗塞
アラニンアミノトランスフェラーゼ（ALT：GPT）	4〜 45 U/l	肝臓疾患
クレアチンキナーゼ（CK）	男　43〜272 U/l 女　30〜165 U/l	筋肉疾患，心筋疾患
コリンエステラーゼ（ChE）	200〜500 IU/l	慢性肝炎，各種貧血，農薬中毒
γ-GTP	男　8〜 50 U 女　6〜 40 U	アルコール性肝障害
α-フェトプロテイン*	< 20 ng/ml	原発性肝細胞がん
がん胎児性抗原（CEA）*	< 2.5〜5.0 ng/ml	悪性腫瘍

＊これらのタンパク質は酵素ではないがある種のがんで血中濃度が上昇するので，臨床診断に用いられる。

の値に戻る。この平衡はホルモンなどによって調節されている（第7章参照）。高血糖が長く続くと，赤血球中の HbA$_{1c}$（グリコシル化ヘモグロビン：ヘモグロビンの β 鎖の N 末端のバリンのアミノ基にグルコースが結合している）の濃度が高まって，全ヘモグロビンの12％以上になる（基準値4.3〜5.8％；糖尿病型6.5％以上）。この値は，食事によって変動がないうえに，長期間（約2か月）の血糖の状態を知ることができる。一方フルクトサミンは，血中糖化アルブミンとして，過去1〜2週間の血中グルコース量を知る目安となるので，糖尿病の治療で注目されている（正常値210〜290 μmol/l）。

血液の緩衝能　　　血液の pH は 7.4 前後に維持されている。これは血液中のおもに炭酸，重炭酸塩の濃度比 $[H_2CO_3]/[NaHCO_3]=1/20$ によって保たれている。生体内では代謝産物として炭酸（1日に約500 g）などの酸 $[H^+]$ が生成した場合

1. 緩衝作用　$H^+ + HCO_3^- \longrightarrow H_2CO_3 \longrightarrow H_2O + CO_2$

表 8-4　アシドーシスとアルカローシス

	アシドーシス（血液 pH 7.35 以下）	アルカローシス（血液 pH 7.45 以上）
呼吸性	肺からの CO$_2$排泄が低下した状態。 ・喘息 ・肺気腫 ・気胸	肺からの CO$_2$排泄が過剰な状態。 ・過換気症候群 ・ヒステリー ・肺塞栓
代謝性	血中重炭酸イオン（HCO$_3^-$）の低下。 ・ショック時の乳酸増加 ・糖尿病時のケトン体（酸）増加 ・下痢による腸液（アルカリ）消失 ・高カリウム血症	血中重炭酸イオン（HCO$_3^-$）の上昇。 ・大量の嘔吐による胃酸の消失 ・利尿薬投与過剰（尿は pH 6） ・アルドステロン分泌過剰 ・低カリウム血症

2．肺からの CO_2 呼出

3．腎からの硫酸，リン酸など酸の排出，アンモニア形成

によって酸性への変動を防いでいる。

呼吸機能と深く関連して O_2 と CO_2 の入替えに際してヘモクロビンの緩衝能が働いている。この緩衝系は化学的な血液緩衝能の 90 ％をしめている。

病気などで血中の酸塩基平衡が崩れ，酸性側（pH 7.35 以下）に傾いた場合をアシドーシス，アルカリ性側（pH 7.45 以上）に傾いた場合をアルカローシスとよぶ。その原因により，呼吸性アシドーシスと代謝性アシドーシス，および呼吸性アルカローシスと代謝性アルカローシスに分類される。

| 貧　　血 | 血中の赤血球数または色素量が低下する場合を貧血(anemia)という。全血液にたいする血球成分の容積比は正常では約 40〜45 ％でこ

の値をヘマトクリット値とよび，貧血の状態の目安とする。赤血球の形状が正常より小さい低色素性小赤血球性貧血（鉄欠乏性貧血）や大きい高色素性大赤血球性貧血（悪性貧血）などがある。骨髄の造血機能そのものが侵された再生不良性貧血（赤血球をつくる赤色髄がなくなり，脂肪組織－黄色髄－になる），血管内の溶血促進にもとづく溶血性貧血などもある。

赤血球は骨髄で赤芽球から作られる，そのためにはヘモグロビンの合成に，鉄とタンパク質，ビタミン B_{12}，葉酸などが必要である。これらの不足で貧血を招くことがある。

悪性貧血はビタミン B_{12} の吸収に必要な胃の内因子（キャッスルの内因子）の欠如による。また，葉酸の欠乏によっても悪性貧血に類似の症状が生じる。

| 溶　　血 | 赤血球の膜の異常などで膜が破れて血色素が溶出し，血液が赤色の透明な状態になる現象を溶血(hemolysis)という。物理的衝撃，浸透圧の変化，溶血毒，脂肪溶剤，表面活性剤などが溶血現象の誘因となる。

| 凝固系と線溶系 | 外傷によって血管が損傷を受けたとき，また血流が渋滞した領域とか血管壁の異常などによって出血が起こると，血液量を一定に保つことができなくなり生体の恒常性維持にとって危険であるから，これを避けるために血液凝固(blood coagulation)・止血機転が起こる。血管壁の修復が完了したり，止血の役割を終えた血管内の血液凝塊が血栓(thrombus)を作り血流を妨げることがないように，線維素を溶解する線溶系がある。

(1)　血液凝固の機構と因子

血液凝固は，血漿中の可溶性タンパク質フィブリノーゲンが繊維状の不溶性フィブリンに転化し，これに血球成分を取り込んでゲル状の血餅（凝血塊）を作る現象をいう。この凝固反応には表 8-5 に示すような多数の因子が関与していることが知られている。凝固反応は連鎖反応で，始めの因子のポリペプチド鎖の一部が除かれ立体構造が変化することにより，酵素が活性化され同時に補助因子も活性型となり，つぎの因子を活性化する連続のカスケード型の反応によって調節されている。

II，VII，IX，X の各因子は，ビタミン K 依存性のカルボキシラーゼによってカルボ

表 8-5　血液凝固因子

因　　子	慣　用　名　・　同　義　語
第Ⅰ　因子	フィブリノーゲン
第Ⅱ　因子	プロトロンビン
第Ⅲ　因子	組織トロンボプラスチン
第Ⅳ　因子	Ca^{2+}（通常凝固因子）
第Ⅴ　因子	プロアクセレリン，不安定因子
第Ⅵ　因子	欠番
第Ⅶ　因子	プロコンバーチン，安定因子
第Ⅷ　因子	抗血友病性グロブリン（AHG），抗血友病性因子（AHF：A）
第Ⅸ　因子	クリスマス因子，抗血友病性因子（AHF：B），血漿トロンボプラスチン成分（PTC）
第Ⅹ　因子	スチュアート・プロワー因子
第Ⅺ　因子	血漿トロンボプラスチン成分（PTA）前駆体
第Ⅻ　因子	ハーゲマン因子（HF）
第ⅩⅢ　因子	フィブリン安定化因子（FSF），フィブリノリガーゼ

第Ⅺ因子および第Ⅻ因子は接触因子ともよばれている。

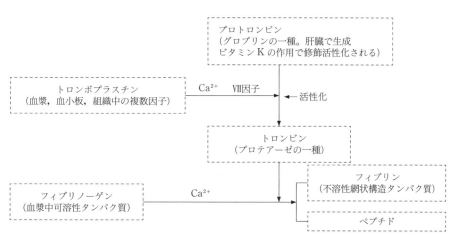

図 8-4　フィブリンの生成

キシル化されて活性型となる。表 8-5 に示した各因子に付けられた番号と働く順序は関係なく，発見された順序によりローマ数字で命名されている。

その反応を要約すると（図 8-4）

第 1 相　血管が傷害されると，血小板が破壊され，トロンボプラスチンを遊離する。また，血管周囲の破壊された組織からも，組織トロンボプラスチンが遊離する。

第 2 相　トロンボプラスチンや血漿中の Ca^{2+} などが作用してプロトロンビンからトロンビンが生成する。このとき血清中のⅦ因子が必要である。

第 3 相　トロンビン（フィブリノゲナーゼともよばれるタンパク質分解酵素の一種）は血漿中のフィブリノーゲン（水溶性）を限定分解してフィブリンモノマーに変える。フィブリンモノマーは Ca^{2+} などの作用を受けて凝集して不溶性の繊維状のフィブリンとなり損傷部分の修復に関与する。

(2)　線溶（繊維素溶解）系

傷害組織の修復に際して血管の壁に残った血栓やその他の要因で血管中に生じた血栓は，タンパク質分解酵素プラスミンによって血栓構成フィブリン（繊維素）が分解

されて可溶性になる。プラスミンは血漿中に不活性のプラスミノーゲンとして存在しており，内因性のアクチベーター（プラスミノーゲン活性化因子）または，外因性のアクチベーター（ストレプトキナーゼ（細菌性）や尿中ウロキナーゼ）などによって活性化される。

(3) 血液凝固の阻止

血液検査や輸血などで血液凝固を阻止する必要がある場合には，クエン酸やEDTAでカルシウムイオンを除去したり，ヘパリンによってプロトロンビンからトロンビンの生成を阻害する。

8-2　肝臓の働き

肝臓(liver)は人体最大の臓器であり（成人で約1.5 kg），消化腺の一つである。腹腔内で横隔膜に接し，右上腹部にある。左右の2葉に分かれ，豊富な血管網を持ち，正常な状態では全体の血液の25％が肝臓に存在している。消化管から吸収された栄養素は，門脈を経由して肝臓に入る。肝臓は多数の肝小葉から構成され，そこで多岐にわたる重要な代謝が盛んに行われている。主な機能は，栄養素や代謝中間体の処理・貯蔵・転送，解毒作用などの生体防御機能，胆汁(bile)の合成・分泌機能などである。肝臓での代謝にともなって発生する熱は，体温の維持にも役立っている。

(1) 糖質代謝

肝臓の代謝機能

肝臓では，血中グルコースからのグリコーゲンの合成，グリコーゲンの貯蔵，およびグリコーゲンのグルコースへの再分解と血液中への放出が行われている（図5-3）。これらの反応は，全身組織へのグルコースの供給や，血糖値の維持に非常に重要である（図5-6）。その他，肝臓では乳酸や糖原性アミノ酸から血糖を生成する糖新生（図5-8）や，過剰糖質の脂質への変換，さらにガラクトース，フルクトースなどの単糖類をグルコースに変える働きも盛んである。

(2) 脂質代謝

肝臓では，糖質から脂質への変換，脂質の分解，脂肪酸の合成・不飽和化・酸化，コレステロールの合成とエステル化などが行われる。脂肪酸やコレステロール合成の材料は，主として解糖系から供給されたアセチルCoAである（図5-23，図5-29）。コレステロールとそれに脂肪酸が結合したコレステロールエステルは，細胞膜の構成成分として細胞の働きに重要な役割を担っているばかりでなく，胆汁酸，ステロイドホルモン（副腎皮質ホルモンや性ホルモン），ビタミンDの前駆体となるので，生命維持に不可欠な物質である。体内にグルコースや脂肪酸が豊富なときは，脂肪酸はエステル化されて超低密度リポタンパク質（VLDL）として血中に放出される。この血漿リポタンパク質は脂肪組織での脂肪合成に使われる。脂肪酸のβ酸化により生じたアセチルCoAはケトン体に変換される（図5-22）。肝臓ではケトン体を分解することはできないので血中に放出され，他の組織で利用される。

(3)　アミノ酸・タンパク質代謝

　肝臓では，アミノ酸からのタンパク質の合成や糖質や脂質への変換，アミノ酸の酸化分解が行われる。アミノ酸の分解によって生じた有毒なアンモニアは，尿素回路により無毒な尿素に変換される（図5-39）。血漿タンパク質の大部分は肝実質細胞でアミノ酸から合成され，細胞外，つまり血液中に分泌される。血漿中に最も多量に存在するアルブミン，血液凝固に関係するプロトロンビンやフィブリノーゲン，脂質を結合し輸送するリポタンパク質などは，その代表である。

　肝臓で行われるこのほかの代謝には，核酸の代謝物として尿酸の生成（図5-49）などがあげられる。

　肝臓の生体防御機能　　薬物など外因性の有機化合物は，肝臓に入って解毒反応（酸化，還元，抱合）をうけ，腎臓でろ過され，尿とともに排泄される。なかには肝細胞から分泌され胆汁中に排泄されるものもある。この解毒反応は，非極性・難溶性の化合物を極性の高い親水性の物質に変換するものである。酸化（水酸化）反応はミクロソームにあるチトクロームP450によって行われる場合が多い。薬物はさらに極性の高い物質と抱合されて，より水溶性を高めて排泄される。抱合する物質により，グルクロン酸抱合，硫酸抱合，グリシン抱合などがある。

　また，肝類洞内壁に付着しているクッパー細胞（組織マクロファージの一種）は，食作用により体内へ侵入した異物の処理を行うなど，免疫機構による生体防御にかかわっている（9章参照）。

　胆汁の合成と分泌機能　　胆汁は肝臓で生成され，胆嚢に貯えられた後，十二指腸に分泌される。胆汁には，胆汁酸（図2-25）や胆汁色素，コレステロール，脂肪酸などが含まれ，脂肪の消化や吸収を助ける働きがある（5-3参照）。胆汁酸はコレステロールを原料として肝臓で合成される（図5-30，図5-31）。一方，胆汁色素はヘムやポルフィリンの分解産物である。肝臓はヘモグロビンを分解して胆汁色素のビリルビンを生成する（図8-3）。遊離のビリルビン（間接型）は肝臓においてグルクロン酸抱合体（直接型ビリルビン）となり，胆汁中に排泄される。その後，ビリルビンは腸内細菌による代謝などを受けて，糞便の色のもと（ステルコビリン）になる。血中のビリルビン濃度が上昇すると，黄疸になる。肝障害が起きるとグルクロン酸抱合ができなくなるので間接型ビリルビン濃度が上昇し，胆管閉塞の場合には直接型ビリルビンが増加する。

8-3　腎臓の働き

　腎臓（kidney）は，そら豆のような形をした臓器（縦・横・厚さが12×6×3cm）で，脊柱の両側に一対存在している。主な働きは，生体で利用できなくなった老廃物を尿（urine）として排泄する働きと，水分や塩分濃度，酸塩基平衡，浸透圧を調整する体液調整（生体恒常性維持，homeostasis）の働きなどである。

腎臓の構造と機能

(1) 腎臓の構造

左右の腎臓には，尿生成にあずかる**ネフロン**（腎単位）とよばれる構造と機能の単位が，おのおの約100万個ずつある。ネフロンは**腎小体**（マルピギー小体）とそれにつづく**尿細管**からなる（図8-5）。腎小体は**糸球体**と**ボーマン囊**から構成されている。尿は糸球体でのろ過，尿細管での再吸収および分泌の3過程をへて生成される。

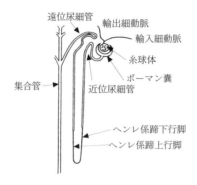

図8-5　腎小体の構造[23] 改変

(2) 糸球体でのろ過作用

腎臓の血流量は毎分約1,000 ml であり，そのうち約100～120 ml が糸球体でろ過される。ろ過には血圧が大きな役割を果たしている。心不全などで乏尿や無尿がみられるのは，心臓の拍出力が減じ血圧が下がるため，結果的に有効ろ過圧の低下を招くからである。糸球体はフィルターの役割をし，血液中の成分を主に分子量にしたがってろ過する。血球成分・タンパク質・脂肪のようなものは糸球体ろ液（原尿）中には現れないが，分子量が 35,000～40,000 以下の物質（グルコース，アミノ酸，尿素，尿酸，クレアチニン，Na^+，Cl^- など）はろ過される。ボーマン囊は原尿を受ける漏斗の働きをして，尿細管に接続する。

(3) 尿細管での反応

原尿が尿細管（近位尿細管，ヘンレ係蹄，遠位尿細管）を通る間に，水分をはじめ栄養素の大部分は選択的に**再吸収**され，また尿素などの老廃物は濃縮され，腎盂へ運ばれ尿となる。原尿の水分は 99 % が再吸収されるので，わずか1%（毎分約1 ml）が尿として排泄される。遠位尿細管以降での水分の再吸収には脳下垂体後葉から分泌される**バソプレッシン**によって調節されている。バソプレッシンが欠乏すると，多尿と多飲を主症状とする尿崩症を起こす。Na^+，K^+，Cl^- のようなイオンも再吸収される。遠位尿細管以降での Na^+ イオンの再吸収は副腎皮質ホルモンのアルドステロンにより調節されている。グルコースやアミノ酸などは近位尿細管で完全に再吸収される。原尿中の尿素の一部は再吸収されるが，大部分は尿中へ排泄される。通常，尿中の尿素濃度は血中のそれの約70倍である。

(4) 血圧の調節

腎臓の血流量が減少したり，血液中の Na^+ 濃度が低下すると，腎糸球体近接細胞

からレニンが分泌される。レニン（renin）はタンパク質分解酵素の一つで，血漿中の
アンギオテンシノーゲン（angiotensinogen）に作用してアンギオテンシン（angioten-
sin）Ⅰ（図 2-33）に変換する。アンギオテンシンⅠは変換酵素（ACE）により活性
化されアンギオテンシンⅡとなる。アンギオテンシンⅡは細動脈平滑筋に作用して，
きわめて強力に血管収縮を引き起こし，血圧を上昇させる。同時に副腎皮質に作用し
てアルドステロンの分泌を刺激する。アルドステロンは腎尿細管に作用して Na^+ の
再吸収を促進させ，Na^+ の貯留は水分貯留を伴って細胞外液量を増加させる。この調
節系はレニン-アンギオテンシン-アルドステロン系とよばれ，血圧，Na^+ 濃度，腎血
流量を調節するきわめて重要なものである。ACE の阻害剤は，高血圧の治療に用い
られている。

（5）　その他の機能

腎臓ではビタミン D の活性化やエリトロポエチン（赤血球産生促進因子；エリス
ロポエチンとも呼ぶ）などの生理活性物質の生産が行われる。

| 尿の性状と成分 |

尿量は水の摂取量や発汗量により変動するが，健康成人で 1 日
1,000～1,500 ml である。尿の性状や成分は，健康状態により変
化する。尿は比較的簡単に採取できるので，尿検査は臨床診断によく利用される。採
取尿を直接検査する場合と 1 日の尿を蓄尿して検査する場合がある。尿の成分を表8-
6（1 日蓄尿検査結果）にまとめた。

表 8-6　尿の化学組成（成人男子）[10] 改変

成分	排泄量（g/日）	成分	排泄量（g/日）
有機成分		無機質	
総窒素	10～15	塩化ナトリウム	10～15
尿　素	15～30	ナトリウム	4～6
尿　酸	0.4～1.2	カリウム	0.8～1.6
アンモニア	0.3～1.2	カルシウム	0.1～0.3
クレアチン	0.01～0.05	マグネシウム	0.1～0.2
クレアチニン	1～1.5	塩　素	10～15
アミノ酸	0.2～0.7	総硫酸	1.5～3
馬尿酸	0.0002～0.0006	エーテル硫酸	0.1～0.3
インジカン	0.005～0.02	リ　ン	0.5～2
アセトン	0.01～0.02	鉄	0.1～0.2（mg/日）
ウロビリノーゲン	0.0005～0.002		
タンパク質	0.02～0.06		
グルコース	0.04～0.085		

（1）　尿の性状

新鮮で正常な尿は清澄で，淡黄褐色である。赤血球やヘモグロビンの混入，ウロビ
リンの増加などで色調が変化する。新鮮尿の pH は通常 5.0～7.0 の間で，平均 6.0
ぐらいの弱酸性を示す。尿の pH は，食品成分，呼吸，胃液（塩酸）の分泌，炭酸水
素ナトリウムの服用などにより変化する。全尿の比重は 1.017～0.020 であるが，尿
中の固形成分の量と尿量により変動する。

158

(2) 尿の正常成分

尿素はタンパク質代謝の最終産物で，肝臓の尿素回路で合成される（図5-39）。尿中窒素の80％は尿素である。尿酸は核酸の構成成分のプリン体の最終代謝産物である（図5-49）。クレアチニンは筋肉においてエネルギーとして使われるクレアチンリン酸から作られ，その排泄量は筋肉の発達程度に関係する。クレアチン（図2-28）は正常な成年男子の尿中には排泄されない。無機物質としては NaCl が最も多く含まれる。硫酸塩はおもにタンパク質の含硫アミノ酸に由来する。

(3) 尿の異常成分

尿の異常成分としてタンパク質，糖，ケトン体，胆汁色素，血液などが見られる場合がある。腎炎やネフローゼなどで腎機能に障害が起こると，尿タンパク（タンパク質としてはアルブミンが主である）が漏出する。過激な運動や精神的ストレスなどで一過性に異常値が出ることもある。尿にグルコースが出現するのを糖尿という。糖尿病などで血糖値が 180 mg/dl 以上になると，近位尿細管でのグルコースの再吸収能力を超えるため，再吸収されなかったグルコースが尿中に出て糖尿になる。これに対して，血糖値が正常でも近位尿細管でのグルコースの再吸収に障害がある場合にも糖尿が見られるが，これは腎性糖尿とよばれる。ケトン体（図5-22）は脂肪酸の β 酸化が亢進したときに多量に生成される。糖尿病，飢餓時に尿中に現れる。胆汁色素のウロビリノーゲンは肝機能不全や赤血球破壊が盛んになると増加する（図8-3）。また，胆道閉塞性黄疸ではビリルビンが尿中に多量に現れる。

先天性代謝異常症（例えばアミノ酸代謝異常症）では，正常尿にはみられない代謝中間体が現れる。

8-4　筋肉の働き

筋（muscle）組織は収縮性を持つ細長い筋繊維（筋細胞）からなる。筋繊維の中の筋原繊維が収縮すると，筋収縮がおこる。筋原繊維の構造や配列のちがいによって，筋組織は骨格筋，平滑筋，心筋の3種類に分けられる。骨格筋は身体の運動を司り，随意的に動くので随意筋とよばれる。また横紋が見られるので横紋筋ともよばれる。人体には約400の骨格筋があり，体重の約50％を占める。骨格筋の主要成分は水（75％），タンパク質（20％）その他少量のグリコーゲンなどを含む。平滑筋は消化器，呼吸器，泌尿器，生殖器の壁と血管壁にみられ，緊張の保持と収縮を行う。不随意筋で，運動は緩徐で長続きする。心筋は心臓の本体をなす筋肉で，横紋が見られる。

| 筋肉の構造と収縮 |

骨格筋の筋繊維は筋鞘に包まれた細長い細胞で，その細胞内に筋収縮に関与する筋原繊維が存在している（図8-6）。筋原繊維にみられる縞模様は，屈折性が異なる2種の物質（アクチンフィラメント actin filament とミオシンフィラメント myosin filament）がくり返し規則正しく並んでいることによって起こる。横紋の1周期（2〜3 μm）をサルコメア（筋節）とよぶ。サルコメアは明帯と暗帯で構成され，明帯の中央に Z 帯，暗帯の中央に H 帯がある。

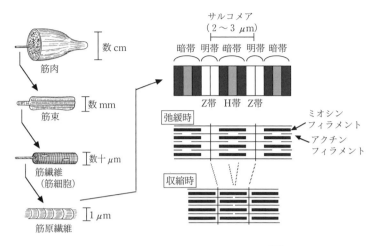

図8-6　筋肉の構造とその収縮機構[25] 改変

骨格筋の収縮はサルコメア単位が縮むことによって起こる。すなわち，太いミオシンフィラメントの回りにある細いアクチンフィラメントが太いフィラメントの中心に向かって滑り込むことによって，筋収縮が起こる。この収縮の引き金は筋小胞体から放出される Ca^{2+} であり，またエネルギー源は ATP である。

　神経の刺激があると，神経末端からアセチルコリンが放出され，まず筋細胞膜が興奮する。その刺激は筋繊維内部に伝えられ，筋小胞体に蓄えられていた Ca^{2+} が放出される，アクチンフィラメントにはトロポミオシン（tropomyosin）が結合し，ミオシンとの結合を妨げている。トロポミオシンにはさらにトロポニン（troponin）が結合している。筋小胞体から放出された Ca^{2+} イオンがトロポニンと結合すると，トロポミオシンの位置がずれ，アクチンとミオシンが接着できるようになる。この接着によりミオシンの持つ ATP アーゼが ATP を加水分解し，ミオシンの立体構造を変化させる。このとき，ミオシンが接着しているアクチンフィラメントをその中央部へたぐり寄せる。神経からの刺激がとまると，Ca^{2+} はただちに筋小胞体に取り込まれ，アクチンとミオシンの接着が解かれて，筋の弛緩が起こる。

筋肉での代謝　筋肉組織は血中のグルコースを取り込み，グリコーゲンとして貯蔵している。このグリコーゲンは筋肉運動に際して分解され，解糖系やクエン酸回路によって代謝され，ATP の生成にかかわる。筋肉のグリコーゲンは血糖の調節には使われない。また，筋肉は脂肪酸やケトン体を取り込み，アセチルCoA をへて，クエン酸回路によって代謝することができる。とくに心筋は，ほとんどのエネルギーを脂肪酸の β 酸化に依存している。筋肉にはヘモグロビンに似たミオグロビン（myoglobin）があり，酸素を結合して貯え，細胞の呼吸鎖に酸素を供給している。筋肉は生体における最大のタンパク質の保存場所でもあり，分枝鎖アミノ酸の代謝も最大である。筋肉では糖新生はほとんど行われないが，肝臓での糖新生に必要なアミノ酸を供給している。

　激しい筋肉運動では，筋肉中の酸素が足りなくなるため，グルコースは解糖系で乳

酸まで代謝され（嫌気的代謝），ATPが生産される。乳酸は血液中に放出され，肝臓に行く。また，筋肉中に貯蔵されているクレアチンリン酸(creatine phosphate)からクレアチンキナーゼ(creatine kinase)によってATPが生産され，そのATPが利用される。

$$\text{クレアチン-P} + \text{ADP} \rightleftarrows \text{クレアチン} + \text{ATP}$$

（クレアチンリン酸）

さらに，アデニル酸キナーゼによって2分子のADPからATPとAMPがそれぞれ1分子つくられ，このATPが筋肉運動に使われる。

8-5 脳・神経組織の働き

神経系(nerve system)は，からだの内外からの情報を受け取り，判断し，発信する働きを持ち，内分泌系とともにたえず身体全体を調節している。特に脳(brain)は精神機能という高次機能を営み，全身を調整・統括する臓器である。神経組織は，神経細胞(nerve cell)とそれを支持するグリア細胞(glial cell)などからなる。これらが多数集合して，脳や脊髄(spinal cord)などの中枢神経系を形成している。グリア細胞は，神経組織内の結合や養分補給の役割をしている。脳と脳実質との間には，血液-脳関門(blood brain barrier)とよばれる障壁が存在し，血液中の物質の脳への移行は選択的に行われている。例えば，グルコースや酸素などは容易に脳に移行するが，中枢神経に神経機能を破綻させるような毒素，代謝産物，ある種の薬物などはほとんど移行しない。これは，血液中の物質の変動や毒性物質の混入にかかわらず，脳の環境を安定させる役割を果たしている。脳の化学組成は，水分（77〜78％），脂質（約10〜12％），タンパク質（約8％），糖質（約1％），塩類（約1％），可溶性低分子量有機化合物（約2％）で，他組織（脂肪組織を除く）と比べて脂質含量が多いのが特徴である。

脳のエネルギー代謝　脳に10^{10}個存在している神経細胞は，情報伝達を行うときに多量のエネルギーを必要とする。そのため神経組織では，多量のグルコースと酸素が消費される。脳ではエネルギーを貯蔵することができないため，グルコースを継続的に供給しなければならない。脳には1分間に1.8l〜2.5lもの血液が流れている。安静時に全身で消費されるグルコースの60％，酸素の20％は脳で消費されている。もし血糖が30 mg/dl以下になると，意識障害をきたし，最終的に昏睡状態に至る。脳細胞内でグルコースは解糖系とクエン酸回路で分解され，ATPが生産される。脂肪はエネルギー源としてほとんど利用されず，アミノ酸はわずかに，ケトン体は重篤な飢餓時に少し利用される。

神経伝達のしくみ　神経細胞はニューロン（neuron，神経単位）とよばれ，突起をもった細胞である（図8-7）。神経細胞体から長く伸びた1本の突起を軸索(axon)といい，短い枝分かれをした突起を樹状突起という。軸索はミエリンリン脂質（図2-22）を多く含むミエリン鞘（シュワン細胞の細胞膜が何

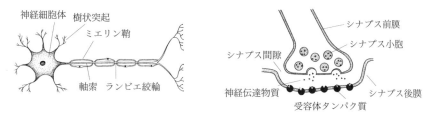

図8-7　ニューロンの構造（左）とシナプスにおける神経伝達（右）

重にも軸索をとりまいたもの）でおおわれ，50〜1000 μm ごとにくびれ（ランビエ絞輪）て軸索の表面が裸出している。

　ニューロンの興奮は，軸索の内側と外側の電位差の変化により生じ，この電位変化の値を活動電位（action potential）という。静止状態の軸索の細胞膜は K^+ をわずかに透過させるので，細胞内から流出した K^+ によって細胞内側が外側に比べて負電位になる。ここに興奮が伝わると，軸索細胞膜上の Na^+ チャンネルがひらき軸索内へ細胞外の Na^+ が流入する。このため細胞の内部は外部にくらべて正電位となる。これらの活動によって流出した K^+ や流入した Na^+ は，Na^+，K^+ ATP アーゼにより回復し，静止状態に戻る。この活動電位は軸索にそって移動し，興奮が伝導する。軸索のミエリン鞘は電気の絶縁体として働き，活動電位は所々のランビエ絞輪で起こるので，伝導の速度は著しく高くなる。

　ニューロンの軸索の末端とつぎのニューロンや効果器（例えば筋肉）は，せまいすき間を介して接しており，この接合部をシナプス（synapse）という（図8-7）。軸索にそって伝導してきた活動電位がシナプス前膜に伝わると，シナプス小胞からアセチルコリン（acethylcholine）やノルアドレナリンなどの神経伝達物質（neurotransmitter，図8-8）が分泌される。これが，（つぎのニューロンの）シナプス後膜上の受容体タ

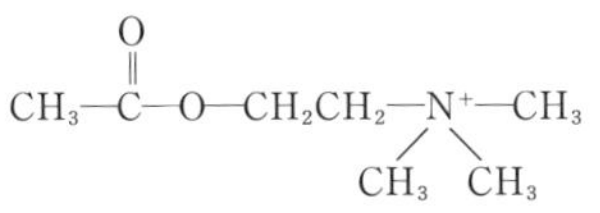

$$CH_3-\overset{\overset{\displaystyle O}{\|}}{C}-O-CH_2CH_2-\overset{\overset{\displaystyle CH_3}{|}}{\underset{\underset{\displaystyle CH_3}{|}}{N^+}}-CH_3$$

アセチルコリン（ACh）

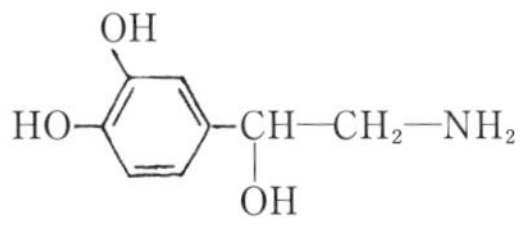

ノルアドレナリン（NA）

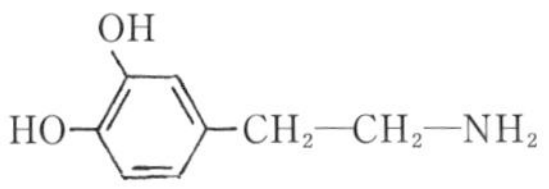

ドーパミン（DA）

$$HOOC-CH_2-CH_2-CH_2-NH_2$$

γ-アミノ酪酸（GABA）

図8-8　おもな神経伝達物質の構造

ンパク質と結合し，その立体構造を変化させる。その結果，陽イオンがシナプス後膜細胞の中に流入し，活動電位が生じる。このようにして興奮が1つのニューロンから次のニューロンへと伝わる。静止状態への復帰は，アセチルコリンの場合は，それがアセチルコリンエステラーゼ（acetylcholinesterase）で加水分解されることによって

起こる。ドーパミン(dopamine)や γ-アミノ酪酸（GABA）も神経伝達物質で，その不足でそれぞれパーキンソン病やハンチントン舞踏病が起こる。

キーワード

血漿，血清，アルブミン，グロブリン，フィブリノーゲン，非タンパク質性窒素，ヘモグロビン，逸脱酵素，血糖，アシドーシス，アルカローシス，貧血，溶血，凝固系，トロンビン，トロンボプラスチン，線溶系，肝臓，胆汁，チトクローム P 450，グルクロン酸抱合，間接ビリルビン，直接ビリルビン，腎臓，ネフロン，腎小体，尿細管，糸球体，ボーマン嚢，近位尿細管，遠位尿細管，ヘンレ系蹄，バゾプレッシン，アルドステロン，レニン，アンギオテンシノーゲン，アンギオテンシンⅠ，アンギオテンシンⅡ，レニン-アンギオテンシン-アルドステロン系，エリトロポエチン，クレアチン，クレアチニン，ウロビリノーゲン，アクチンフィラメント，ミオシンフィラメント，トロポニン，トロポミオシン，クレアチンリン酸，クレアチンキナーゼ，神経細胞，グリア細胞，血液-脳関門，ニューロン，軸索，ミエリン鞘，ランビエ絞輪，活動電位，シナプス，アセチルコリン，神経伝達物質，γ-アミノ酪酸，ドーパミン

9章 免疫の生化学

　免疫（immunity）とは"疫（病気）から免れる"ことの意味であり，古くからある種の病気では一度かかると次にはかかりにくいことが観察されていた。現在，免疫は感染疾患に対する防御系としてだけではなく，より広い生物的現象としてとらえられている。すなわち，免疫は"自己と非自己（self and non-self）"を識別し，自己から非自己を排除することにより，個体の全一性を保つための生体防御機構であるとされている。感染症に対する防衛反応やワクチンによる感染症の予防，アレルギー反応や自己免疫疾患，さらに AIDS などの疾患，血液型，臓器移植における拒絶反応など，免疫は身近で重要な問題を含んでいる。

9-1　免疫系のあらまし

　免疫に係わっている臓器としては胸腺（thymus），骨髄（bone marrow），リンパ節（lymph node），脾臓（spleen）などがある（図 9-1）。これらの臓器は免疫系に係わっている細胞（免疫担当組胞とよぶ）の発生・分化または作用の場として働く。骨髄に

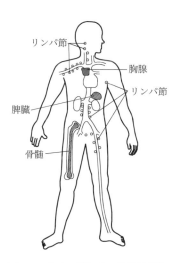

図 9-1　免疫に関与する臓器[14] 改変

164

は，免疫担当組胞を含むすべての血球細胞に分化することのできる多能性幹細胞が存在する。また，胸腺は，リンパ球（lymphocyte）のT細胞が分化・増殖する場である。一方，全身に分布するリンパ節や胃の裏側にある脾臓は，リンパ球やマクロファージを含み，侵入した異物に対する免疫応答を行っている。

　免疫系は液性免疫と細胞性免疫に分けることができる（図9-2）。液性免疫は体液に溶けて存在する抗体（免疫グロブリン immunoglobulin）分子を介した防御系である。外から異物（抗原（antigen）とよぶ，例えば細菌やウイルスのようなもの）が侵入すると，抗原に対する抗体（antibody）がリンパ球（B細胞）から生産される。抗体は抗原と特異的に結合し，抗原を中和したり食細胞による貪食を増進したり，他の免疫系を誘導することにより，異物を排除する。花粉アレルギーなども特殊な抗体（IgE）の生産により起こる。一方，細胞性免疫は抗原に反応するリンパ球（おもにT細胞）が中心となって異物の認識・排除を行う免疫系である。結核菌やある種のウイルスのような細胞内に寄生した異物は，その感染細胞ごと細胞性免疫により破壊される。移植された自己以外の臓器の拒絶もおもに細胞性免疫により行われる。またツベルクリン検査の陽性反応やウルシなどによる接触性過敏症も，細胞性免疫によるものである。

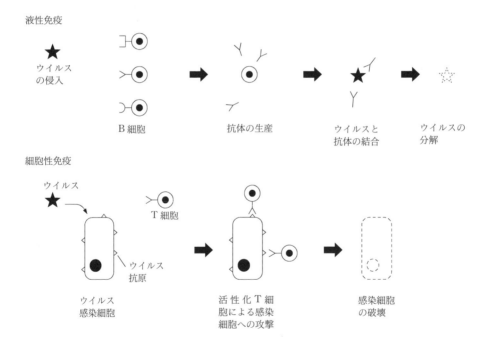

図9-2　液性免疫と細胞性免疫[13] 改変

9-2　免疫担当細胞

　免疫担当細胞を含む血液細胞は骨髄中で多能性幹細胞からいくつかの分化過程を経て作られる（図9-3）。免疫担当細胞は顆粒球（granulocyte），マクロファージ（ma-

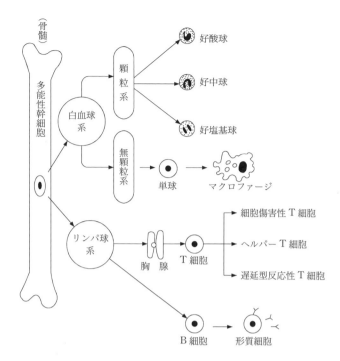

図 9-3　免疫担当細胞の発生と分化

crophage)，リンパ球に分けられる。

　1）顆粒球：顆粒球は分節状の核をもち，その顆粒の染色性により好酸球(eosino-phil)，好塩基球(basophil)，好中球(neutrophil)に分類される。好酸球はアレルギー疾患と関連があるといわれ，アレルギー性鼻炎や寄生虫感染などで病変局所や血液中に多数出現する。好塩基球（組織内では肥満細胞 mast cell）は塩基性の顆粒を持ち，その中にヒスタミンやセロトニンなどの生理活性物質が含まれる。好塩基球が抗原刺激（IgE とその受容体を介して）を受けると，それらの内容物が放出されアレルギー反応が引き起こされる（図 9-4）。好中球は強い食作用を持ち，細菌のような異物が侵入して炎症が起こると，血管から遊走して，異物を貪食する。

　2）マクロフファージ：比較的大型の細胞で，球形の核を持っている。末梢血中で

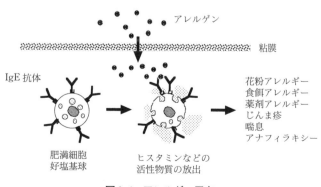

図 9-4　アレルギー反応

は単球とよばれ，またいろいろな組織にも組織マクロファージとして存在する。食作用により異物を取り込み，細胞内で処理した抗原の一部を細胞膜上に提示し，リンパ球に抗体の生産を促すように働く（抗原提示細胞ともよばれる）。また活性酸素を放出し，細菌や異物を傷害する。様々なサイトカイン（IL-1 など）を生産し，免疫系の調節を行う。

　3）リンパ球：B 細胞と T 細胞がある。B 細胞は抗原刺激などにより分化して形質細胞（抗体産生細胞）となり，液性免疫を担当する抗体を産生する。T 細胞は胸腺で分化し，ヘルパー T 細胞，細胞傷害性 T 細胞，遅延型反応性 T 細胞などに分類される。ヘルパー T 細胞は B 細胞の抗体産生の介助，細胞傷害性 T 細胞はウイルス感染細胞などの破壊，遅延型反応性 T 細胞は接触性過敏症や細胞内寄生体などに対する免疫に関与している。AIDS ウイルス（HIV）はヘルパー T 細胞に特異的に感染し，その細胞を破壊することにより，免疫不全を起こす。別にナチュラルキラー（NK）細胞があり，からだに生じた腫瘍細胞を攻撃する。

9-3　免疫グロブリン

　異物が身体に侵入してくるとそれに特異的な抗体が血清中に出現し，異物の中和や除去を行う。抗体分子はタンパク質からなり，血清の γ-グロブリン分画に存在することにより，免疫グロブリンとよばれる（図8-1）。

免疫グロブリンの生産　　免疫グロブリンは前述の B 細胞により生産・分泌される。未分化な細胞や B 細胞以外の体細胞・生殖細胞の免疫グロブリン遺伝子は，その遺伝子を構成する断片が別々の離れた場所に存在し，免疫グロブリンタンパク質を生産することができない。幹細胞から B 細胞への分化過程で，免疫グロブリン遺伝子を構成する DNA 断片が切断と結合により接近し（免疫グロブリン遺伝子の再構成），免疫グロブリンタンパク質を生産することができるようになる。この時，再構成された免疫グロブリン遺伝子に多様性が生じ，固有の抗体を生産するような多様な B 細胞の集団（ヒトなどの哺乳類では 10^6〜10^8種類）ができあがる。1種類の B 細胞クローンは1種類の抗体を作る。

　多様な B 細胞の集団から，抗原により刺激を受けたクローンが選ばれて，抗体を生産するようになる。図9-5 に，B 細胞が抗体を生産するまでの過程の概略図を示した。通常異物抗原が侵入すると，抗原提示細胞（マクロファージや樹状細胞）により抗原が処理されてペプチド断片となり，その細胞表面にある MHC クラス II 分子（ヒトでは HLA とよぶ）上に抗原ペプチドが提示される（抗原提示）。これをヘルパー T 細胞の細胞表面にある T 細胞受容体が認識し，ヘルパー T 細胞が活性化され，さまざまなサイトカインを分泌する。抗原刺激を受けていない B 細胞クローンの免疫グロブリン分子は，細胞膜に結合している。侵入した抗原に免疫グロブリン分子を介して特異的に反応した B 細胞は，ヘルパー T 細胞からのサイトカインなどにより刺激を受けて，形質細胞に分化し増殖し，免疫グロブリンを抗体として大量に生産し

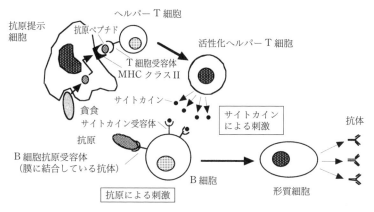

図 9-5　B 細胞の形質細胞への分化

分泌しはじめる。抗原が除去されると B 細胞は減少するが，一部が記憶細胞として
残る。二度目に同じ抗原が侵入すると，直ちに増殖を開始し大量の抗体産生を行うよ
うになる（図 9-6）。したがって，ウイルスなどで起こる感染症は二度目は比較的軽
くてすむ。予防接種は，不活化したウイルスなどを抗原（ワクチン）として接種する
ことにより，あらかじめ感染症に対する免疫を与えるものである。自己分子に対する
B 細胞クローンは発生時期に除かれる（免疫寛容現象）と考えられているが，自己抗
体の出現により自己免疫疾患が起こる場合もある。

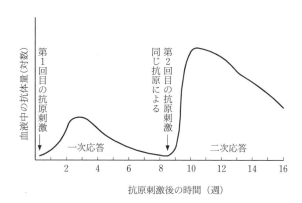

図 9-6　抗体産生の一次応答と二次応答[14] 改変

免疫グロブリンの構造と種類　　免疫グロブリンの基本的構造は図 9-7 のようであ
る。アミノ酸約 200 個からなる L 鎖と約 400 個か
らなる H 鎖が 2 分子ずつジスルフィド結合で結合し，ちょうど Y の字のような形を
作っている。1 分子に 2 か所の抗原結合部位を持つ。1 つの抗体は 1 つの抗原分子と
のみ"鍵と鍵穴"の関係で特異的にしかも強い親和力で結合することができる。さま
ざまな抗体のアミノ酸配列を比較すると，L 鎖と H 鎖ともに各抗体間で独特な配列
を持つ可変領域と，どの抗体でも同じ配列の定常領域を持つ。抗原との結合の特異性
は可変領域のアミノ酸配列により規定されている。定常領域は補体系の活性化などの

168

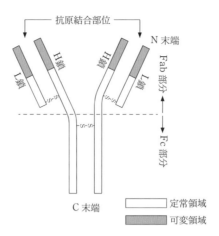

図 9-7　免疫グロブリンの基本構造

抗原-抗体反応後に起こる免疫作用に関係している。免疫グロブリンはその構造の違いから，IgM・IgG・IgA・IgE・IgD の 5 種類に分類される。

　　1）IgM：基本構造が 5 個からなる五量体で，抗原結合部位が多く強い生物活性を持っている。補体系を活性化する能力が大きい。抗体産生に際してまず最初に IgM が産生される。

　　2）IgG：最も多く存在する抗体であり，血清中の全 γ-グロブリンの 75％以上を占める。細菌やウイルスに対するさまざまな抗体を含んでいる。補体系の活性化，貪食作用の促進をする。胎盤を通過できる唯一の抗体であり，胎児期や乳児期の感染防御に役立っている。

　　3）IgA：唾液・涙・鼻汁・乳汁・気管支分泌液・胃腸分泌物などの外分泌液に含まれる。外界と接する粘模で防御機構に役立っている。初乳に多く含まれるので，新生児の感染防御に重要である。

　　4）IgE：アレルギー反応に関係する。好塩基球や肥満細胞はその細胞表面に IgE に対する受容体を持ち，抗原刺激により細胞内の顆粒（ヒスタミンなど）が放出されアレルギー反応が起こる（図 9-4）。

　　5）IgD：まだその生理的役割は明らかでない。

9-4　サイトカイン

　サイトカイン(cytokine)とは，細胞間相互作用に関与するタンパク質性の生物活性因子で，免疫担当細胞をはじめとしたさまざまな生体組織の細胞が分泌する。ホルモンと違い，特定の分泌腺をもたず，標的細胞も比較的近くの細胞または産生細胞自身である。リンパ球が産生するものを特にインターロイキン（またはリンホカイン）とよばれ，数字をつけて表される（IL-1〜IL-21 が知られている）。サイトカインの作用には，免疫系細胞の活性化（分化・増殖の誘起）や抑制作用，炎症局所への細胞の誘導を促すなどの作用，血液細胞や神経細胞の分化・増殖を制御する作用などがある。

インターフェロン(interferon)もサイトカインの一種で，抗ウイルス作用を持つ。

キーワード

自己，非自己，抗原，抗体，免疫グロブリン，液性免疫，細胞性免疫，胸腺，骨髄，リンパ節，脾臓，リンパ球，T 細胞，B 細胞，好塩基球，好酸球，好中球，マクロファージ，ヒスタミン，アレルギー，ワクチン，サイトカイン

10 章　病気の生化学

　著名な生化学者 Franz Knoop が"生命の特徴は絶えまなく進行する化学反応である"と述べているように，継続・連鎖・進行する化学反応（生化学反応）が生きている細胞，組織，個体の本質的な特徴の一つである。病気の個体においても生化学的過程が絶えず進行しており，その過程の障害（広義の代謝障害）を伴っている。管理栄養士国家試験出題基準改訂検討会は，その報告書で，「生化学は，管理栄養士にとって最も重視すべき基礎科学であり，これを"人体の構造と機能及び疾病の成り立ち"の出題範囲に入れる。」との趣旨を述べ，生化学の重要性を指摘している。改正栄養士法では，対象者の健康状態（病態を含む）や栄養状態の評価判定（アセスメント，assessment）をし，その結果に基づいて適正な栄養改善計画を立て，実施することを管理栄養士(national registered dietitian)に求めている。この評価判定の基礎としても，生化学的知識は重要である。

　これまでの章では，人体の構造と機能の理解に必要な生化学を学び，個々の章で関連する病気を生化学的見地から述べてきた。本章では，これらの中で特に病気の生化学をまとめて学ぶこととする。重複を避けるために，各章で述べられていることは，それぞれの章（項）を引用するにとどめる。

10-1　細胞構成成分の異常

ミトコンドリア異常症　　ミトコンドリアの酸化的リン酸化に関与する酵素は，核のDNAだけでなくミトコンドリアのDNAの支配も受けている。ミトコンドリアDNAは母系遺伝による細胞質遺伝をする。ミトコンドリア異常症（mitochondrial cytopathy）は一種の遺伝子病で，ミトコンドリアDNAの異常によって起こる。多種類知られているが，その一つに MELAS（mitochondrial myopathy, encephalopathy, lactic acidosis and stroke-like episodes の略；ロイシン tRNA の変異による)がある。2型糖尿病の数％は MELAS のようなミトコンドリア異常と関係するといわれる。臨床的には，筋症状（易疲労性，筋力低下，外眼筋麻痺，心筋障害）や神経症状（知能障害，意識障害，網膜色素変性，難聴）が現れる。

リソソーム酵素の異常　リソソーム酵素の一つが欠損すると，本来はその酵素によって分解されるべきはずの物質が細胞内に蓄積する。この状態を蓄積症とよび，遺伝疾患であるものが多い。後で述べるスフィンゴ脂質蓄積症のゴーシェ病，ニーマンピック病などリソソーム酵素異常による。

10-2　ビタミン欠乏症

ビタミンの項で述べた（2-5 参照）。

10-3　糖質代謝の異常

単糖類・二糖類の代謝異常症　ラクトース(乳糖)不耐症（lactose intolerance）：ラクトースを分解する酵素，ラクターゼ（β-ガラクトシダーゼ）の欠損。浸透圧性下痢と発酵性消化不良をもたらす。

ガラクトース血症（galactosemia）：ガラクトースを利用することができない遺伝病。転移酵素（トランスフェラーゼ）欠損症とガラクトキナーゼ欠損症とが知られている。頻度は前者の方が高く，ヘキソース-1-リン酸ウリジルトランスフェラーゼの欠損により起こる。血清のガラクトース濃度が上昇し，尿中にも排泄される。カラクトースの代謝産物である糖アルコール，ガラクチトールが水晶体に沈着し，白内障を発症する。発症の予防と治療には，食物からガラクトースとラクトースを除く必要がある。

糖　尿　病　糖尿病（diabetes mellitus）は，インスリン(insulin)欠乏または作用不足に基づく病気で，その成因に基づき，① 1 型，② 2 型，③ その他特定の機序，疾患によるもの，④ 妊娠糖尿病に大別される。

1 型糖尿病（以前のインスリン依存性糖尿病－IDDM, insulin-dependent diabetes mellitus－または若年型糖尿病にほぼ対応する）は，小児や青年に急激に発症し，インスリン分泌障害が顕著で，治療にはインスリン投与を要する。自己免疫的機序により膵臓ランゲルハンス島の β 細胞が破壊され発症すると考えられている。

2 型糖尿病（以前のインスリン非依存性糖尿病－NIDDM, non-insulin-dependent diabetes mellitus－または成人型糖尿病にほぼ対応する）は，インスリン分泌不全，インスリン抵抗性などによるインスリン作用の不足が発症の成因になっている。遺伝，体質的素因の上に，過栄養（肥満），ストレスなどが誘因になって発症する。生活習慣の改善が発症予防や治療に有効であることから，生活習慣病として扱われている。全糖尿病の 90％以上を占め，食習慣が欧米化し，飽食と車社会になって急速に患者数が増加しており，2013 年の統計によると患者数は 270 万人を超え，糖尿病が強く疑われる人を加えると約 950 万人，糖尿病予備軍まで入れると約 2,000 万人に達する。

日本糖尿病学会（1999 年，2013 年）は，空腹時（10 時間以上絶食）の血糖値と 75 g 経口糖負荷試験（oral glucose tolerance test, OGTT）（空腹時に 75 g のブドウ

糖を含む試験液を服用) 2時間値を基礎にして, 糖尿病の判定基準を定めている。表
10-1 のごとく糖尿病型, 正常型, 境界型に分ける。随時血糖値≧200 mg/dl も糖尿
病型, また, HbA1c (NGSP)≧6.5 ％の場合も糖尿病型とする (151 頁, 178 頁参
照)。別の日に行った検査で糖尿病型が 2 回以上認められれば, 糖尿病と診断できる。
ただし, HbA1c のみの反復検査による診断は不可である。また血糖値と HbA1c が
同一採血でいずれも糖尿病型を示すことが確認されれば, 一回の検査だけでも糖尿病
と判定する。

表 10-1　糖尿病の判定基準 (日本糖尿病学会, 1999, 2013)*

	正常値	糖尿病域
空腹時値	<110	≧126
75 g OGTT 2 時間値	<140	≧200
空腹時値と 75 g OGTT による判定	両者を満たすものを正常型とする	いずれかを満たすものを糖尿病型とする
	正常型にも糖尿病型にも属さないものを境界型とする	

* 数値は静脈血漿の血糖値, 単位は mg/dl

糖 原 病　グリコーゲン代謝に関与する酵素の遺伝的な欠損によって, グリコ
ーゲン分解が障害されるか, あるいはグリコーゲン合成が間接的に増
加すると, 肝臓, 筋肉などに正常または異常なグリコーゲンの蓄積をきたし, 臓器障
害や低血糖といった症状を呈する疾患群を糖原病(グリコーゲン蓄積症；glycogen
storage disease)という。その主なものを表 10-2 に示す。これらの中で, フォンギ
ールケ (von Gierke) 病は全糖原病の半ばを占め, かつ症状が最も強い。G-6-Pase
の欠損によりグリコーゲンからグルコースができず, グリコーゲンの蓄積や乳酸生成
が増加する。

表 10-2　グリコーゲン蓄積症

型	病名	欠損酵素	蓄積臓器	特異的症状
Ia	フォンギールケ病	グルコース 6-ホスファターゼ (G-6-Pase)	肝, 腎	肝腫大, 低血糖, 低インスリン血症, 高乳酸血症, 血漿脂質増加
II	ポンペ病	アミロ 1,4-グルコシダーゼ	全臓器	全身に蓄積, リソソーム酵素の欠損, 筋無力症状, 心肥大
III	コリ (フォーブス) 病	アミロ 1,6-グルコシダーゼ	肝, 筋肉	強度の低血糖, 分枝グリコーゲン蓄積
IV	アンダーソン病	アミロ 1,4→1,6-トランスグルコシダーゼ	肝, 脾	アミロース型の多糖が蓄積

Ia, II, IIIおよびIV型, いずれも常染色体劣性の遺伝形式をとる。
その他：V型 (マッカードル病), 筋ホスホリラーゼ欠損症；VI型 (エルス病), 肝ホスホリラーゼ欠損
症；VII型 (垂井病), ホスホフルクトキナーゼ欠損症などがある。

10-4　脂質代謝の異常

ケトン血症　糖尿病のときにはインスリンが相対的に欠乏するので，脂肪組織での脂肪酸の遊離が促進される。肝臓はこれを利用してケトン体 (ketone body)を生成し，血中に放出する。末梢組織はこれをエネルギー源とするが，消費しきれない場合，ケトン体［アセト酢酸（pK＝4.0）および3-ヒドロキシ酪酸 (pK＝4.7)］の血中濃度が上昇（7 mmol/l 以上にも達する）し，ケトーシス (ketosis)，ケトアシドーシス (ketoacidosis) になる。これらの酸が腎臓から尿中に排泄される際には陽イオン（主としてナトリウムイオン）を伴うため，陽イオン欠乏状態になる。アセトンも増加し，これが呼気に排泄されるのでアセトン臭を呈する。

リポタンパク質の代謝異常　脂質代謝障害で最も多いのは脂質異常症 (dyslipidemia；高脂血症，hyperlipidemia) で，血液中に含まれる脂質成分の過剰，もしくは不足している状態を指す。関連タンパク質の遺伝的欠損による原発性高リポタンパク血症と生活習慣病（肥満，糖尿病，痛風，アルコール中毒，急性膵炎など）やその他の後天性疾患（ネフローゼ，閉塞性黄疸，妊娠，甲状腺機能低下-粘液水腫，薬剤-副腎皮質ホルモン，エストロゲン，利尿剤など）などによって起こる二次性（続発性）高リポタンパク血症に分けられる。原発性高リポタンパク血症はⅠ～Ⅴ型に分類される。これらの中で，Ⅳ型が最も多く素因者は人口の4～5％といわれる。WHOによる型分類（元は Fredrickson の分類）を表 10-3 に示す。

表 10-3　高脂血症の分類（WHO）

型	主に増加するリポタンパク質	血中増加脂質	誘導条件（主な成因）
Ⅰ	キロミクロンの増加	トリグリセリドが顕著に増加	高脂肪食（LPL 活性低下が関与）
Ⅱa	LDL の増加	コレステロールが顕著に増加	高コレステロール食（LDL 代謝異常）
Ⅱb	LDL と VLDL の増加	トリグリセリド，コレステロール共に増加	高コレステロール，高糖質食
Ⅲ	IDL（中間比重リポタンパク）の増加	トリグリセリド，コレステロール共に増加	高脂肪，高糖質食（VLDL から LDL への異化過程の障害）
Ⅳ	VLDL の増加	トリグリセリドが増加（体重増加，糖尿病，高尿酸血症合併）	高糖質食（トリグリセリドの合成増加，異化障害）
Ⅴ	キロミクロンと VLDL の増加	トリグリセリドが顕著に増加	高脂肪，高糖質食

　動脈硬化学会は，従来使用されてきた高脂血症の名称のもとで，その診断基準に低HDL コレステロール（HDL-C）が含まれているのは問題があるため，2007 年版「動脈硬化性疾患予防ガイドライン」で，高脂血症を脂質異常症に改めた。そして，コレステロール値については，わが国では HDL-C が増加して総コレステロール（TC）値が上昇する場合があるので，総コレステロール値で評価するのではなく，LDL-コレステロール（LDL-C）値で評価すべきとした。そして，

174

脂質異常症の診断基準（空腹時採血）を

高 LDL-コレステロール血症　　LDL-C　　140 mg/dl 以上

低 HDL-コレステロール血症　　HDL-C　　 40 mg/dl 未満

高トリグリセリド（TG）血症　　TG　　　150 mg/dl 以上

とした。いずれか一つでも該当すれば脂質異常症と診断される。

LDL-C 値は，直接測定法で測定するか Friedewald の式で計算する。

Friedewald の式：LDL-C ＝ TC － HDL-C － TG/5

（ただし TG 値が 400 mg/dl 以下の場合にのみ適用する。400 mg/dl 以上の場合は，直接測定法で LDL-C を測定する。）

|スフィンゴ脂質代謝異常|　スフィンゴ脂質蓄積症（sphingolipidosis）は遺伝性疾患で，しばしば幼年期に現れる。この病気はリソソーム酵素の異常を示す一群の疾病である。セラミドをもっている特定の複合脂質の分解に必要なリソソーム加水分解酵素あるいは，酵素の主要な活性化タンパク質の遺伝子の変異によって，当該複合脂質がいろいろな組織に蓄積する。最も多くみられるゴーシェ（Gaucher）病は β-グルコシダーゼ欠損症で，肝臓や脾臓の細網内皮系にグルコセラミドが蓄積する。ニーマンピック（Niemann-Pick）病はスフィンゴミエリナーゼ欠損症で，スフィンゴミエリンが脾臓や神経系細胞に蓄積し，脾臓腫大をきたす。ファーバー（Farber）病はセラミダーゼが欠損する病気で，セラミドが蓄積する（100頁 参照）。

10-5　アミノ酸代謝の異常

アミノ酸代謝経路の特定酵素の欠損や活性低下によって起こる先天的疾患をアミノ酸代謝異常症という。当該酵素をコードする遺伝子の変異による。アミノ酸代謝異常症では，特定のアミノ酸やその誘導体（ケト酸，ヒドロキシ酸）が体内に増加し，腎臓から尿中に排泄される。その際，アミノ酸の再吸収阻害などを引き起こす。放置すると多くは発育障害を伴う。アミノ酸代謝異常症のうち，①フェニルケトン尿症（phenylketonuria），②メープルシロップ尿症（maple syrup urine disease），③ホモシスチン尿症（homocystinuria），④シトルリン血症I型（citrullinemia typeI），⑤アルギニノコハク酸尿症（argininosuccinic aciduria）については，ほぼ全員の新生児に対しマススクリーニングを実施している。これにより，早期診断，早期治療を行っている。

|フェニルケトン尿症|　フェニルアラニンをチロシンに変換する酵素，フェニルアラニン水酸化酵素（phenylalanine hydroxylase）の欠損によって起こる疾患で，代謝産物フェニルピルビン酸が尿中に出現する。フェニルアラニン制限食が唯一の治療法で，この食事療法が遅れると精神発達障害をきたす。早期に発見して生後3カ月以内に治療を開始する必要がある。フェニルアラニン制限食は一生続ける必要があり，中止すると知能が低下し，神経障害や精神医学上の異常が起

こる。

| メープルシロップ（分枝鎖ケトン）尿症 | 分枝鎖アミノ酸（バリン，ロイシン，イソロイシン）由来のケト酸の酸化的脱

炭酸が分枝鎖 α-ケト酸脱水素酵素の欠損または著しい活性低下で障害されて，バリン，ロイシン，イソロイシンおよびそれぞれのケト酸が増量し，尿中にも排泄される疾患である。尿，汗，唾液などがメープル（楓）シロップ（maple　syrup；barned sugar）に似た臭いを有し，進行性の神経障害をきたす。治療としては，早期（生後1週間以内）に分枝鎖アミノ酸の少ない制限食にして分枝鎖アミノ酸の濃度を調節する。

| ホモシスチン尿症（I型） | シスタチオニン β-シンターゼ（ホモシスチンとセリンからシスタチオニンの合成を触媒する酵素）の欠

損により，血漿，尿と組織のホモシスチンとメチオニンが増加する。さまざまな発育障害がみられる。新生児約15万人に1人位にみられる。治療には低メチオニン高シスチン乳を投与する。

10-6　ヌクレオチドおよび核酸代謝の異常

核酸代謝の異常についてはすでに「核酸代謝」の項で述べたので，ここでは発症頻度の多い病気「痛風」に関連したヌクレオチド代謝の異常について述べる。

| 高尿酸血症 | 核酸の分解（異化）に際して生じたヌクレオチド，ヌクレオシドや有機塩基（プリン塩基とピリミジン塩基）は大部分（約90％）再利

用系（salvage pathway）で再利用されるが，一部は異化排泄される。その際，ピリミジン塩基の代謝産物は血液や尿に対する溶解度が高いので障害をきたすことはほとんどないが，プリン塩基は尿酸塩（ureate）として排泄され，その溶解度が低く正常尿酸値をわずかに超えると析出し，これが組織に沈着して障害を起こす。これが痛風である。痛風（gout）は，糖尿病，肥満，高血圧，高脂血症，脳卒中，虚血性心疾患などと共に代表的な生活習慣病で，他の疾患と合併することが多い。正常血液中の尿酸は男性 4.0〜7.0 mg/dl，女性 3.5〜6.0 mg/dl 程度で，7.0 mg/dl 以上になると高尿酸血症（hyperuricemia）という。高尿酸血症が続くと，尿酸塩の結晶が末梢の関節やムコ多糖類を多く含む組織に沈着し，発作性に，激痛を伴う関節炎を起こす。これが痛風発作である。初回発作は第1中趾関節に起きることが多い。尿酸は大部分腎臓から尿中に排泄されるが，腎臓で尿が濃縮される過程で尿酸が析出し腎障害（痛風腎）を起こすことがある。高尿酸血症は，尿酸の産生過剰による場合，尿酸排泄障害による場合とそれらの混合型がある。別に，尿酸はその抗酸化作用が注目されている。

| 遺伝子と病気 | 遺伝情報発現の調節の項で述べた（122頁 参照）。

176

10-7　ホルモン異常

下垂体ホルモン　成長ホルモンの過剰産生が成長期（思春期過ぎまで）に起きると下垂体性巨人症，成長が完了した時期に起きると先端巨大症（末端巨大症）になる。成長ホルモン産生下垂体性腫瘍で末端の肥大や耐糖能異常がみられる。下垂体機能低下で起きる成長ホルモンの欠乏は，下垂体性小人症を起こす。この治療にはヒト成長ホルモンが有効で，遺伝子組み換えで作られたヒト成長ホルモンが用いられる。

　副腎皮質刺激ホルモン（ACTH, adrenocorticotropic hormone）の過剰産生は副腎皮質ホルモンの過剰産生を引き起こし，クッシング病を引き起こす。その病態については，副腎皮質ホルモンの異常のところで，クッシング症候群として述べる。

　外傷，腫瘍，感染などが原因で下垂体後葉が破壊されると，バソプレッシン（vasopressin）（抗利尿ホルモン，ADH, antidiuretic hormone）の産生が低下し，腎による水の再吸収（尿の濃縮力）が低下し，その結果大量の薄い尿（低張尿）を排泄する。このような病態を尿崩症(diabetes insipidus)という。

甲状腺ホルモン　自己免疫疾患などによって，バセドウ（Basedow）病のような甲状腺機能亢進症が起こることがある。甲状腺機能亢進症では，基礎代謝亢進，多食，体重減少，頻脈，手指振戦，甲状腺腫大などの症状を示す。眼球突出がみられる場合があるがこれは下垂体前葉によって作られる眼球突出作用因子による。甲状腺機能低下症では，基礎代謝の低下，熱産生低下，徐脈，精神的および肉体的活動性の低下，クレアチンキナーゼ(creatine kinase；CK or CPK)増加がみられる。小児期に起こると甲状腺性小人症，成人（特に出産後女性に起こりやすい）では粘液水腫(myxedema)がみられる。粘液水腫は橋本病ともいわれ，自己免疫病(autoimmune disease)と考えられている。

　副甲状腺ホルモンと拮抗するホルモンであるカルシトニンの過剰産生は甲状腺の髄様がん（副胞状細胞＝C細胞腫瘍）でみられる。必ずしも低カルシウム血症を伴わない。

副甲状腺ホルモン　副甲状腺ホルモン（parathyroid hormone；パラトルモン，パラチリン）の過剰産生は，まれに副甲状腺の腺腫，慢性腎疾患などによって起こる。高カルシウム血症，骨溶解，尿路結石などを伴う。副甲状腺機能低下症は，甲状腺手術で誤って副甲状腺の除去や損傷によって起こる。低カルシウム血症で，神経や筋肉の興奮性亢進によるしびれ感やテタニー発作が起こる。

膵　　臓　インスリンおよびグルカゴンの分泌異常については，糖質代謝および糖質代謝の異常の項で述べた。

副腎皮質ホルモン　副腎のアルドステロン産生腫瘍（腺腫）によって原発性高アルドステロン症（Conn症候群）が起こる。Na⁺貯留の亢進とK⁺排泄の増加がみられる。その結果，高血圧，低カリウム血症が起こる。続発性高アルドステロン血症は，アルドステロン(aldosterone)産生の調節系の異常によって

起こる場合が多い。たとえば，腎の器質的あるいは機能的病変によるレニン-アンギオテンシン系活動亢進やカリウム過剰などによって起こる。

　グルココルチコイドの過剰産生による症状はクッシング症候群（Cushing's syndrome）とよばれる。グルココルチコイドを産生する副腎の腺腫あるいは腫瘍，ACTH 産生下垂体の腫瘍（クッシング病）などで起こる。コルチコステロイドの過剰投与によっても起こる。クッシング症候群では高血糖を伴う代謝状態となり，ステロイド糖尿病といわれる。筋萎縮，皮膚萎縮，骨粗鬆症などをきたす。脂質代謝障害の結果，軀幹および顔面に脂質の沈着が起こり，水牛様軀幹，満月様顔貌（moon face）を示す。免疫が抑制され，感染症にかかりやすくなる。アンドロゲン（androgen；男性ホルモン）も増加するので，女性では無月経，男性化がみられる。

　自己免疫反応による副腎皮質組織の破壊などでアジソン病（Addison's disease）（原発性副腎皮質不全）を発症する。以前は副腎皮質の結核に起因することが多かったが，今日ではまれである。副腎皮質ホルモン産生低下で，代謝障害が起こり，低血糖とそれに関連してタンパク質や脂質の動員，ナトリウム-カリウム出納の異常，塩分欠乏，アシドーシスなどが起こる。下垂体へのフィードバック制御が失われる結果，メラノトロピンの放出が増加し典型的色素沈着をきたす。主要な症状は，全身衰弱，疲労，皮膚の色素沈着，体重減少，低血圧，吐き気などである。

10-8　が　　　ん

　がんは細胞増殖を調節するシステムの異常によって起こる。正常な細胞の遺伝子が変化（突然変異）して，個体の調節機構を逸脱し増殖（自律性増殖）する。変異した遺伝形質は子孫の細胞に伝達される（体細胞遺伝）。がん化には複数の突然変異を必要とするが，この概念は多段階発がん説とよばれている。がん化の初期反応（イニシエーション）と発がん促進過程（プログレッション）には数回の体細胞突然変異が必要である。発がんと発がん促進過程に関与する遺伝子は，正常では細胞増殖に関与する遺伝子（細胞がん遺伝子；cellular oncogene）の活性化と細胞増殖を制御する遺伝子（がん抑制遺伝子；tumor suppressor gene）の不活化による場合が多い。細胞がん遺伝子は 1 細胞当たり 50 種以上，がん抑制遺伝子も数十種知られている。放射線のような物理的発がん要因や化学的発がん要因は，DNA 損傷などを通して細胞の突然変異を促進し，がんウイルスの感染などでは，ウイルスがん遺伝子（viral oncogene）をもっており，これを体細胞に持ち込み突然変異を引き起こす。

（Fearon, E. R., Vogelstein, B., *Cell*, **69**, 759, 1990 改変）

図 10-1　大腸がんの多段階発がん

─── HbA1c 値について（日本糖尿病学会が新基準）───

　HbA1c は糖化ヘモグロビン（グルコヘモグロビン，グルコシル化ヘモグロビンともいう）の大部分を占める物質で，その血中濃度のヘモグロビンに対する割合は血糖値に依存し，糖尿病治療における血糖コントロールの指標として用いられている。日本ではこれまで，HbA1c の測定値表記には JDS（Japan Diabetes Society）値が使われてきた。しかし日本以外のほとんどの国が NGSP（National Glycohemoglobin Standardization　Program）値を使っており，NGSP 値が事実上の国際標準となっている。HbA1c は，同じ検体を測定しても JDS 値と NGSP 値で値が異なり，その換算式は「NGSP 値（%）＝1.02×JDS 値＋0.25」である。この式で計算して小数点第 2 位を四捨五入すると，HbA1c（JDS）が 5.0〜9.9 %の場合，NGSP 値（%）＝JDS値（%）＋0.4 で求められる。2014 年 4 月 1 日以降，我が国において使用される HbA1c 表記はすべて NGSP のみとし，HbA1c（NGSP）と表記されることになった。新しい HbA1c（NGSP）値が 6.5（JDS 値では 6.1）以上の場合は，糖尿病が強く疑われる（糖尿病型）。血糖値が糖尿病型で，HbA1c が糖尿病型であれば糖尿病と判定できる。

─── キーワード ───

ミトコンドリア異常症，MELAS，ラクトース不耐症，ガラクトース血症，糖尿病，ブドウ糖負荷試験，ヘモグロビン A_{1c}（HbA_{1c}），糖原病，フォンギールケ病，ケトン体，ケトーシス，高脂血症，ゴーシェ病，フェニルケトン尿症，痛風，高尿酸血症，副腎皮質刺激ホルモン，バソプレッシン，バセドウ病，カルシトニン，副甲状腺ホルモン，アルドステロン，クッシング症候群，アジソン病，がん遺伝子，がん抑制遺伝子

11 章　生化学のための基礎的化学

生化学を理解するために化学の基礎を学習する。

11-1　原子の成り立ち

原子は中心に正電荷を持った陽子と通常は陽子と同数の電荷を持たない中性子からなる原子核（atomic nucleus）があり，原子核の周りを負電荷を持った電子が回っている（陽子，中性子，電子のような粒子を素粒子という）。電子が回っている軌道を電子軌道（電子殻）（electron orbit）という。

周期表の第1周期には水素（H）とヘリウム（He）が存在し，それぞれの電子が原子核の直近を回っている。この電子軌道のことをK殻という。K殻には電子が2個入ったもの（He）が一番安定しており，反応性は乏しい。

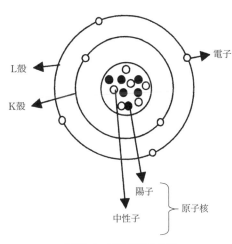

図 11-1　炭素原子の構造

第2周期にはリチウム(Li)，ベリリウム(Be)，ホウ素(B)，炭素(C)，窒素(N)，酸素（O），フッ素（F），ネオン(Ne)があり，電子はK殻の外側直近を回っておりL殻とよばれる。L殻には電子が8個入ったもの(Ne)が最も安定である。第3周期以降も電子殻は前の電子殻の外側直近にあり電子が8個入ると次の周期に移る。原子番号は陽子の数と同じである。同じ原子でも中性子の数が異なるものを同位元素（isotope）という。

　　［例］質量数12の炭素原子の場合　陽子の数(6)，中性子の数（6）であり，同位元素の
　　　　　質量数14の炭素原子では陽子の数（6），中性子の数（8）である。

最外殻電子とは一番外側の殻に存在する電子（炭素の場合は4個）のことであり，

化学反応にはこの最外殻電子が活躍する。

11-2 化学結合

1）共有結合（covalent bond）：2つの原子が互いに電子を共有することにより生ずる結合。結合力約100 kcal/mol。

    ［例］H_2O（水）

2）配位結合（coordinate bond）：1つの原子の電子対を他の原子が共有する。

    ［例］NH_4OH

3）イオン結合（ionic bond）：1つの原子の電子を他の原子に与えることにより電子を失った原子は正に，電子をもらった原子は負となり，＋と－がクーロン力で引き合うことで結合する。結合力5～10 kcal/mol。

    ［例］$NaCl$

4）金属結合：金属原子が電子を出し合い金属原子全体で共有することにより結合する。

5）その他分子間で作られる結合：

① 水素結合（hydrogen bond）：電子を引きつける力の強い原子（F, O, N, etc.）（電気陰性度が強いという）の間に水素が存在する場合，水素はどちらからも引っ張られて一種の結合状態となる，これを水素結合という。水素原子は1対の原子の一方（水素結合供与体）に共有結合し，残りの原子（水素結合受容体）と静電的に相互作用する。結合力2～5 kcal/mol。

② ファンデルワールス力：万有引力のように分子が持っている引力で互いに引き合うことで弱いながら結合状態となる（分子の電子とほかの1分子の核との静電的引力により生じる結合）。結合力約1 kcal/mol。

③ 疎水結合（hydrophobic bond）：炭化水素を含む化合物どうしの非極性結合。結合力約1 kcal/mol。

語句の説明

1）解離（dissociation）：物質が分解し，その成分に分かれること。

2）電離（イオン化）（electrolytic dissociation；ionization）：物質が水に溶けた時，＋や－のイオンを生成すること。

3）電解質（electrolyte）：イオン化しうる物質のこと。

4）原子価（valence）：1つの原子が他の原子と単結合を作る数。

    例；CH_4炭素の原子価は4

6）官能基（作用基）（functional group or group）：1つの原子団として特有の性質，作用を示す。

［例］ -OH（水酸基；アルコール基）, -CHO（アルデヒド基；ホルミル基）, -COOH（カルボキシル基）, $>C=O$（カルボニル基；ケトン基；オキソ）, -NH$_2$（アミノ基）, =NH（イミノ基）, -N=N-（アゾ基）, -NO$_2$（ニトロ基）, -NO（ニトロソ基）, -C≡N（ニトリル基；シアノ基）, -SH（メルカプト基；チオール基）, -SO$_3$H（スルホン酸基；硫酸基）, -CH$_3$（メチル基）, -CH$_2$CH$_3$（エチル基）, -CH$_2$CH$_2$CH$_3$（プロピル基）, -C$_n$H$_{2n+1}$（アルキル基）, -C$_n$H$_{2n-1}$（アルキレン基）, -COCH$_3$（アセチル基）, -COC$_n$H$_{2n+1}$（アシル基）, -OCH$_3$（メトキシ基）

ヘミアセタールの生成：RCHO+R$_1$CH$_2$OH ⟶ RC(OH)H-O-CH$_2$R$_1$

ヘミケタールの生成　：R$_0$R$_1$C=O+R$_2$CH$_2$OH ⟶ R$_0$R$_1$C(OH)-O-CH$_2$R$_2$

エステルの生成　　　：酸とアルコールから水が取れて結合する。

$$RCOOH+R_1OH \longrightarrow RCOOR_1+H_2O$$

酸アミドの生成　　　：ω位のカルボン酸とアミンが脱水縮合することにより生成

-CONH$_2$（グルタミン, アスパラギン）

ペプチド結合　　　　：1つのアミノ酸のカルボキシル基と別のアミノ酸のアミノ基から脱水縮合でできる結合

H$_2$NC（X$_1$）H-CONH-C（X$_2$）HCOOH

アルドール縮合　　　：アルデヒド基を持った2分子の化合物またはケトン基を持った2分子の化合物が付加反応を起こし, 水酸基を持ったカルボニル化合物を生成する。

$$2\,CH_3CHO \longrightarrow CH_3\text{-}CH(OH)\text{-}CH_2CHO$$

11-3　酸塩基平衡

純粋な水（H$_2$O）は非常にわずかではあるが次式のように解離をしている。

$$H_2O \rightleftarrows H^+ + OH^-$$

この式の平衡定数（解離定数）を K とすると

$$K = \frac{[H^+]\cdot[OH^-]}{[H_2O]}$$

K の値は温度により変化するが, 25℃では

$$K = 1.82\times10^{-16}$$

通常扱う薄い水溶液（体液もこれに相当する）では, 水の濃度は一定（約 55.5 M）とみなすことができ, 次式が成り立つ。

$$
\begin{aligned}
K_w &= K\cdot[H_2O]\\
&= [H^+]\cdot[OH^-]\\
&= 1.0\times10^{-14}\,(mol/l)^2
\end{aligned}
$$

ここで，K_w は水のイオン積とよばれる。

生体の機能は体液の水素イオン濃度〔H⁺〕によって大きな影響を受ける。

この水素イオン濃度をわかりやすく表現する方法として，水素イオン（H⁺）濃度の数値の逆数の常用対数，水素イオン指数（pH）が用いられる。

$$pH = \log \frac{1}{[H^+]}$$
$$= -\log [H^+]$$

〔例〕0.01 M 塩酸の pH は pH $= -\log [10^{-2}] = 2$

中性では〔H⁺〕と〔OH⁻〕が等しいので

$$[H^+]^2 = 1.0 \times 10^{-14} (mol/l)^2$$

よって，$[H^+] = 1 \times 10^{-7}$

pH＝7 となる。

〔H⁺〕が〔OH⁻〕より高い溶液を酸性溶液といい，pH メーターで測定した場合 pH＜7 で，指示薬の1つ青色リトマス紙を赤くする。

〔OH⁻〕が〔H⁺〕より高い溶液を塩基性（アルカリ性）溶液といい，pH メーターで測定した場合 pH＞7 で，赤色リトマス紙を青くする。

〔例〕HCl は水の中で H⁺＋Cl⁻とほぼ完全に電離し，〔H⁺〕が〔OH⁻〕より高くなり，酸性を示す。

NaOH は水の中で Na⁺＋OH⁻とほぼ完全に電離し，〔OH⁻〕が〔H⁺〕より高くなり，塩基性を示す。

ブレンステッド（20世紀初期デンマークの化学者）は，「酸(acid)とは H⁺（プロトン）を与えることのできる物質，塩基(base)とは H⁺を受け取ることのできる物質」と定義している。

中和(neutralization)とは

・酸と塩基が結合し，中性（酸性も塩基性も示さないもの）になること(酸と塩基の結合物を塩という)。

・陽（正 or ＋）電荷を持った物質が陰（負 or －）電荷を持つ物質と互いに電子をやり取りし，電荷を持たない物質になること。

酸塩基平衡（酸アルカリ平衡ともいう）とは，水溶液中で酸と塩基が平衡状態にあるさまをいう。

緩衝液(buffer solution)：弱酸とその塩とをまぜた水溶液は酸性が弱くかつ酸やアルカリを加えても pH が変わりにくい。また，弱塩基とその塩基の塩とをまぜた水溶液はアルカリ性が弱くかつ酸やアルカリを加えても pH が変わりにくい。このように酸やアルカリを加えても pH が変わりにくい溶液を緩衝液といい，そのような作用を緩衝作用という。

〔例〕酢酸緩衝液　（CH₃COOH，CH₃COONa を溶解した液）

体液では重炭酸塩などによる緩衝作用のほか，腎臓からの酸の排泄と肺からの二酸化炭素の排泄の調節によって pH 7.4 で酸塩基平衡が維持されている。その他よく使われる緩衝液としてリン酸緩衝液，トリス-塩酸緩衝液などがある。

キーワード

原子核，電子軌道，最外殻電子，同位原子，原子価，官能基，共有結合，イオン結合，配位結合，水素結合，疎水結合，解離，電離（イオン化），電解質，酸，塩基（アルカリ），中和，緩衝液

付　録

1．構造式の結合記号

── 共有結合	▶	(クサビ形) 実線で示す結合を含む面 (基準面) より，見る人に近いほうから基準面へ向かう結合を表わす
═ 二重結合	▬	(太い実線) クサビ形と同じ意味
≡ 三重結合		
---- 水素結合	⇌	可逆反応
──▶ 配位結合		

2．接頭語と接尾語

(1) 接頭語

hydro-	水素添加，水に関係	cis-	こちら側，同じ側
anhydro-	無水の	trans-	反対側
dehydro-	脱水素	iso-	相似の，等方性の
hetero-	異なる，他の	cyclo-	環状
homo-	同じ，同様の	neo-	新しい

(2) 接尾語

-ane (アン)	飽和直鎖炭化水素	-ol (オール)	アルコール(-OH 基をもつ化合物)
-ene (エン)	二重結合を持つ直鎖炭化水素。飽和炭化水素名の -ane を -ene に変える	-thiol (チオール)	-SH 基をもつチオアルコール
		-al (アール)	アルデヒド
		-one (オン)	ケトン
-yne (イン)	三重結合を持つ直鎖炭化水素	-oic acid (オイックアシッド) カルボン酸	
-yl (イル)	飽和直鎖炭化水素の鎖端から水素 1 原子を除いた基。飽和炭化水素名の -ane を -yl に変えて命令する。	-ate (または-oate) (エート) カルボン酸エステル	
		-amide (アミド)	一般式 $R-CO-NH_2$ をもつものを酸アミドという。

3．数　詞

数	ギリシャ語数詞	名　称	数	ギリシャ語数詞	名　称
1	mono	モノ(uni ラテン語系)	10	deca	デカ
2	di	ジ (bi ラテン語系)	11	undeca (ラテン語)	ウンデカ
3	tri	トリ	12	dodeca	ドデカ
4	tetra	テトラ	13	trideca	トリデカ
5	penta	ペンタ	⋮		
6	hexa	ヘキサ	20	eicosa	エイコサ
7	hepta	ヘプタ	21	heneicosa	ヘンエイコサ
8	octa	オクタ	22	docosa	ドコサ
9	nona (ラテン語)	ノナ	1/2	hemi	ヘミ

4．累乗（ベキ）を表わす接頭語

デカ	deca	10 倍	10	デシ	deci	1/10	10^{-1}
ヘクト	hecto	100 倍	10^2	センチ	centi	1/100	10^{-2}
キロ	kilo	1,000 倍	10^3	ミリ	milli	1/1,000	10^{-3}
メガ	mega	百万倍	10^6	マイクロ	micro	1/1,000,000	10^{-6}
ギガ	giga	十億倍	10^9	ナノ	nano	1/1,000,000,000	10^{-9}
テラ	tera	1 兆倍	10^{12}	ピコ	pico	1/1,000,000,000,000	10^{-12}

5．ギリシャ文字

名　　称		大文字	小文字	名　　称		大文字	小文字
Alpha	アルファ	A	α	Nu	ニュー	N	ν
Beta	ベータ	B	β	Xi	グザイ	Ξ	ξ
Gamma	ガンマ	Γ	γ	Omicron	オミクロン	O	o
Delta	デルタ	Δ	δ	Pi	パイ	Π	π
Epsilon	イプシロン	E	ε	Rho	ロー	P	ρ
Zeta	ゼータ	Z	ζ	Sigma	シグマ	Σ	σ
Eta	イータ	H	η	Tau	タウ	T	τ
Theta	シータ	Θ	θ	Upsilon	ウプシロン	Υ	υ
Iota	イオタ	I	ι	Phi	ファイ	Φ	ϕ
Kappa	カッパ	K	k	Chi	カイ	X	χ
Lambda	ラムダ	Λ	λ	Psi	プサイ	Ψ	ψ
Mu	ミュー	M	μ	Omega	オメガ	Ω	ω

付表 1 　生化学関係臨床検査値

　基準範囲等は大部分亀山正邦・高久史麿編「今日の治療指針」（2002，医学書院）および金井正光編著「臨床検査法提要」（1998）に基づいた。測定法はこの臨床検査法提要に記載されている代表的なものによった。

　基準範囲：年齢差，性差，日内変動，食事・運動・飲水などの影響が認められる項目では，主として成人安静空腹時値が示されている。一般に基準範囲とは生活環境・生活習慣を同じくする選択された基準個体の集団の示す計測値の分布で，中央値を含む 95 ％の個体の示す範囲。ここに掲げた基準範囲と本文中に記載されている数値と多少の違いがある場合がある。病院や検査施設から渡される検査結果に記載されている基準範囲にも多少の差異がある。これは多数の検体を扱う病院や検査施設では，それぞれの施設の検査機器・方法で得られたデータに基づいて独自の基準範囲を定めているからである。本文中や教科書間の検査数値の違いは多くは参考文献の違いによる。なかには血糖値のように学会などが定めている場合があるが，このような場合は本文中にその旨記載した。

　表中の略号・単位など　B：全血（blood），B_E：EDTA 加血液，B_h：ヘパリン加血液，P：血漿（plasma），P_E：EDTA 加血漿，Bh：ヘパリン加血漿，S：血清（serum），U：尿（urine），M：男性，F：女性，L：liter，1 ml：$10^{-3}l$，1 μl：$10^{-6}l$，fl：femtoliter，$10^{-15}l$，pg：picogram，10^{-12}g

血液検査と血清または血漿の臨床生化学的検査

項目	検体	基準範囲	異常	
			高値を示す場合の例	低値を示す場合の例
血液細胞学的検査	B_E		真性多血症，二次性赤血球増加症，血液濃縮	貧血：失血性貧血，鉄欠乏性貧血，溶血性貧血，巨赤芽球性貧血，悪性貧血，再生不良性貧血
赤血球数	B_E	M　410〜570×10⁴/μl　　F　380〜500×10⁴/μl		
ヘモグロビン	B_E	M　13〜18 g/dl　　F　11〜15 g/dl		
平均赤血球容積（MCV）		82〜100 fl		
平均赤血球血色素濃度（MCH）		28〜34 pg		
ヘマトクリット値	B_E	M　40〜50 ％　　F　34〜45 ％		
血小板数	B_E	13〜40×10⁴/μl	本態性血小板血症，慢性骨髄性白血病，真性多血症	血小板産生の低下（貧血），血小板破壊の亢進（血小板減少性紫斑病）
白血球数	B_E	M　4000〜9000/μl		
白血球百分率	B_E			
好中球桿状核		7.5 ％（0〜13 ％）	感染症，骨髄性白血病，骨髄増殖性疾患，悪性腫瘍	再生不良性貧血，抗癌剤投与，薬物アレルギー，放射線照射，癌の骨転移，悪性貧血
好中球分葉核		47.5 ％（38〜58.9 ％）		
好酸球		3 ％（0.2〜6.8 ％）	寄生虫疾患，白血病	
好塩基球		0.5 ％（0〜1.0 ％）	慢性骨髄性白血病	
リンパ球		36.5 ％（26〜46.6 ％）	慢性感染症，急性，慢性リンパ性白血病	相対的減少：急性感染症
単球		5 ％（2.3〜7.7 ％）	白血病，悪性リンパ腫，膠原病	
物理化学的検査				
血漿比重	P	1.024〜1.029		
水分量		90.8〜91.0 ％		
総固形分		8.5〜10.0 ％		
浸透圧		275〜290 mOsm/kgH_2O		

項目	検体	基準範囲	異常（高値を示す場合の例）	異常（低値を示す場合の例）
生化学検査				
総タンパク質（TP）	S	6.5〜8.0 (7.5) g/d*l*		低栄養，消化吸収障害，出血，熱傷，悪性腫瘍
アルブミン	S	3.5〜5.5 g/d*l*		
A/G		1.1〜2.0		
タンパク分画比	S			
アルブミン分画		60〜72 %		重症肝疾患
α_1-グロブリン分画		2〜3 %	妊娠，悪性腫瘍	肝疾患，ネフローゼ
α_2-グロブリン分画		5〜9 %	ネフローゼ，糖尿病	急性膵炎，DIC，肝障害
β-グロブリン分画		7〜11 %	甲状腺機能低下	重症肝疾患
γ-グロブリン分画		9〜20 %	慢性感染症	無 γ-グロブリン血症
フィシャー比	S	2.5〜4.5		肝硬変（BCAA/AAA モル比）
CRP	S	≦0.3 mg/d*l*	炎症性疾患，心筋梗塞，悪性腫瘍	
膠質反応	S			
硫酸亜鉛混濁試験（ZTT）	S	4〜12 U(Kunkel 単位)	IgG 増加，アルブミン減少で上昇	
チモール混濁反応（TTT）	S	0〜5(Kunkel 単位)	IgG，IgM 増加で上昇	
非タンパク窒素化合物（NPN）				
総 NPN	S	25〜40 mg/d*l*	腎不全，熱傷，消化管出血，高タンパク質食	肝機能低下（肝硬変，肝炎），利尿剤使用時
尿素窒素（BUN）	S	8〜20 mg/d*l*		
尿酸	S M	4〜7 mg/d*l*	尿酸産生過剰，尿酸排泄低下等による高尿酸血症（7 mg/d*l* 以上が高尿酸血症），痛風，尿路結石	尿酸産生低下，尿酸排泄増加
	F	3〜5.5 mg/d*l*		
クレアチニン	S M	0.8〜1.2 mg/d*l*	GFR の低下，腎疾患，腎不全，心不全，脱水血液濃縮	筋ジストロフィー
	F	0.6〜0.9 mg/d*l*		
内因性クレアチニンクリアランス（Ccr）(24 h Ccr)	S,U M	89〜155 m*l*/min	妊娠，高タンパク質，急速利尿	急性，慢性糸球体腎炎，本態性高血圧症，尿閉
	F	82〜122 m*l*/min		
クレアチン	S M	0.2〜0.5 mg/d*l*	横紋筋融解症，筋ジストロフィー，甲状腺機能亢進症	
	F	0.4〜0.9 mg/d*l*		
アンモニア	P_E	10〜70 μg/d*l*	重症肝炎，肝癌，門脈閉塞症	
糖質代謝関連物質				
グルコース（血糖）	S,P	空腹時：60≦ <110 mg/d*l*	糖尿病，血糖上昇ホルモンの上昇	インスリノーマ，低栄養
75 g OGTT	S,P	2 時間値：<140 mg/d*l*	糖尿病	
グルコヘモグロビン				
HbA₁（総）	Bh	5〜8 %	糖尿病：過去 1〜2 か月前の血糖値を反映する。	赤血球寿命の短縮：溶血性貧血など
HbA₁c	Bh	4.3〜5.8 %		
フルクトサミン	S	210〜290 μmol/*l*	過去約 2 週間前の血糖を反映	
インスリン（IRI）	S	5〜15 μU/m*l*		
総ケトン体	S	<100 μmol/*l*	糖尿病：インスリン作用不足	
脂質代謝関連物質				
総脂質	S	355〜710 mg/d*l*		
総コレステロール	S	120〜220 mg/d*l*	原発性高コレステロール症(IIa)，二次性高コレステロール症：糖尿病，閉塞性黄疸	原発性：無 β リポタンパク血症，二次性：甲状腺機能亢進，重症肝臓実質障害，栄養障害
遊離型		40〜80 mg/d*l*		
エステル型		80〜170 mg/d*l*		急性，慢性肝炎，肝硬変
エステル比		60〜80 %		
トリグリセリド	S	30〜150 mg/d*l*	高キロミクロン血症，高脂肪食	
リン脂質	S	150〜230 mg/d*l*	高脂血症，糖尿病，閉塞性黄疸	重症肝実質障害，重症貧血
遊離脂肪酸	S	0.14〜0.85 mEq/*l*	糖尿病，重症肝障害，肥満症	甲状腺機能低下，Addison 病
過酸化脂質	B	1.22〜3.04 nmol/m*l*	肝疾患，糖尿病，動脈硬化症	
リポタンパク分画				
HDL コレステロール	S M	40〜67 mg/d*l*	高値（>100 mg/d*l*）：CETP 欠損症，適度のアルコール，肺気腫	低 HDL-C 血症<40 mg/d*l*：アポ AI/CIII 欠損症，喫煙，運動不足
	F	40〜71 mg/d*l*		
LDL コレステロール	S	80〜140 mg/d*l*	高脂血症II型，140 mg/d*l*≦高 LDL	
総ビリルビン	S	0.2〜1.0 mg/d*l*	潜在性黄疸：1〜2；顕性：2 以上	小球性低色素性貧血，悪液質
直接型		0〜0.4 mg/d*l*	閉塞性黄疸，肝性黄疸	
間接型		0.1〜0.8 mg/d*l*	溶血性黄疸，肝性黄疸	
デルタビリルビン		0.46±0.07 mg/d*l*		
黄疸指数	S	4〜6(潜在性黄疸：7〜15)	顕性黄疸：16 以上	

項目	検体	基準範囲	異常	
			高値を示す場合の例	低値を示す場合の例
電解質				
Na⁺	S	139〜146 mEq/l	脱水症，食塩過剰	嘔吐，下痢による喪失，腎不全
Cl⁻	S	101〜108 mEq/l	脱水症，腎盂腎炎	水分過剰投与，嘔吐，アルドステロン症
K⁺	S	3.7〜4.8 mEq/l	高度腎不全，アジソン病	嘔吐，下痢による喪失
HCO₃⁻	S	101〜109 mEq/l		
	Bh	23〜28 mEq/l		
総 Ca	S	8.5〜10.2 mg/dl	副甲状腺機能亢進症，ビタミンD作用の過剰，急性腎不全	副甲状腺機能低下症，ビタミンD作用障害，慢性腎不全，乳癌，肺癌
イオン化 Ca(iCa)	S	1.23±0.03 mmol/l		
無機リン	S	成人 2.5〜4.5 mg/dl 小児 4〜7 mg/dl	腎不全，副甲状腺機能低下症，甲状腺機能亢進症	糖質の投与・高カロリー輸液・呼吸性アルカローシス，下痢，嘔吐
Mg	S	1.33〜1.98 mEq/l 1.8〜2.4 mg/dl	腎不全，甲状腺機能低下症，尿毒症，急性肝炎，アジソン病	慢性(重症)下痢，急性膵炎，腎不全多尿期，ループ利尿薬
血清鉄(SI)(朝高く，夕方低い日内変動)	M	70〜200 μg/dl	再生不良性貧血，ヘモクロマトーシス，急性肝炎	鉄欠乏性貧血，真性赤血球増加症，悪性腫瘍，感染症
	F	50〜160 μg/dl		
銅(Cu)	S	70〜128 μg/dl	胆道疾患，血液疾患，炎症性疾患	Wilson 病，Menkes 症候群
pH		7.35〜7.45	アルカローシス：代謝性，呼吸性	アシドーシス：代謝性，呼吸性
酵素				
酸性ホスファターゼ（ACP）	S	総 ACP 4〜11 U/l 前立腺性<3 ng/ml	前立腺癌，骨疾患(Paget 病，腫瘍の骨転移)，肝疾患	前立腺摘出後
アルカリホスファターゼ（ALP）	S	80〜260 U/l	骨疾患(Paget 病，くる病，悪性骨腫瘍)，閉塞性黄疸	慢性腎炎，クレチニスムス，壊血病
アミラーゼ	S	48〜168 Somogyi 単位	急性膵炎，耳下腺炎，膵癌	慢性膵炎，シェーグレン症候群
コリンエステラーゼ(ChE)	S	120〜460 U/l	ネフローゼ症候群，脂肪肝	肝疾患，腫瘍，栄養障害
クレアチンキナーゼ(CK)(SSCC 法)	S	M 43〜272 U/l F 30〜165 U/l	進行性筋ジストロフィー，心筋梗塞，脳血管障害	甲状腺機能亢進症，全身性エリテマトーデス
AST（GOT）	S	8〜33 U/l	急性，慢性肝炎，心筋梗塞	
ALT（GPT）	S	4〜45 U/l	急性，慢性肝炎	
LDH	S	100〜225 U/l	心筋梗塞，溶血性貧血，悪性腫瘍	
LAP	S	30〜70 U/l	急性，慢性肝炎，閉塞性黄疸	
γ-GT(γ-GTP)	S	0〜60 U/l	アルコール性，薬剤性肝障害	

尿検査

項目	基準範囲	高値を示す場合の例	低値を示す場合の例
尿量	600〜1600 ml/日	多尿：糖尿病，尿崩症，水中毒	欠尿，無尿，尿閉
pH	4.5〜7.5 (6.0)		
比重	1.006〜1.030		尿崩症(ADH の分泌又は作用不足)
尿タンパク	20〜120 mg/日	腎炎，ネフローゼ，尿路感染症	
尿糖	—	糖尿病，腎性糖尿	
ケトン体	—	糖尿病	
ビリルビン	—	胆汁うっ滞，肝細胞性黄疸	
ウロビリノーゲン	0.5〜2.0 mg/日	肝機能障害，血球破壊亢進	胆道閉塞，高度の腎機能障害
潜血反応	—	尿路系の出血，炎症，腫瘍	

付表 2　日本人の食事摂取基準（2020 年版）

推定エネルギー必要量（kcal/日）

性　　別	男　　性			女　　性		
身体活動レベル[1]	I	II	III	I	II	III
0〜5　（月）	—	550	—	—	500	—
6〜8　（月）	—	650	—	—	600	—
9〜11　（月）	—	700	—	—	650	—
1〜2　（歳）	—	950	—	—	900	—
3〜5　（歳）	—	1,300	—	—	1,250	—
6〜7　（歳）	1,350	1,550	1,750	1,250	1,450	1,650
8〜9　（歳）	1,600	1,850	2,100	1,500	1,700	1,900
10〜11　（歳）	1,950	2,250	2,500	1,850	2,100	2,350
12〜14　（歳）	2,300	2,600	2,900	2,150	2,400	2,700
15〜17　（歳）	2,500	2,800	3,150	2,050	2,300	2,550
18〜29　（歳）	2,300	2,650	3,050	1,700	2,000	2,300
30〜49　（歳）	2,300	2,700	3,050	1,750	2,050	2,350
50〜64　（歳）	2,200	2,600	2,950	1,650	1,950	2,250
65〜74　（歳）	2,050	2,400	2,750	1,550	1,850	2,100
75 以上　（歳）[2]	1,800	2,100	—	1,400	1,650	—
妊婦（付加量）[3]　初期				+50	+50	+50
中期				+250	+250	+250
後期				+450	+450	+450
授乳婦　（付加量）				+350	+350	+350

1）身体活動レベルは，低い，ふつう，高いの 3 つのレベルとして，それぞれ I，II，III で示した。
2）レベル II は自立している者，レベル I は自宅にいてほとんど外出しない者に相当する。レベル I は高齢者施設で自立に近い状態で過ごしている者にも適用できる値である。
3）妊婦個々の体格や妊娠中の体重増加量および，胎児の発育状況の評価を行うことが必要である。
注 1：活用に当たっては，食事摂取状況のアセスメント，体重および BMI の把握を行い，エネルギーの過不足は，体重の変化または BMI を用いて評価すること。
注 2：身体活動レベル I の場合，少ないエネルギー消費量に見合った少ないエネルギー摂取量を維持することになるため，健康の保持・増進の観点からは，身体活動量を増加させる必要がある。

参照体重における基礎代謝量

年齢（歳）	男　　性			女　　性		
	基礎代謝基準値 （kcal/kg 体重/日）	参照体重 （kg）	基礎代謝量 （kcal/日）	基礎代謝基準値 （kcal/kg 体重/日）	参照体重 （kg）	基礎代謝量 （kcal/日）
1〜2	61.0	11.5	700	59.7	11.0	660
3〜5	54.8	16.5	900	52.2	16.1	840
6〜7	44.3	22.2	980	41.9	21.9	920
8〜9	40.8	28.0	1,140	38.3	27.4	1,050
10〜11	37.4	35.6	1,330	34.8	36.3	1,260
12〜14	31.0	49.0	1,520	29.6	47.5	1,410
15〜17	27.0	59.7	1,610	25.3	51.9	1,310
18〜29	23.7	64.5	1,530	22.1	50.3	1,110
30〜49	22.5	68.1	1,530	21.9	53.0	1,160
50〜64	21.8	68.0	1,480	20.7	53.8	1,110
65〜74	21.6	65.0	1,400	20.7	52.1	1,080
75 以上	21.5	59.6	1,280	20.7	48.8	1,010

タンパク質の食事摂取基準
（推定平均必要量，推奨量，目安量：g/日，目標量：％エネルギー）

性　別								
	男　性				女　性			
年　齢　等	推定平均必要量	推奨量	目安量	目標量[1]	推定平均必要量	推奨量	目安量	目標量[1]
0〜5　（月）	—	—	10	—	—	—	10	—
6〜8　（月）	—	—	15	—	—	—	15	—
9〜11　（月）	—	—	25	—	—	—	25	—
1〜2　（歳）	15	20	—	13〜20	15	20	—	13〜20
3〜5　（歳）	20	25	—	13〜20	20	25	—	13〜20
6〜7　（歳）	25	30	—	13〜20	25	30	—	13〜20
8〜9　（歳）	30	40	—	13〜20	30	40	—	13〜20
10〜11　（歳）	40	45	—	13〜20	40	50	—	13〜20
12〜14　（歳）	50	60	—	13〜20	45	55	—	13〜20
15〜17　（歳）	50	65	—	13〜20	45	55	—	13〜20
18〜29　（歳）	50	65	—	13〜20	40	50	—	13〜20
30〜49　（歳）	50	65	—	13〜20	40	50	—	13〜20
50〜64　（歳）	50	65	—	14〜20	40	50	—	14〜20
65〜74　（歳）[2]	50	60	—	15〜20	40	50	—	15〜20
75 以上　（歳）[2]	50	60	—	15〜20	40	50	—	15〜20
妊　婦（付加量）　初期					+0	+0	—	—[3]
中期					+5	+5	—	—[3]
後期					+20	+25	—	—[4]
授乳婦（付加量）					+15	+20	—	—[4]

1）範囲に関しては，おおむねの値を示したものであり，弾力的に運用すること。
2）65 歳以上の高齢者について，フレイル予防を目的とした量を定めることは難しいが，身長・体重が参照体位に比べて小さい者や，特に 75 歳以上であって加齢に伴い身体活動量が大きく低下した者など，必要エネルギー摂取量が低い者では，下限が推奨量を下回る場合があり得る。この場合でも，下限は推奨量以上とすることが望ましい。
3）妊婦（初期・中期）の目標量は，13〜20 ％エネルギーとした。
4）妊婦（後期）および授乳婦の目標量は，15〜20 ％エネルギーとした。

脂質の食事摂取基準（1）

年　齢　等	脂質の総エネルギーに占める割合 脂肪エネルギー比率；％エネルギー				飽和脂肪酸 （％エネルギー）[2,3]	
	男　性		女　性		男　性	女　性
	目安量	目標量[1]	目安量	目標量[1]	目標量	目標量
0〜5　（月）	50	—	50	—	—	—
6〜11　（月）	40	—	40	—	—	—
1〜2　（歳）	—	20〜30	—	20〜30	—	—
3〜5　（歳）	—	20〜30	—	20〜30	10 以下	10 以下
6〜7　（歳）	—	20〜30	—	20〜30	10 以下	10 以下
8〜9　（歳）	—	20〜30	—	20〜30	10 以下	10 以下
10〜11　（歳）	—	20〜30	—	20〜30	10 以下	10 以下
12〜14　（歳）	—	20〜30	—	20〜30	10 以下	10 以下
15〜17　（歳）	—	20〜30	—	20〜30	8 以下	8 以下
18〜29　（歳）	—	20〜30	—	20〜30	7 以下	7 以下
30〜49　（歳）	—	20〜30	—	20〜30	7 以下	7 以下
50〜64　（歳）	—	20〜30	—	20〜30	7 以下	7 以下
65〜74　（歳）	—	20〜30	—	20〜30	7 以下	7 以下
75 以上　（歳）	—	20〜30	—	20〜30	7 以下	7 以下
妊　婦			—	20〜30		7 以下
授乳婦			—	20〜30		7 以下

1）範囲については，おおむねの値を示したものである。
2）飽和脂肪酸と同じく，脂質異常症および循環器疾患に関与する栄養素としてコレステロールがある。コレステロールに目標量は設定しないが，これは許容される摂取量に上限が存在しないことを保証するものではない。また，脂質異常症の重症化予防の目的からは，200 mg/日未満に留めることが望ましい。
3）飽和脂肪酸と同じく，冠動脈疾患に関与する栄養素としてトランス脂肪酸がある。日本人の大多数は，トランス脂肪酸に関する世界保健機関（WHO）の目標（1 ％エネルギー未満）を下回っており，トランス脂肪酸の摂取による健康への影響は，飽和脂肪酸の摂取によるものと比べて小さいと考えられる。ただし，脂質に偏った食事をしている者では，留意する必要がある。トランス脂肪酸は人体にとって不可欠な栄養素ではなく，健康の保持・増進を図る上で積極的な摂取は勧められないことから，その摂取量は 1 ％エネルギー未満に留めることが望ましく，1 ％エネルギー未満でもできるだけ低く留めることが望ましい。

脂質の食事摂取基準（2）

年　齢　等	n-6 系脂肪酸 (g/日)		n-3 系脂肪酸 (g/日)	
	男　性	女　性	男　性	女　性
	目安量	目安量	目安量	目安量
0〜5　　（月）	4	4	0.9	0.9
6〜11　（月）	4	4	0.8	0.8
1〜2　　（歳）	4	4	0.7	0.8
3〜5　　（歳）	6	6	1.1	1.0
6〜7　　（歳）	8	7	1.5	1.3
8〜9　　（歳）	8	7	1.5	1.3
10〜11　（歳）	10	8	1.6	1.6
12〜14　（歳）	11	9	1.9	1.6
15〜17　（歳）	13	9	2.1	1.6
18〜29　（歳）	11	8	2.0	1.6
30〜49　（歳）	10	8	2.0	1.6
50〜64　（歳）	10	8	2.2	1.9
65〜74　（歳）	9	8	2.2	2.0
75 以上　（歳）	8	7	2.1	1.8
妊　婦		9		1.6
授乳婦		10		1.8

炭水化物，食物繊維の食事摂取基準

性　　別	炭水化物（%エネルギー）		食物繊維(g/日)	
年　齢　等	男　性	女　性	男　性	女　性
	目標量[1,2]	目標量[1,2]	目標量	目標量
0〜5　　（月）	—	—	—	—
6〜11　（月）	—	—	—	—
1〜2　　（歳）	50〜65	50〜65	—	—
3〜5　　（歳）	50〜65	50〜65	8 以上	8 以上
6〜7　　（歳）	50〜65	50〜65	10 以上	10 以上
8〜9　　（歳）	50〜65	50〜65	11 以上	11 以上
10〜11　（歳）	50〜65	50〜65	13 以上	13 以上
12〜14　（歳）	50〜65	50〜65	17 以上	17 以上
15〜17　（歳）	50〜65	50〜65	19 以上	18 以上
18〜29　（歳）	50〜65	50〜65	21 以上	18 以上
30〜49　（歳）	50〜65	50〜65	21 以上	18 以上
50〜64　（歳）	50〜65	50〜65	21 以上	18 以上
65〜74　（歳）	50〜65	50〜65	20 以上	17 以上
75 以上　（歳）	50〜65	50〜65	20 以上	17 以上
妊　婦		50〜65		18 以上
授乳婦		50〜65		18 以上

1）範囲については，おおむねの値を示したものである。
2）アルコールを含む。ただし，アルコールの摂取を勧めるものではない。

エネルギー産生栄養素バランス(%エネルギー)

性　別	男　性				女　性			
	目標量[1),2)]				目標量[1),2)]			
年　齢　等	タンパク質[3)]	脂質[4)]		炭水化物[5),6)]	タンパク質[3)]	脂質[4)]		炭水化物[5),6)]
		脂質	飽和脂肪酸			脂質	飽和脂肪酸	
0〜11　（月）	—	—		—	—	—		—
1〜2　（歳）	13〜20	20〜30	—	50〜65	13〜20	20〜30	—	50〜65
3〜5　（歳）	13〜20	20〜30	10以下	50〜65	13〜20	20〜30	10以下	50〜65
6〜7　（歳）	13〜20	20〜30	10以下	50〜65	13〜20	20〜30	10以下	50〜65
8〜9　（歳）	13〜20	20〜30	10以下	50〜65	13〜20	20〜30	10以下	50〜65
10〜11　（歳）	13〜20	20〜30	10以下	50〜65	13〜20	20〜30	10以下	50〜65
12〜14　（歳）	13〜20	20〜30	10以下	50〜65	13〜20	20〜30	10以下	50〜65
15〜17　（歳）	13〜20	20〜30	8以下	50〜65	13〜20	20〜30	8以下	50〜65
18〜29　（歳）	13〜20	20〜30	7以下	50〜65	13〜20	20〜30	7以下	50〜65
30〜49　（歳）	13〜20	20〜30	7以下	50〜65	13〜20	20〜30	7以下	50〜65
50〜64　（歳）	14〜20	20〜30	7以下	50〜65	14〜20	20〜30	7以下	50〜65
65〜74　（歳）	15〜20	20〜30	7以下	50〜65	15〜20	20〜30	7以下	50〜65
75 以上　（歳）	15〜20	20〜30	7以下	50〜65	15〜20	20〜30	7以下	50〜65
妊　婦　初期					13〜20			
中期					13〜20	20〜30	7以下	50〜65
後期					15〜20			
授乳婦					15〜20			

1) 必要なエネルギー量を確保した上でのバランスとすること。
2) 範囲に関しては，おおむねの値を示したものであり，弾力的に運用すること。
3) 65 歳以上の高齢者について，フレイル予防を目的とした量を定めることは難しいが，身長・体重が参照体位に比べて小さい者や，特に 75 歳以上であって加齢に伴い身体活動量が大きく低下した者など，必要エネルギー摂取量が低い者では，下限が推奨量を下回る場合があり得る。この場合でも，下限は推奨量以上とすることが望ましい。
4) 脂質については，その構成成分である飽和脂肪酸など，質への配慮を十分に行う必要がある。
5) アルコールを含む。ただし，アルコールの摂取を勧めるものではない。
6) 食物繊維の目標量を十分に注意すること。

脂溶性ビタミンの食事摂取基準 (1)

| 性　別 | ビタミンA（μgRAE/日）[1)] | | | | | | | | ビタミンD（μg/日）[4)] | | | |
| | 男　性 | | | | 女　性 | | | | 男　性 | | 女　性 | |
年　齢　等	推定平均必要量[2)]	推奨量[2)]	目安量[3)]	耐容上限量[5)]	推定平均必要量[2)]	推奨量[2)]	目安量[3)]	耐容上限量[5)]	目安量	耐容上限量	目安量	耐容上限量
0〜5　（月）	—	—	300	600	—	—	300	600	5.0	25	5.0	25
6〜11　（月）	—	—	400	600	—	—	400	600	5.0	25	5.0	25
1〜2　（歳）	300	400	—	600	250	350	—	600	3.0	20	3.5	20
3〜5　（歳）	350	450	—	700	350	500	—	850	3.5	30	4.0	30
6〜7　（歳）	300	400	—	950	300	400	—	1,200	4.5	30	5.0	30
8〜9　（歳）	350	500	—	1,200	350	500	—	1,500	5.0	40	6.0	40
10〜11　（歳）	450	600	—	1,500	400	600	—	1,900	6.5	60	8.0	60
12〜14　（歳）	550	800	—	2,100	500	700	—	2,500	8.0	80	9.5	80
15〜17　（歳）	650	900	—	2,500	500	650	—	2,800	9.0	90	8.5	90
18〜29　（歳）	600	850	—	2,700	450	650	—	2,700	8.5	100	8.5	100
30〜49　（歳）	650	900	—	2,700	500	700	—	2,700	8.5	100	8.5	100
50〜64　（歳）	650	900	—	2,700	500	700	—	2,700	8.5	100	8.5	100
65〜74　（歳）	600	850	—	2,700	500	700	—	2,700	8.5	100	8.5	100
75 以上　（歳）	550	800	—	2,700	450	650	—	2,700	8.5	100	8.5	100
妊　婦　（付加量）												
前期					+0	+0	—	—			8.5[5)]	—[5)]
中期					+0	+0	—	—				
後期					+60	+80	—	—				
授乳婦（付加量）					+300	+450	—	—			8.5[5)]	—[5)]

1) レチノール活性当量（μgRAE）
　＝レチノール（μg）＋β-カロテン（μg）×1/12＋α-カロテン（μg）×1/24
　＋β-クリプトキサンチン（μg）×1/24＋その他のプロビタミンA カロテノイド（μg）×1/24
2) プロビタミンA カロテノイドを含む。
3) プロビタミンA カロテノイドを含まない。
4) 日照により皮膚でビタミンD が産生されることを踏まえ，フレイル予防を図る者はもとより，全年齢区分を通じて，日常生活において可能な範囲内での適度な日光浴を心掛けるとともに，ビタミンD の摂取については，日照時間を考慮に入れることが重要である。
5) ビタミンD の目安量，耐容上限量は付加量ではない。

脂溶性ビタミンの食事摂取基準（2）

性　別	ビタミン E（mg/日）[1]				ビタミン K（μg/日）	
	男　性		女　性		男　性	女　性
年　齢　等	目安量	耐容上限量	目安量	耐容上限量	目安量	目安量
0〜5 （月）	3.0	—	3.0	—	4	4
6〜11 （月）	4.0	—	4.0	—	7	7
1〜2 （歳）	3.0	150	3.0	150	50	60
3〜5 （歳）	4.0	200	4.0	200	60	70
6〜7 （歳）	5.0	300	5.0	300	80	90
8〜9 （歳）	5.0	350	5.0	350	90	110
10〜11 （歳）	5.5	450	5.5	450	110	140
12〜14 （歳）	6.5	650	6.0	600	140	170
15〜17 （歳）	7.0	750	5.5	650	160	150
18〜29 （歳）	6.0	850	5.0	650	150	150
30〜49 （歳）	6.0	900	5.5	700	150	150
50〜64 （歳）	7.0	850	6.0	700	150	150
65〜74 （歳）	7.0	850	6.5	650	150	150
75 以上 （歳）	6.5	750	6.0	650	150	150
妊　婦			6.5	—		150
授乳婦			7.0	—		150

1）α-トコフェロールについて算定した。α-トコフェロール以外のビタミン E は含んでいない。

水溶性ビタミンの食事摂取基準（1）

性　別	ビタミン B$_1$（mg/日）[1,2]						ビタミン B$_2$（mg/日）[3]					
	男　性			女　性			男　性			女　性		
年　齢　等	推定平均必要量	推奨量	目安量	推定平均必要量	推奨量	目安量	推定平均必要量	推奨量	目安量	推定平均必要量	推奨量	目安量
0〜5 （月）	—	—	0.1	—	—	0.1	—	—	0.3	—	—	0.3
6〜11 （月）	—	—	0.2	—	—	0.2	—	—	0.4	—	—	0.4
1〜2 （歳）	0.4	0.5	—	0.4	0.5	—	0.5	0.6	—	0.5	0.5	—
3〜5 （歳）	0.6	0.7	—	0.6	0.7	—	0.7	0.8	—	0.6	0.8	—
6〜7 （歳）	0.7	0.8	—	0.7	0.8	—	0.8	0.9	—	0.7	0.9	—
8〜9 （歳）	0.8	1.0	—	0.8	0.9	—	0.9	1.1	—	0.9	1.0	—
10〜11 （歳）	1.0	1.2	—	0.9	1.1	—	1.1	1.4	—	1.0	1.3	—
12〜14 （歳）	1.2	1.4	—	1.1	1.3	—	1.3	1.6	—	1.2	1.4	—
15〜17 （歳）	1.3	1.5	—	1.0	1.2	—	1.4	1.7	—	1.2	1.4	—
18〜29 （歳）	1.2	1.4	—	0.9	1.1	—	1.3	1.6	—	1.0	1.2	—
30〜49 （歳）	1.2	1.4	—	0.9	1.1	—	1.3	1.6	—	1.0	1.2	—
50〜64 （歳）	1.1	1.3	—	0.9	1.1	—	1.2	1.5	—	1.0	1.2	—
65〜74 （歳）	1.1	1.3	—	0.9	1.1	—	1.2	1.5	—	1.0	1.2	—
75 以上 （歳）	1.0	1.2	—	0.8	0.9	—	1.1	1.3	—	0.9	1.0	—
妊　婦（付加量）				+0.2	+0.2	—				+0.2	+0.3	—
授乳婦（付加量）				+0.2	+0.2	—				+0.5	+0.6	—

1）チアミン塩化物塩酸塩（分子量＝337.3）の重量として示した。
2）身体活動レベルIIの推定エネルギー必要量を用いて算定した。
　特記事項：推定平均必要量は，ビタミン B$_1$ の欠乏症である脚気を予防するに足る最小必要量からではなく，尿中にビタミン B$_1$ の排泄量が増大し始める摂取量（体内飽和量）から算定。
3）身体活動レベルIIの推定エネルギー必要量を用いて算定した。
　特記事項：推定平均必要量は，ビタミン B$_2$ の欠乏症である口唇炎，口角炎，舌炎などの皮膚炎を予防するに足る最小必要量からではなく，尿中にビタミン B$_2$ の排泄量が増大し始める摂取量（体内飽和量）から算定。

水溶性ビタミンの食事摂取基準 (2)

性　別	ナイアシン（mgNE/日）[1,2]								ビタミンB6（mg/日）[5]							
	男　性				女　性				男　性				女　性			
年　齢　等	推定平均必要量	推奨量	目安量	耐容上限量[3]	推定平均必要量	推奨量	目安量	耐容上限量[3]	推定平均必要量	推奨量	目安量	耐容上限量[6]	推定平均必要量	推奨量	目安量	耐容上限量[6]
0～5　（月）[4]	—	—	2	—	—	—	2	—	—	—	0.2	—	—	—	0.2	—
6～11　（月）	—	—	3	—	—	—	3	—	—	—	0.3	—	—	—	0.3	—
1～2　（歳）	5	6	—	60(15)	4	5	—	60(15)	0.4	0.5	—	10	0.4	0.5	—	10
3～5　（歳）	6	8	—	80(20)	6	7	—	80(20)	0.5	0.6	—	15	0.5	0.6	—	15
6～7　（歳）	7	9	—	100(30)	7	8	—	100(30)	0.7	0.8	—	20	0.6	0.7	—	20
8～9　（歳）	9	11	—	150(35)	8	10	—	150(35)	0.8	0.9	—	25	0.8	0.9	—	25
10～11　（歳）	11	13	—	200(45)	10	10	—	150(45)	1.0	1.1	—	30	1.0	1.1	—	30
12～14　（歳）	12	15	—	250(60)	12	14	—	250(60)	1.2	1.4	—	40	1.0	1.3	—	40
15～17　（歳）	14	17	—	300(70)	11	13	—	250(65)	1.2	1.5	—	50	1.0	1.3	—	45
18～29　（歳）	13	15	—	300(80)	9	11	—	250(65)	1.1	1.4	—	55	1.0	1.1	—	45
30～49　（歳）	13	15	—	350(85)	10	12	—	250(65)	1.1	1.4	—	60	1.0	1.1	—	45
50～64　（歳）	12	14	—	350(85)	9	11	—	250(65)	1.1	1.4	—	55	1.0	1.1	—	45
65～74　（歳）	12	14	—	300(80)	9	11	—	250(65)	1.1	1.4	—	50	1.0	1.1	—	40
75以上　（歳）	11	13	—	300(75)	9	10	—	250(60)	1.1	1.4	—	50	1.0	1.1	—	40
妊　婦（付加量）					+0	+0	—	—					+0.2	+0.2	—	—
授乳婦（付加量）					+3	+3	—	—					+0.3	+0.3	—	—

1）ナイアシン当量（NE）＝ナイアシン＋1/60トリプトファンで示した。
2）身体活動レベルⅡの推定エネルギー必要量を用いて算定した。
3）ニコチンアミドの重量（mg/日），（　）内はニコチン酸の重量（mg/日）。
4）単位は mg/日。
5）タンパク質の推奨量を用いて算定した（妊婦・授乳婦の付加量は除く）。
6）ピリドキシン（分子量＝169.2）の重量として示した。

水溶性ビタミンの食事摂取基準 (3)

性　別	ビタミンB12（μg/日）[1]						葉酸（μg/日）[2]							
	男　性			女　性			男　性				女　性			
年　齢　等	推定平均必要量	推奨量	目安量	推定平均必要量	推奨量	目安量	推定平均必要量	推奨量	目安量	耐容上限量[3]	推定平均必要量	推奨量	目安量	耐容上限量[3]
0～5　（月）	—	—	0.4	—	—	0.4	—	—	40	—	—	—	40	—
6～11　（月）	—	—	0.5	—	—	0.5	—	—	60	—	—	—	60	—
1～2　（歳）	0.8	0.9	—	0.8	0.9	—	80	90	—	200	90	90	—	200
3～5　（歳）	0.9	1.1	—	0.9	1.1	—	90	110	—	300	90	110	—	300
6～7　（歳）	1.1	1.3	—	1.1	1.3	—	110	140	—	400	110	140	—	400
8～9　（歳）	1.3	1.6	—	1.3	1.6	—	130	160	—	500	130	160	—	500
10～11　（歳）	1.6	1.9	—	1.6	1.9	—	160	190	—	700	160	190	—	700
12～14　（歳）	2.0	2.4	—	2.0	2.4	—	200	240	—	900	200	240	—	900
15～17　（歳）	2.0	2.4	—	2.0	2.4	—	220	240	—	900	200	240	—	900
18～29　（歳）	2.0	2.4	—	2.0	2.4	—	200	240	—	900	200	240	—	900
30～49　（歳）	2.0	2.4	—	2.0	2.4	—	200	240	—	1,000	200	240	—	1,000
50～64　（歳）	2.0	2.4	—	2.0	2.4	—	200	240	—	1,000	200	240	—	1,000
65～74　（歳）	2.0	2.4	—	2.0	2.4	—	200	240	—	900	200	240	—	900
75以上　（歳）	2.0	2.4	—	2.0	2.4	—	200	240	—	900	200	240	—	900
妊　婦（付加量）[4,5]				+0.3	+0.4	—					+200	+240	—	—
授乳婦（付加量）				+0.7	+0.8	—					+80	+100	—	—

1）シアノコバラミン酸（分子量＝1,335.37）の重量として示した。
2）プテロイルモノグルタミン酸（分子量＝441.40）の重量として示した。
3）通常の食品以外の食品に含まれる葉酸（狭義の葉酸）に適用する。
4）妊娠を計画している女性，妊娠の可能性がある女性および妊娠初期の妊婦は，胎児の神経管閉鎖障害の
　　リスク低減のために，通常の食品以外の食品に含まれる葉酸（狭義の葉酸）を 400 μg/日摂取すること
　　が望まれる（葉酸）。
5）付加量は，中期および後期にのみ設定した（葉酸）。

水溶性ビタミンの食事摂取基準（4）

性　別	パントテン酸(mg/日) 男性 目安量	パントテン酸(mg/日) 女性 目安量	ビオチン（μg/日）男性 目安量	ビオチン（μg/日）女性 目安量	ビタミンC（mg/日）[2] 男性 推定平均必要量	男性 推奨量	男性 目安量	女性 推定平均必要量	女性 推奨量	女性 目安量
0～5　（月）	4	4	4	4	—	—	40	—	—	40
6～11　（月）	5	5	5	5	—	—	40	—	—	40
1～2　（歳）	3	4	20	20	35	40	—	35	40	—
3～5　（歳）	4	4	20	20	40	50	—	40	50	—
6～7　（歳）	5	5	30	30	50	60	—	50	60	—
8～9　（歳）	6	5	30	30	60	70	—	60	70	—
10～11　（歳）	6	6	40	40	70	85	—	70	85	—
12～14　（歳）	7	6	50	50	85	100	—	85	100	—
15～17　（歳）	7	6	50	50	85	100	—	85	100	—
18～29　（歳）	5	5	50	50	85	100	—	85	100	—
30～49　（歳）	5	5	50	50	85	100	—	85	100	—
50～64　（歳）	6	5	50	50	85	100	—	85	100	—
65～74　（歳）	6	5	50	50	80	100	—	80	100	—
75 以上　（歳）	6	5	50	50	80	100	—	80	100	—
妊　婦（付加量）		5[1]		50[1]				+10	+10	—
授乳婦（付加量）		6[1]		50[1]				+40	+45	—

1 ）パントテン酸，ビオチンの目安量は付加量ではない。

2 ）L-アスコルビン酸（分子量＝176.12）の重量で示した。
　　特記事項：推定平均必要量は，ビタミンCの欠乏症である壊血病を予防するに足る最小量からではなく，心臓血管系の疾病予防効果および抗酸化作用の観点から算定。

多量ミネラルの食事摂取基準（1）

性　別	ナトリウム（mg/日），（　）内は食塩相当量（g/日）[1] 男性 推定平均必要量	男性 目安量	男性 目標量	女性 推定平均必要量	女性 目安量	女性 目標量
0～5　（月）	—	100(0.3)	—	—	100(0.3)	—
6～11　（月）	—	600(1.5)	—	—	600(1.5)	—
1～2　（歳）	—	—	(3.0 未満)	—	—	(3.0 未満)
3～5　（歳）	—	—	(3.5 未満)	—	—	(3.5 未満)
6～7　（歳）	—	—	(4.5 未満)	—	—	(4.5 未満)
8～9　（歳）	—	—	(5.0 未満)	—	—	(5.0 未満)
10～11　（歳）	—	—	(6.0 未満)	—	—	(6.0 未満)
12～14　（歳）	—	—	(7.0 未満)	—	—	(6.5 未満)
15～17　（歳）	—	—	(7.5 未満)	—	—	(6.5 未満)
18～29　（歳）	600(1.5)	—	(7.5 未満)	600(1.5)	—	(6.5 未満)
30～49　（歳）	600(1.5)	—	(7.5 未満)	600(1.5)	—	(6.5 未満)
50～64　（歳）	600(1.5)	—	(7.5 未満)	600(1.5)	—	(6.5 未満)
65～74　（歳）	600(1.5)	—	(7.5 未満)	600(1.5)	—	(6.5 未満)
75 以上　（歳）	600(1.5)	—	(7.5 未満)	600(1.5)	—	(6.5 未満)
妊　婦				600(1.5)	—	(6.5 未満)
授乳婦				600(1.5)	—	(6.5 未満)

1 ）高血圧および慢性腎臓病（CKD）の重症化予防のための食塩相当量の量は，男女とも 6.0 g/日未満とした。

多量ミネラルの食事摂取基準 (2)

性 別	カリウム (mg/日)			
	男 性		女 性	
年 齢 等	目安量	目標量	目安量	目標量
0〜5 （月）	400	—	400	—
6〜11 （月）	700	—	700	—
1〜2 （歳）	900	—	900	—
3〜5 （歳）	1,000	1,400 以上	1,000	1,400 以上
6〜7 （歳）	1,300	1,800 以上	1,200	1,800 以上
8〜9 （歳）	1,500	2,000 以上	1,500	2,000 以上
10〜11 （歳）	1,800	2,200 以上	1,800	2,000 以上
12〜14 （歳）	2,300	2,400 以上	1,900	2,400 以上
15〜17 （歳）	2,700	3,000 以上	2,000	2,600 以上
18〜29 （歳）	2,500	3,000 以上	2,000	2,600 以上
30〜49 （歳）	2,500	3,000 以上	2,000	2,600 以上
50〜64 （歳）	2,500	3,000 以上	2,000	2,600 以上
65〜74 （歳）	2,500	3,000 以上	2,000	2,600 以上
75 以上 （歳）	2,500	3,000 以上	2,000	2,600 以上
妊 婦			2,000	2,600 以上
授乳婦			2,200	2,600 以上

多量ミネラルの食事摂取基準 (3)

性 別	カルシウム (mg/日)								マグネシウム (mg/日)							
	男 性				女 性				男 性				女 性			
年 齢 等	推定平均必要量	推奨量	目安量	耐容上限量	推定平均必要量	推奨量	目安量	耐容上限量	推定平均必要量	推奨量	目安量	耐容上限量[1]	推定平均必要量	推奨量	目安量	耐容上限量[1]
0〜5 （月）	—	—	200	—	—	—	200	—	—	—	20	—	—	—	20	—
6〜11 （月）	—	—	250	—	—	—	250	—	—	—	60	—	—	—	60	—
1〜2 （歳）	350	450	—	—	350	400	—	—	60	70	—	—	60	70	—	—
3〜5 （歳）	500	600	—	—	450	550	—	—	80	100	—	—	80	100	—	—
6〜7 （歳）	500	600	—	—	450	550	—	—	110	130	—	—	110	130	—	—
8〜9 （歳）	550	650	—	—	600	750	—	—	140	170	—	—	140	160	—	—
10〜11 （歳）	600	700	—	—	600	750	—	—	180	210	—	—	180	220	—	—
12〜14 （歳）	850	1,000	—	—	700	800	—	—	250	290	—	—	240	290	—	—
15〜17 （歳）	650	800	—	—	550	650	—	—	300	360	—	—	260	310	—	—
18〜29 （歳）	650	800	—	2,500	550	650	—	2,500	280	340	—	—	230	270	—	—
30〜49 （歳）	600	750	—	2,500	550	650	—	2,500	310	370	—	—	240	290	—	—
50〜64 （歳）	600	750	—	2,500	550	650	—	2,500	310	370	—	—	240	290	—	—
65〜74 （歳）	600	750	—	2,500	550	650	—	2,500	290	350	—	—	230	280	—	—
75 以上 （歳）	600	700	—	2,500	500	600	—	2,500	270	320	—	—	220	260	—	—
妊 婦 （付加量）					+0	+0	—	—					+30	+40	—	—
授乳婦 （付加量）					+0	+0	—	—					+0	+0	—	—

1) 通常の食品以外からの摂取量の耐容上限量は，成人の場合 350 mg/日，小児では 5 mg/kg 体重/日とした。それ以外の通常の食品からの摂取の場合，耐容上限量は設定しない。

多量ミネラルの食事摂取基準（4）

	リン（mg/日）				
性　別	男　性		女　性		
年齢等	目安量	耐容上限量	目安量	耐容上限量	
0〜5　（月）	120	―	120	―	
6〜11　（月）	260	―	260	―	
1〜2　（歳）	500	―	500	―	
3〜5　（歳）	700	―	700	―	
6〜7　（歳）	900	―	800	―	
8〜9　（歳）	1,000	―	1,000	―	
10〜11　（歳）	1,100	―	1,000	―	
12〜14　（歳）	1,200	―	1,000	―	
15〜17　（歳）	1,200	―	900	―	
18〜29　（歳）	1,000	3,000	800	3,000	
30〜49　（歳）	1,000	3,000	800	3,000	
50〜64　（歳）	1,000	3,000	800	3,000	
65〜74　（歳）	1,000	3,000	800	3,000	
75以上　（歳）	1,000	3,000	800	3,000	
妊　婦			800	―	
授乳婦			800	―	

微量ミネラルの食事摂取基準（1）

	鉄（mg/日）									亜鉛（mg/日）							
性　別	男　性				女　性						男　性				女　性			
					月経なし		月経あり											
年齢等	推定平均必要量	推奨量	目安量	耐容上限量	推定平均必要量	推奨量	推定平均必要量	推奨量	目安量	耐容上限量	推定平均必要量	推奨量	目安量	耐容上限量	推定平均必要量	推奨量	目安量	耐容上限量
0〜5　（月）	―	―	0.5	―	―	―	―	―	0.5	―	―	―	2	―	―	―	2	―
6〜11　（月）	3.5	5.0	―	―	3.5	4.5	―	―	―	―	―	―	3	―	―	―	3	―
1〜2　（歳）	3.0	4.5	―	25	3.0	4.5	―	―	―	20	3	3	―	―	2	3	―	―
3〜5　（歳）	4.0	5.5	―	25	4.0	5.5	―	―	―	25	3	4	―	―	3	3	―	―
6〜7　（歳）	5.0	5.5	―	30	4.5	5.5	―	―	―	30	4	5	―	―	3	4	―	―
8〜9　（歳）	6.0	7.0	―	35	6.0	7.5	―	―	―	35	5	6	―	―	4	5	―	―
10〜11　（歳）	7.0	8.5	―	35	7.0	8.5	10.0	12.0	―	35	6	7	―	―	5	6	―	―
12〜14　（歳）	8.0	10.0	―	40	7.0	8.5	10.0	12.0	―	40	9	10	―	―	7	8	―	―
15〜17　（歳）	8.0	10.0	―	50	5.5	7.0	8.5	10.5	―	40	10	12	―	―	7	8	―	―
18〜29　（歳）	6.5	7.5	―	50	5.5	6.5	8.5	10.5	―	40	9	11	―	40	7	8	―	35
30〜49　（歳）	6.5	7.5	―	50	5.5	6.5	9.0	10.5	―	40	9	11	―	45	7	8	―	35
50〜64　（歳）	6.5	7.5	―	50	5.5	6.5	9.0	11.0	―	40	9	11	―	45	7	8	―	35
65〜74　（歳）	6.0	7.5	―	50	5.0	6.0	―	―	―	40	9	11	―	40	7	8	―	35
75以上　（歳）	6.0	7.0	―	50	5.0	6.0	―	―	―	40	9	10	―	40	6	8	―	30
妊　婦（付加量）初期					+2.0	+2.5	―	―	―	―					+1	+2	―	―
中期・後期					+8.0	+9.5	―	―	―	―								
授乳婦（付加量）					+2.0	+2.5	―	―	―	―					+3	+4	―	―

微量ミネラルの食事摂取基準（2）

		銅（mg/日）								マンガン（mg/日）			
		男 性				女 性				男 性		女 性	
性　別		推定平均必要量	推奨量	目安量	耐容上限量	推定平均必要量	推奨量	目安量	耐容上限量	目安量	耐容上限量	目安量	耐容上限量
年齢等													
0〜5	（月）	—	—	0.3	—	—	—	0.3	—	0.01	—	0.01	—
6〜11	（月）	—	—	0.3	—	—	—	0.3	—	0.5	—	0.5	—
1〜2	（歳）	0.3	0.3	—	—	0.2	0.3	—	—	1.5	—	1.5	—
3〜5	（歳）	0.3	0.4	—	—	0.3	0.3	—	—	1.5	—	1.5	—
6〜7	（歳）	0.4	0.4	—	—	0.4	0.4	—	—	2.0	—	2.0	—
8〜9	（歳）	0.4	0.5	—	—	0.4	0.5	—	—	2.5	—	2.5	—
10〜11	（歳）	0.5	0.6	—	—	0.5	0.6	—	—	3.0	—	3.0	—
12〜14	（歳）	0.7	0.8	—	—	0.6	0.8	—	—	4.0	—	4.0	—
15〜17	（歳）	0.8	0.9	—	—	0.6	0.7	—	—	4.5	—	3.5	—
18〜29	（歳）	0.7	0.9	—	7	0.6	0.7	—	7	4.0	11	3.5	11
30〜49	（歳）	0.7	0.9	—	7	0.6	0.7	—	7	4.0	11	3.5	11
50〜64	（歳）	0.7	0.9	—	7	0.6	0.7	—	7	4.0	11	3.5	11
65〜74	（歳）	0.7	0.9	—	7	0.6	0.7	—	7	4.0	11	3.5	11
75以上	（歳）	0.7	0.8	—	7	0.6	0.7	—	7	4.0	11	3.5	11
妊婦（付加量）						+0.1	+0.1	—	—			3.5[1]	—
授乳婦（付加量）						+0.5	+0.6	—	—			3.5[1]	—

1）マンガンの目安量は付加量ではない。

微量ミネラルの食事摂取基準（3）

		ヨウ素（μg/日）								セレン（μg/日）							
		男 性				女 性				男 性				女 性			
性　別		推定平均必要量	推奨量	目安量	耐容上限量	推定平均必要量	推奨量	目安量	耐容上限量	推定平均必要量	推奨量	目安量	耐容上限量	推定平均必要量	推奨量	目安量	耐容上限量
年齢等																	
0〜5	（月）	—	—	100	250	—	—	100	250	—	—	15	—	—	—	15	—
6〜11	（月）	—	—	130	250	—	—	130	250	—	—	15	—	—	—	15	—
1〜2	（歳）	35	50	—	300	35	50	—	300	10	10	—	100	10	10	—	100
3〜5	（歳）	45	60	—	400	45	60	—	400	10	15	—	100	10	10	—	100
6〜7	（歳）	55	75	—	550	55	75	—	550	15	15	—	150	15	15	—	150
8〜9	（歳）	65	90	—	700	65	90	—	700	15	20	—	200	15	20	—	200
10〜11	（歳）	80	110	—	900	80	110	—	900	20	25	—	250	20	25	—	250
12〜14	（歳）	95	140	—	2,000	95	140	—	2,000	25	30	—	350	25	30	—	300
15〜17	（歳）	100	140	—	3,000	100	140	—	3,000	30	35	—	400	20	25	—	350
18〜29	（歳）	95	130	—	3,000	95	130	—	3,000	25	30	—	450	20	25	—	350
30〜49	（歳）	95	130	—	3,000	95	130	—	3,000	25	30	—	450	20	25	—	350
50〜64	（歳）	95	130	—	3,000	95	130	—	3,000	25	30	—	450	20	25	—	350
65〜74	（歳）	95	130	—	3,000	95	130	—	3,000	25	30	—	450	20	25	—	350
75以上	（歳）	95	130	—	3,000	95	130	—	3,000	25	30	—	400	20	25	—	350
妊婦（付加量）						+75	+110	—	—[1]					+5	+5	—	—
授乳婦（付加量）						+100	+140	—	—[1]					+15	+20	—	—

1）妊婦および授乳婦の耐容上限量は，2,000 μg/日とした。

微量ミネラルの食事摂取基準 (4)

性　別		クロム（μg/日）				モリブデン（μg/日）							
		男　性		女　性		男　性				女　性			
年齢　等		目安量	耐容上限量	目安量	耐容上限量	推定平均必要量	推奨量	目安量	耐容上限量	推定平均必要量	推奨量	目安量	耐容上限量
0～5	（月）	0.8	—	0.8	—	—	—	2	—	—	—	2	—
6～11	（月）	1.0	—	1.0	—	—	—	5	—	—	—	5	—
1～2	（歳）	—	—	—	—	10	10	—	—	10	10	—	—
3～5	（歳）	—	—	—	—	10	10	—	—	10	10	—	—
6～7	（歳）	—	—	—	—	10	15	—	—	10	15	—	—
8～9	（歳）	—	—	—	—	15	20	—	—	15	15	—	—
10～11	（歳）	—	—	—	—	15	20	—	—	15	20	—	—
12～14	（歳）	—	—	—	—	20	25	—	—	20	25	—	—
15～17	（歳）	—	—	—	—	25	30	—	—	20	25	—	—
18～29	（歳）	10	500	10	500	20	30	—	600	20	25	—	500
30～49	（歳）	10	500	10	500	25	30	—	600	20	25	—	500
50～64	（歳）	10	500	10	500	25	30	—	600	20	25	—	500
65～74	（歳）	10	500	10	500	20	30	—	600	20	25	—	500
75 以上	（歳）	10	500	10	500	20	25	—	600	20	25	—	500
妊　婦（付加量）				10[1]	—[1]					+0	+0	—	—
授乳婦（付加量）				10[1]	—[1]					+3	+3	—	—

1）クロムの目安量，耐容上限量は付加量ではない。

参 考 文 献

1) A. L. Lehninger, "Principles of Biochemistry", Worth Pubulishing, Inc. (1982)；（中尾真監訳，『レーニンジャー生化学　上・下（第 2 版）』，廣川書店（1991））．

2) B. Alberts, D. Bray, J. Lewis, M. Raff, K. Roberts, J. D. Watson：Molecular Biology of the Cell, 3 rd. Ed., Garland Publishing, Inc.（1994）．
（中村桂子・藤山秋佐夫・松原謙一監訳，『細胞の分子生物学（第 3 版）』，教育社（1995））．

3) E. D. P. De Robertis, W. W. Nowinski, F. A Saez, "Cell Biology", 5 th Ed. W. B. Saunders Co.（1970）．

4) R. K. Murray, D. K. Granner, P. A. Mayes, V. W. Rodwell, "Harper's Biochemisty", 25 th. Ed., Appleton & Lange（2000）．
（上代淑人監訳，『ハーパー・生化学（原著 25 版）』，丸善（2001））．

5) 青木洋祐編，『栄養学講義 1　栄養学総論』，光生館（1988）．

6) 入野　勤・菅家祐輔・瀬山義幸・山川敏郎，『パラメディカルの生化学』，三共出版（1983）．

7) 奥　恒行・高橋正侑編，『生化学（栄養・健康科学シリーズ）』，南江堂（1992）．

8) 香川靖雄，『栄養生化学』，女子栄養大学出版部（1985）．

9) 上代淑人日本語版監修，『デブリン・生化学　上・下　（第 2 版）』，啓学出版（1987）．

10) 金井　泉，金井正光編，『臨床検査法提要　改訂第 31 版』，金原出版（1998）．

11) 木元昭人・山田正明，『図解生体成分のゆくえと臨床検査』，講談社サイエンティフィク（1984）．

12) 管理栄養士国家試験教科研究会編，『管理栄養士国家試験受験講座・生化学（第 5 版）』，第一出版（1995）．

13) 小山次郎・大沢利明，『免疫学の基礎（第 2 版）』，東京化学同人（1993）．

14) 紺野邦夫・竹田　稔・太田秀彦，『系統看護学講座　専門基礎 3　生化学』，（第 8 版）医学書院（1993）．

15) 田宮信雄・八木達彦訳，『コーン・スタンプ生化学（第 5 版）』，東京化学同人（1988）．

16) 藤田道也，『看護学生のための生化学』，医学書院（1981）．

17) 日本ビタミン学会編，『ビタミンハンドブック（1 脂溶性ビタミン，2 水溶性ビタミン）』，化学同人（1989）．

18) 林　典夫・廣野治子編，『シンプル生化学（改訂第 3 版）』，南江堂（1997）．

19) 丸田銓二郎，『化学構造式』，三共出版（1987）．

20) 今堀和友，山川民夫監修，『生化学辞典（第 2 版）』，東京化学同人（1990）．

21) A. シェフラー，S. シュミット著，三木明徳，井上貴央監訳，『からだの構造と機能』，西村書店（1998）．

22) 堀江滋夫，石村　巽，三谷芙美子，『医科生化学』，金芳堂（1996）．

23) 石黒伊三男監修，篠原力雄，饒村　護，『わかりやすい生化学－疾病と代謝・栄養の理解のために－（第 3 版）』，廣川書店（2002）．

24) 島薗順雄，香川靖雄，長谷川恭子，『標準生化学－栄養化学から生化学へ－（第2版)』，
医歯薬出版（1999)．

25) 香川靖雄，野澤義則，『図説医化学（第4版)』，南山堂（2001)．

26) 山川民夫・石塚稲夫訳『病態生化学』，朝倉書店（1979)．

27) 前野正夫，磯川桂太郎，『はじめの一歩のイラスト生化学・分子生物学』，羊土社
（1999)．

28) 井出利憲，『分子生物学講義中継（Part 1)』，羊土社（2002)．

29) 西郷薫訳，『ブラウン分子遺伝学（第3版)』，東京化学同人（1999)．

30) 川喜田正夫訳，『分子生物学の基礎（第2版)』，東京化学同人（1994)．

31) 田島陽太郎監訳『ロスコスキー生化学』，西村書店（1996)．

32) 後藤昌義・瀧下修一『新しい臨床栄養学』，南江堂（2000)．

33) 阿南功一，阿部喜代司，原諭吉，『臨床検査学講座　生化学』，医歯薬出版（2003)．

34) 三輪一智，『人体の構造と機能［2］　生化学』，医学書院（2009)．

索　引

著者紹介

関　周司（医博）
1959 年　岡山大学医学部卒業
1964 年　岡山大学大学院医学研究科修了
　　　　　岡山大学名誉教授
　　　　　前中国学園大学現代生活学部
　　　　　人間栄養学科教授
専　門　生化学，分子生物学

池田正五（医博）
1979 年　広島大学水畜産学部卒業
1985 年　岡山大学大学院医学研究科修了
現　在　岡山理科大学生命科学部教授
専　門　生化学，分子遺伝学

斎藤健司（医博）
1992 年　岡山理科大学理学部卒業
1994 年　岡山理科大学大学院理学研究科修了
現　在　新見公立大学健康科学部教授
専　門　生化学，分子生物学

村岡知子（医博）
1958 年　東京農工大学繊維学部卒業
　　　　　前山陽学園短期大学食物栄養学科教授
専　門　生化学，栄養学

矢尾謙三郎（医博）
1964 年　岡山大学理学部生物学科卒業
1966 年　岡山大学大学院理学研究科修士課程修了
　　　　　前岡山学院大学人間生活学部教授
専　門　生化学，栄養学

生　化　学（第 4 版）

2003 年 11 月 1 日　初版第 1 刷発行
2010 年 4 月 15 日　第 2 版第 1 刷発行
2015 年 2 月 25 日　第 3 版第 1 刷発行
2020 年 3 月 30 日　第 4 版第 1 刷発行
2022 年 10 月 1 日　第 4 版第 2 刷発行

©　編著者　関　　周　司
　　発行者　秀　島　　功
　　印刷者　渡　辺　善　広

発行所　三共出版株式会社　東京都千代田区神田神保町3の2
　　　　　　　　　　　　　　振替 00110-9-1065
郵便番号 101-0051　電話 03-3264-5711 代　FAX 03-3265-5149
https://www.sankyoshuppan.co.jp/

一般社団法人 日本書籍出版協会・一般社団法人 自然科学書協会・工学書協会　会員

Printed in Japan　　　　　　　　　　印刷・製本・壮光舎

ISBN 978-4-7827-0794-4

元素の周期表

	1	2		3	4	5	6	7	8	9
1	$_1$H 水 素 1.008									
2	$_3$Li リチウム 6.941	$_4$Be ベリリウム 9.012								
3	$_{11}$Na ナトリウム 22.99	$_{12}$Mg マグネシウム 24.31								
4	$_{19}$K カリウム 39.10	$_{20}$Ca カルシウム 40.08		$_{21}$Sc スカンジウム 44.96	$_{22}$Ti チタン 47.87	$_{23}$V バナジウム 50.94	$_{24}$Cr クロム 52.00	$_{25}$Mn マンガン 54.94	$_{26}$Fe 鉄 55.85	$_{27}$Co コバルト 58.93
5	$_{37}$Rb ルビジウム 85.47	$_{38}$Sr ストロンチウム 87.62		$_{39}$Y イットリウム 88.91	$_{40}$Zr ジルコニウム 91.22	$_{41}$Nb ニオブ 92.91	$_{42}$Mo モリブデン 95.95	$_{43}$Tc* テクネチウム (99)	$_{44}$Ru ルテニウム 101.1	$_{45}$Rh ロジウム 102.9
6	$_{55}$Cs セシウム 132.9	$_{56}$Ba バリウム 137.3		57~71 ランタノイド	$_{72}$Hf ハフニウム 178.5	$_{73}$Ta タンタル 180.9	$_{74}$W タングステン 183.8	$_{75}$Re レニウム 186.2	$_{76}$Os オスミウム 190.2	$_{77}$Ir イリジウム 192.2
7	$_{87}$Fr* フランシウム (223)	$_{88}$Ra* ラジウム (226)		89~103 アクチノイド	$_{104}$Rf* ラザホージウム (267)	$_{105}$Db* ドブニウム (268)	$_{106}$Sg* シーボーギウム (271)	$_{107}$Bh* ボーリウム (272)	$_{108}$Hs* ハッシウム (277)	$_{109}$Mt マイトネリウム (276)

凡例:
- 原子番号 → $_1$H ← 元素記号
- 元素名 → 水 素
- 原子量 → 1.008

- 典型非金属元素
- 典型金属元素
- 遷移金属元素

57~71 ランタノイド	$_{57}$La ランタン 138.9	$_{58}$Ce セリウム 140.1	$_{59}$Pr プラセオジム 140.9	$_{60}$Nd ネオジム 144.2	$_{61}$Pm* プロメチウム (145)	$_{62}$Sm サマリウム 150.4	$_{63}$Eu ユウロピウム 152.0
89~103 アクチノイド	$_{89}$Ac* アクチニウム (227)	$_{90}$Th* トリウム 232.0	$_{91}$Pa* プロトアクチニウム 231.0	$_{92}$U* ウラン 238.0	$_{93}$Np* ネプツニウム (237)	$_{94}$Pu* プルトニウム (239)	$_{95}$Am アメリシウム (243)

本表の4桁の原子量は IUPAC で承認された値である。なお，元素の原子量が確定できないもの
*安定同位体が存在しない元素。